"十二五"国家重点图书出版规划项目

THE THIRD FUNCTION OF ROTATIONAL ELECTRIC MACHINES—
ELECTRIC-MECHANICAL-THERMAL TRANSDUCER BASED ON
ROTATIONAL ELECTROMAGETIC EFFECTS

旋转电机第三功能
——基于旋转电磁效应的机电热换能器

● 程树康 著

哈尔滨工业大学出版社
HARBIN INSTITUTE OF TECHNOLOGY PRESS

内 容 提 要

本书首先回顾了传统电加热的各种方式,在旋转电磁感应加热技术基础上阐述了机电热换能器的基本结构和工作原理;然后基于机电热换能器的电磁热学理论建立了换能器的数学模型,提出了机电热换能器电磁场数值分析、电磁设计及热系统分析方法,介绍了机电热换能器中旋转电磁效应对水媒质的作用、抑垢机理,并对金属电化学腐蚀过程的影响进行了分析;最后介绍了机电热换能器的测试技术及主要工程应用。本书所述机电热换能器,是完全具有我国自主知识产权的原始创新型电磁装置,对其原理的阐述及功能的推广将有助于加速我国环保节能型社会的建设步伐。

本书可供科研院所、高等学校从事旋转电机第三功能研究的工程设计人员、教师、研究生阅读和参考。

图书在版编目(CIP)数据

旋转电机第三功能:基于旋转电磁效应的机电热换能器/程树康著.

—哈尔滨:哈尔滨工业大学出版社,2014.12

ISBN 978 - 7 - 5603 - 5073 - 8

Ⅰ.①旋… Ⅱ.①程… Ⅲ.①机电换能器

Ⅳ.①TN712

中国版本图书馆 CIP 数据核字(2014)第 286260 号

策划编辑　王桂芝

责任编辑　李长波　王桂芝

出版发行　哈尔滨工业大学出版社

社　　址　哈尔滨市南岗区复华四道街 10 号　邮编 150006

传　　真　0451 - 86414749

网　　址　http://hitpress.hit.edu.cn

印　　刷　哈尔滨市工大节能印刷厂

开　　本　787mm×1092mm　1/16　印张 14.25　字数 330 千字

版　　次　2014 年 12 月第 1 版　2014 年 12 月第 1 次印刷

书　　号　ISBN 978 - 7 - 5603 - 5073 - 8

定　　价　58.00 元

前　言

随着经济社会的迅速发展,能源危机与环境污染已经成为人类所面临的严峻问题。世界各国在努力寻找高效、清洁能源的同时,也在积极改进现有的能耗装置,争取使能量在各个流动环节中都得到最高效率的利用。

旋转电机是一种机电能量转换的电磁机械装置。按照在机电能量转换中所起的作用,旋转电机具有电动和发电两种功能。在能量转换的过程中,旋转电机内部主要存在着电能、机械能、磁场储能和热能四种形态的能量,而热能是旋转电机在能量转换过程中产生的损耗,包括电阻损耗、铁芯损耗、附加损耗和机械损耗等。对旋转电机来说,损耗消耗了输入能量,引起电机发热,使电机效率降低。从旋转电机损耗与温升正问题的研究角度出发,为了提高电机的性能和可靠性,一方面要尽量减少电机的损耗,另一方面要不断改善电机的冷却条件。因此,损耗、温升和散热的计算问题是电机研究和设计人员所要面临的主要和共同问题之一。通过多年的研究,作者团队在这方面已形成一整套有效的计算方法和工程技术对策。

本书从电机损耗与温升的逆问题出发,提供了研究与开发新型旋转机电热换能器的思路和方法:即使旋转电机不输出机械能或电能,而是将输入能量(电能、风能、水能等)完全转化为有效热能输出,并充分利用内部旋转磁场对水媒质的磁化作用,改变水和电解质溶液的物化特性,收到抑垢、阻垢和缓蚀等效果。在此基础上,基于旋转电磁效应探求同时具有电场、磁场、热场、旋转离心力场等的方法和措施,从而满足在传统的膜法海水淡化技术中,温度、压力以及膜等必须具备的物理条件要求,为形成新型海水淡化集成技术提供理论和技术支持。

本书可进一步将电气工程与环境科学有机融合,利用电气工程的理论和方法解决环境科学中的废气、废水、噪声和振动等问题,通过细致深入的研究,形成生态环境电工学理论框架。对旋转电机温升与损耗逆问题进行研究,利用旋转电磁效应拓宽了传统旋转电机的应用范围,实现了旋转电机除发电和电动外的第三功能,无疑在电机领域具有重要的理论价值和实际工程应用意义。

本书是作者结合多年机电热换能器的理论研究和工程实践撰写而成的,主要包括机电热换能器的基本结构和工作原理、设计和计算方法、旋转电磁效应、测试方法和应用实例等内容。全书共分 9 章:第 1 章介绍传统的电加热方式、机电热换能器的基本结构和工作原理;第 2 章介绍电磁学、传热学及常用的计算方法等换能器计算和分析的数学基础;第 3 章建立机电热换能器的数学模型,介绍换能器的等效磁路模型、稳态运行相量图、电磁场方程等;第 4 章阐述基于有限元法的换能器热功率算法;第 5 章提出换能器的电磁设计方法,阐述换能器结构参数和定子结构的选择依据,给出了具体的算例;第 6 章对换能器的热系统进行分析,包括热网络法和有限元法的建模与计算,换热设计的依据等;第 7

章介绍机电热换能器中旋转电磁效应对水媒质的作用、抑垢实验与机理研究，以及对金属电化学腐蚀过程的影响及其分析；第 8 章介绍换能器转矩、热功率和换热性能的测试平台、测试方法和测试结果；第 9 章介绍机电热换能器系统的具体应用和样机研制等。

　　本书是在国家自然科学基金面上项目"基于旋转电机理论的新型机电热换能器及其对水媒质物理处理功能的研究"（50877011）、国家自然科学基金面上项目"基于旋转电磁效应机理的海水淡化集成技术及其实验研究"（51177022）、科技部国际科技合作项目"基于旋转电磁效应海水淡化技术研究"（2008DFR60340）、黑龙江省科技攻关项目"基于风能、水利能及电能等清洁能源综合利用的节能环保型机电热一体化换能器"（2005G0191-00）、黑龙江省装备制造科技创新平台（二期）"旋转电磁热机与海水淡化技术"等项目的支持下完成的，在此表示感谢。

　　本书由程树康、柴凤、裴宇龙、陈磊、张鹏和于艳君共同撰写，由程树康统稿。限于作者时间和知识的局限性，书中难免会有疏漏或不妥之处，敬请广大同仁和读者指正。

作　者

2014 年 8 月

目　　录

第1章 绪 论

1.1 引 言

能源是可以直接或经转换提供给人类所需的光、热、电、动力等任一形式能量的载能体资源。热能是国民经济和人类生活必需的能源之一,以水为热传输媒质的热源是重要的热源类型,从燃煤、燃油和燃气获得热能是传统的热能来源。传统热源在环境保护和能耗等方面均存在不同程度的局限性,在进一步改善和提高传统热源能耗和环境适应性的同时,开发新型热源也是必要和必需的。20世纪末以来,电能、太阳能、风能以及水利能等清洁能源被现代社会广为接受并加以推广。

电加热是将电能转换为热能的过程。自从发现电源通过导线可以发生热效应之后,世界上就有许多发明家从事于各种电热电器的研究与制造。1910~1925年是电热电器历史上的大发展阶段,在家庭和工业方面,电热电器各种品种的出现和普及应用都得到了急速的发展,而尤以家庭电器为甚。20世纪20年代以后,电热电器在新的应用发展方面没有前一时期多,但是几乎所有的电热电器都被进行了重新设计和不断改良,成为电热电器历史上的提高阶段。

与一般燃料加热相比,电加热可获得较高温度(如电弧加热的温度可达3 000 ℃以上),易于实现温度的自动控制和远距离控制,可按需要使被加热物体保持一定的温度分布。电加热能在被加热物体内部直接生热,因而热效率高,升温速度快,并可根据加热的工艺要求,实现整体均匀加热或局部加热(包括表面加热),容易实现真空加热和控制气氛加热。在电加热过程中,产生的废气、残余物和烟尘少,可保持被加热物体的洁净,不污染环境。因此,电加热广泛应用于生产、科研和试验等领域,电加热方式已经成为传统热能的最有效的辅助热源。

根据电能转换方式的不同,电加热通常分为电阻加热、感应加热、电弧加热、电子束加热、红外线加热和介质加热等。本章首先回顾传统的电加热方式,继而提出一种新型的电加热装置——基于旋转电磁效应的机电热换能器。

1.2 电加热方式概述

1.2.1 电阻加热方式及其应用

电阻式电热转换技术是以电能作为能源,利用电加热管、电加热棒等金属电阻,碳纤维膜电热板条、陶瓷发热棒等非金属电阻及电极式水介质电阻等作为电热转换元件,将电能转换为热能。其产品以电热锅炉为代表,可分为电阻式电热锅炉和电极式电热锅炉。

1. 电阻式电热锅炉

电阻式电热锅炉主要分为电热管电热锅炉、电热棒电热锅炉和电热板电热锅炉三种形式,其电功率按欧姆定律计算

$$P = I^2 R = \frac{U^2}{R} \tag{1.1}$$

式中　　P——功率;

R——电阻;

I——电流;

U——电压。

(1)电热管电热锅炉

电热管是一种金属电阻发热元件,一般采用高阻管形、U 形及蛇形管状电热元件,它是将 Ni,Cr 合金电阻丝或 Fe,Cr,Al 合金电阻丝放置于碳钢或紫铜、镍基合金钢管中(金属管材的选用取决于其允许的最高温度及在介质中允许的最高表面负荷),并填充 MgO 粉用以绝缘、定位和传热。因此,电热元件的使用寿命、电热锅炉的热效率与 MgO 的质量、制造时的充实程度密切相关。该锅炉的优点是水中不带电,使用较为安全。电热管是电热锅炉的心脏,其质量高低直接影响和决定着电热锅炉的运行状况和寿命。管状电加热元件的功率是固定的。锅炉容量的增大必须依靠增加管形电热元件的数量来实现,并按实际投运数量来调节锅炉的负荷。过多数量的管形电热元件使电加热锅炉本体结构变得复杂,控制系统也比较复杂,影响了电加热锅炉容量的提高。

世界上第一台电热锅炉为美国精工(Precision)公司于 1947 年设计生产的精工牌电热管电热锅炉,是其代表性产品。其后的半个世纪以来,该公司一直致力于发展电热锅炉系列产品。此外,美国"白浪"牌(Bradford White)电热管电热锅炉,电功率为 1.5 ~ 54 kW,适于 20 ~ 700 m² 独立单元采暖。澳大利亚"恒热"电热管电热锅炉是一种容积式电热锅炉,电功率为 7.2 ~ 36 kW,可多台并联使用(最多 6 台),最高出水温度为 70 ℃,由于出水量大,特别适于洗浴使用。俄罗斯比斯克锅炉厂生产的 7.5 ~ 240 kW 的蒸汽、热水电热锅炉,电热元件为圆环形电热管,结构简单,使用可靠。

(2)电热棒电热锅炉

电热棒电热锅炉是在锅炉管内插入磁套管,磁套管内绕有 8 ~ 12 根金属电阻丝,中间有一电极,在端部与电源连接。磁套管外径可与锅炉钢管内径配合,每节套管长为 80 ~ 100 mm。锅炉管既是受热面,又是电热元件外壳,插入拔出十分方便,维修十分简单,这是其最大的优点。但电阻丝裸露在空气中,容易产生高温氧化现象。目前最新研制的陶瓷棒式红外加热元件可以克服这一缺点,该元件是用氧化物粉末高温焙烧而成,具有非常高的抗氧化能力。

(3)电热板电热锅炉

电热板是一种非金属电阻式电热元件。电热板由两层绝缘板中包一层"碳纤维纸"热压成一体,"碳纤维纸"的两侧边压有铜箔条作为电极。由于板两面均与水接触,散热面积远远大于电热管的圆柱面积,所以传热效率较高。与电热管相比,电热板的最大优势是同等功率下总体积小,使锅炉很紧凑。同时,由于单位面积热负荷低,在电热板表面不

易结水垢,这是电热管无可比拟的(电热管一般使用 150 h 后,在其金属管表面即开始结成水垢,传热效率显著降低)。但绝缘板由于长期浸泡在水中,其热稳定性尚待验证、改进。

2. 电极式电热锅炉

电极式电热锅炉的工作原理是以水作为介质,采用独特的发热原理,利用水介质自身的高热阻,直接将电能转换成热能,不需要发热元件发热再将热传导给水。在这一转换过程中能量几乎没有损失,热效率比较高。其优点是体积小、功率大、启动快、安全性高、不易结垢,由于良好的绝热(如外包聚氨酯发泡材料等),可达到每 24 h 所蓄热水只降低 1 ℃。

电极式电热锅炉,按电极形状可分为电极板式与电极棒式;按电压高低可分为低电压式(220 V 和 660 V)与高电压式(4 ~ 15 kV);按电极相对位置可分为固定电极式与可调位置电极式(相应电热锅炉功率也可调)。

电极式电热锅炉的发热功率计算比较复杂,一般的,设锅体内水中任一点的电场强度为

$$E = f(x, y, z) \tag{1.2}$$

该点的电功率可以表示为

$$p = \sigma E \cdot E = \sigma E^2 \tag{1.3}$$

式中　E——电场强度;

　　　σ——电导率。

因此,整个电热锅炉所消耗的功率为在整个平面内的积分,再乘以插入深度,即

$$P = h \cdot \sigma \cdot \int_{x_1}^{x_2} \int_{y_1}^{y_2} \int_0^L E^2 \mathrm{d}x \mathrm{d}y \mathrm{d}z \tag{1.4}$$

式中　h——插入深度。

图 1.1 为低电压电极插入式电热锅炉原理图。锅筒内部被分为内外两个空间,目的

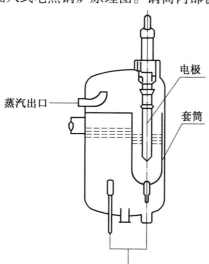

图 1.1　电极插入式电热锅炉原理图

有两个:其一,在电极加热水时会产生微量的电解氧,设置套筒可以防止氧气对外壳筒壁的腐蚀;其二,可以起到负荷的自调节作用。当用汽量少时,套筒内蒸汽量增大,水位降低,电极插入深度变浅,电通量减小;反之则增加。当然,如果没有附加热源,它只能生产热水和饱和蒸汽,而不可能生产过热蒸汽。如果需要焓值更高的过热蒸汽,需在锅炉内部采取一些加热措施。

电极式电热锅炉结构简单,制造成本低;控制方式简单,无须昂贵的自控装置;电极直接加热水使得加热效率提高,维护比电热锅炉容易;安全性很高,锅炉不会发生干烧现象。一旦锅炉断水,电极间的通路被切断,电功率为零,锅炉即会自动停止运行。该技术在大容量电热锅炉领域具有巨大的市场潜力,极有可能成为电热管电热锅炉的更新换代产品。在中国,秦山核电站和岭澳核电站均采用该类型锅炉作为启动时所需的核电站辅助蒸汽锅炉。

美国在该领域的研究一直处于领先地位。美国"精工"高电压电极型蒸汽锅炉额定电压从 4.16 kV,6.9 kV,10 kV 至 13.2 kV 不等,容量的可选范围为 0.7 ~ 50 MW。在美国的大多数核电站被用作核电站系统启动所需的辅助蒸汽锅炉,同时也被广泛应用于其他工业和大楼空调等。此外,美国的 A. O. 史密斯(A. O. Smith)、富尔顿(Fulton)、白浪及赫斯特(Hurst)等著名的锅炉公司都纷纷开发了相应的电热锅炉系列产品。

俄罗斯近年来也致力于发展电热锅炉,其已投产的电极式电热锅炉电压为 0.4 ~ 6 kV,功率为 10 kW ~ 10 MW;热水锅炉出水温度为 90 ℃ 或 130 ℃,压力为 0.6 ~ 1.6 MPa;俄罗斯比斯克锅炉厂三相电极板式电热锅炉的三相电极(额定电压为 380 V)由三块钢板制成,通过高性能绝缘块与锅炉底的封头连接。锅筒内充水,接通电流后,水瞬间即被加热、汽化。锅炉结构十分简单,运行安全可靠。俄罗斯境内已经有大量用户长期运行。俄罗斯可调式电极电热锅炉有手动调节功率(40 ~ 250 kW)与电动调节功率(大于400 kW)两种方式,可采用改变电极接通数量的方法实现分级调节功率(针对 10 kW,16 kW 和 25 kW 电极锅炉),也可通过改变电极有效面积或改变水位的方法来实现功率的调节。

日本近年来也在发展大容量的电热锅炉,川崎重工的电热蒸汽锅炉单台蒸汽量已达28 t/h。此外,韩国、英国和加拿大等国也在发展电热锅炉。

由于我国长期处于电力供应短缺的状况,电热锅炉从 20 世纪 90 年代后期才有所发展和应用。由于当前高可靠性、大功率电热元件的产生及计算机技术、自动控制技术的发展,降低了电热锅炉的制造和使用成本,使其更加方便和实用。我国最早生产电热锅炉的企业有广西梧州和柳州锅炉厂、广东恩平机电厂等,单台蒸汽量不超过 0.2 t/h,电功率也在 200 kW 以下。目前国内生产电热锅炉的厂家有几十个,比较有名的有苏州新波能(其最高功率可达 3 000 kW)、张家口宝热尔、北京力正锅炉厂、河北星光集团和北方电联等厂家。

1.2.2 电弧加热方式及其应用

电弧加热利用电弧放电产生的热能对物料进行电加热。电弧放电是气体自持放电的一种形式,在由低(负)压到高压的不同压力气氛中都能发生。电弧放电时,电流大而电压降低,产生强烈的弧光和热。在电路中电弧可以看作是一个电阻,其值等于电弧电压与电弧电流的商,但不是常数。由于电弧的电流密度大,温度可以很高,不像金属导体受到熔点的限制,因此它主要用于电弧炉、电弧焊接和火箭推进器等。

电弧加热一般具有以下特点:①热量集中,温度高达 300 ~ 7 500 ℃;②用不太复杂的设备能集中提供几万千瓦甚至十几万千瓦的巨大加热功率;③功率控制较方便;④能用于空气、真空或其他气体中。因此,在众多的电加热方法中,电弧加热是应用最广的方法之一。

按加热方式,电弧加热可分为间接电弧加热、直接电弧加热和埋弧加热三类。①间接电弧加热时,电弧发生在两根相同的电极棒之间,物料受到电弧热的辐射加热。这种加热方法热效率低,现已很少采用。②直接电弧加热时,电弧发生在电极和被加热物料之间,电弧电流流经物料,大部分电弧热可被物料吸收,热效率高。③埋弧加热时,电极端头埋在颗粒或粉末状物料内,物料除受到电弧的直接加热外,还受到电弧电流流经物料所产生的电阻热,包括物料粒子间的接触电阻热的加热。这种加热方法的热效率最高,但只适用于特定的物料。

按电源性质,电弧加热分为交流电弧加热和直流电弧加热两种。①交流电弧加热由供电网通过变压器供电,其优点是设备简单、价格低、使用方便,缺点是电弧稳定性差、用电功率因数低、线路损耗大、噪声大及对电力系统干扰严重等。②直流电弧加热在这些方面优于交流电弧加热,但需要通过整流器供电,设备价格高。20 世纪 90 年代以来,电力电子器件的迅速发展促进了直流电弧加热的推广应用。20 世纪末,直流电弧加热在冶金领域的应用已取得进展。

电弧加热主要用于冶金、化工和机械、环境保护和航空航天等工业领域。如冶金、化学工业中的交、直流炼钢电弧炉,交、直流钢包炉,铁合金炉,电石炉和熔炼钨、钼、铌、锆等难熔金属与活泼金属用的真空电弧炉等。现代化的超大功率电弧炉在炼钢生产中起了很大的作用,到 2010 年为止,世界钢产量已突破 10 亿吨,其中电弧炉产量超过 5 亿吨。在机械工业和环境保护领域,主要用于焊接、碳弧气刨、电弧切割和垃圾焚烧灰熔融固化处理等。随着航空工程的飞速发展,对火箭推进器发动机的功率要求更高,电弧加热发动机(简称 Arcjet)是电火箭发动机中属于电热发动机的一种,电弧中心温度可达 20 000 K以上,大大高于化学火箭发动机内部工作温度,因而发动机可以得到较大的比冲。

1.2.3 介质加热方式及其应用

介质加热是利用高频电场对绝缘材料进行加热,主要加热对象是电介质。电介质置于交变电场中,会被反复极化(电介质在电场作用下,其表面或内部出现等量而极性相反的电荷现象),从而将电场中的电能转变成热能。

介质加热使用的电场频率很高。在中、短波和超短波波段内,频率为几百千赫到300 MHz,称为高频介质加热;若高于 300 MHz,达到微波波段,则称为微波介质加热。通常高频介质加热是在两极板间的电场中进行,而微波介质加热则是在波导、谐振腔或者微波天线的辐射场照射下进行。图 1.2 为常规加热与微波加热机理对比示意图。

电介质在高频电场中加热时,其单位体积内吸取的电功率为

$$p/(\text{W/cm}^3) = 0.566 f E^2 \varepsilon_r \tan \delta \times 10^{-12} \tag{1.5}$$

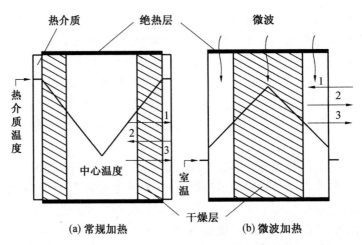

图 1.2 常规加热与微波加热机理对比示意图
1—温度梯度方向;2—热量传导方向;3—蒸汽迁移方向

式中 f——高频电场的频率;

    ε_r——电介质的相对介电常数;

    E——电场强度;

    δ——电介质损耗角。

如果用热量表示,则为

$$H/(\text{K/s} \cdot \text{cm}^3) = 1.33fE^2\varepsilon_r\tan\delta\times10^{-13} \tag{1.6}$$

由式(1.6)可知,电介质从高频电场中吸取的电功率与电场强度 E 的平方、电场的频率 f 及电介质损耗角 δ 成正比。E 和 f 由外加电场决定,而 ε_r 则取决于电介质本身的性质,所以介质加热的对象主要是介质损耗较大的物质。

介质加热由于热量产生在电介质(被加热物体)内部,因此与其他外部加热相比,加热速度快,热效率高,而且加热均匀。

介质加热在工业上可以加热凝胶,烘干谷物、纸张、木材,以及其他纤维质材料;还可以对模制前塑料进行预热,以及橡胶硫化和木材、塑料等的黏合。选择适当的电场频率和装置,可以在加热胶合板时只加热黏合胶,而不影响胶合板本身。对于均质材料,可以进行整体加热。

1.2.4 红外线加热方式及其应用

红外线是太阳光线中众多不可见光线中的一种,太阳光谱上红外线的波长大于可见光线,波长为 $0.75 \sim 1\,000\ \mu m$。红外线可分为三部分,即近红外线,波长为 $0.75 \sim 1.50\ \mu m$;中红外线,波长为 $1.50 \sim 6.0\ \mu m$;远红外线,波长为 $6.0 \sim 1\,000\ \mu m$。不同物体对红外线吸收的能力不同,即使同一物体,对不同波长的红外线吸收的能力也不一样。因此应用红外线加热,需根据被加热物体的种类,选择合适的红外线辐射源,使其辐射能量集中在被加热物体的吸收波长范围内,以得到良好的加热效果。一般红外线加热使用的是远红外加热。

红外线加热原理如图1.3所示。当红外线照射到被加热的物体时,一小部分射线被反射回来,绝大部分渗透到被加热的物体之中。由于红外线本身是一种能量,当发射的远红外线波长和被加热物体的吸收波长一致时,被加热的物体内分子或原子吸收远红外线能量,产生强烈的振动并促使物体内部分子和原子发生"共振",物体分子或原子之间的高速摩擦产生热量而使其温度升高,从而达到了加热的目的。

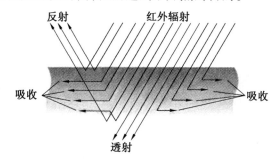

图 1.3　红外线加热原理图

利用红外线加热可避免热传媒质导致的能量损失,有益于节约能源,同时红外线因具有产生容易、可控性良好等特点,从而具有加热迅速、干燥时间短、热效率高、设备简单、易于温度调节、时间滞后极小等优点。近几年来,红外线加热方式以惊人的发展速度被接受,并被成功应用于红外测温系统、红外成像系统、红外分析系统等方面,尤其在红外线加热与干燥领域,如油漆涂饰、塑料加工、纺织印染、造纸印刷、医药卫生等领域,都有很多红外线加热应用的实例。

1.2.5　电子射线加热方式及其应用

电子射线加热是利用在电场作用下高速运动的电子轰击物体表面,使之被加热。进行电子射线加热的主要部件是电子束发生器,又称电子枪。电子枪主要由阴极、聚焦极、阳极、电磁透镜和偏转线圈等部分组成。阳极接地,阴极接负高位,聚焦束通常和阴极同电位,阴极和阳极之间形成加速电场。由阴极发射的电子,在加速电场作用下加速到很高速度,通过电磁透镜聚焦,再经偏转线圈控制,使电子束按一定的方向射向被加热物体。

图 1.4 所示为阴极电子射线产生装置,电子射线加热原理是在真空中直接加热灯丝或旁热氧化物,使金属阴极达到一定温度后,大量电子获得逸出功从阴极发射而出,由阴极(K)、调制极(M)和加速极(A1)控制电子流的发射,再通过聚焦极(A2)和高压阳极(A3)对电子流进行聚焦,获得高速高能的电子束,通过改变各极上电压来控制电子束的能量强度。

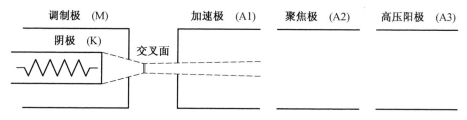

图 1.4　阴极电子射线产生装置

电子束加热的优点是:①控制电子束的电流值 I_e,可以方便而迅速地改变加热功率;②利用电磁透镜可以自由地变更被加热部分或可以自由地调整电子束轰击部分的面积;③可增加功率密度,以使被轰击点的物质在瞬间蒸发掉。

在实际应用中,由于高能密度电子束为点热源,相比于其他热源具有更好的微控技术和局部控制技术,可应用于各种金属切削、微孔加工、微小工件钎焊等高精密领域;由于高能电子束的穿透力强,可应用于快速高效杀菌等医学领域。电子射线加热方式具有清洁的真空环境,而且能够节省能源、提高加工效率。利用电子束进行钎焊能够有效减少热循环时间和降低能量损耗,另外由于钎焊接头的高温停留时间短,能减少钎料中合金元素的蒸发,使接头成分稳定,获得良好的机械性能。

1.2.6 电磁感应加热方式及其应用

电磁式电热转换技术是利用感应线圈等电磁转换设备,使电能转换为磁能,再转换为热能。感应加热是一种传统的电热技术,在热处理、冶金、铸造、弯管等领域已得到广泛应用。

感应加热是导体通过交变电流时,其周围产生变化磁场,处于交变磁场的工件产生感应电动势和感应电流,感应电流做功,工件发热。随交变电流的频率不同,感应加热分为工频加热和超音频加热。感应加热避免了电热管容易发生的击穿损坏现象,由于不存在过期部件,近于零维护。其结构紧凑、易于安装,但其制造工艺复杂,电源必须配备变频柜,一旦发生损坏时维修比较困难。

感应电流有集肤效应,即电流芯棒中的分布是从表面向内越来越小,对于圆形芯棒其感生的电流可以表示为

$$I_r = I_0 \cdot e^{-(r/d)} \tag{1.7}$$

式中　I_r——距中心 r 处的电流;

　　　I_0——表面电流;

　　　d——电流渗入深度。

产生的功率为

$$P_e = R(\int_0^{r_0} I_0 \cdot e^{-(r/d)} dr)^2 \tag{1.8}$$

电磁感应式加热技术根据感应方式可分为变压器感应加热技术和旋转电磁感应加热技术两大类。

1. 变压器感应加热技术

通常所说的感应式加热技术指的就是变压器式电磁感应加热。由于电磁感应加热器的电流不直接和流体相接触,故电磁感应加热器是一种几乎适合所有流体加热的技术。以前电磁感应技术没有应用于流体加热领域,主要因为其转换效率没有期望的那么高。近年来,随着国外研究者的重新关注,该技术瓶颈得到突破,已达到接近 100% 的流体加热效率。其商业化产品主要分为低流率流体加热器、高流率流体加热器和瞬时流体加热器等,是一种很有发展前途的电加热产品。

近年来,俄罗斯和日本在该方面的研究比较活跃。俄罗斯的西伯利亚公司(Siberian Technological Engineering Plant)生产的 EDISON 电磁感应热水锅炉最大功率为 500 kW,最高出水温度为 115 ℃。根据特殊设计,该电磁感应热水锅炉与变压器类似,使用金属热量

交换器作为次级线圈。受到变压器铁芯中磁场变化的影响,在金属热交换器中产生感应电流,进而产生热量给媒质加热。由于其不含加热元件因而有极高的可靠性和耐用性。

日本 Yamaguchi 大学在电磁感应流体加热锅炉方面也进行了大量的研究工作,图1.5所示为 Yamaguchi 大学设计的电磁感应锅炉原理简图。

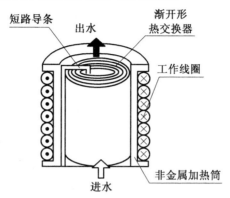

图1.5 Yamaguchi 大学电磁感应锅炉原理简图

该锅炉由一个新型的感应热交换器、工作线圈和非金属加热筒组成,具有如下特点:①快速的热响应;②较大的加热表面;③无腐蚀;④无热变形;⑤较小的热容量。

热交换器是由新型的非磁性材料——不锈钢 SUS316 板制造,呈渐开形,末端存在一个短路导条用来加速热响应。即它是一个螺旋形状,外边和内边由铜导条短接。由于流体沿圆心旋转,有效增大了加热面积。为防止液体从螺旋中心区域流走,达不到预期加热效果,特在热交换器中心放置电木来阻碍液体流过。其截面图和尺寸如图1.6所示。该新型电磁感应锅炉的特点是可以有两种使用方式:串联和并联。串联方式的优点是热响应迅速,并联方式的优点是单位时间内能够加热的水量较多。

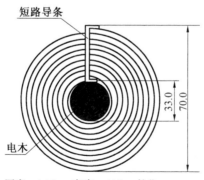

厚度:0.15 高度:100 单位:mm

图1.6 热交换器的截面图和尺寸

通常,此种原理的电磁感应锅炉除了加热体的设计存在变化外,均具有相似的基本结构。图1.7给出了几种热交换器的结构。其中,图1.7(a)为加热体带有许多孔洞的螺旋平板;图1.7(b)中加热体的内部结构由碳陶瓷制造,上面有许多平行的小孔,非常适合高温——允许温度达到1 200 ℃;图1.7(c)与图1.7(b)结构类似,但加热体由两段组成,比图1.7(b)能更好地搅拌水。

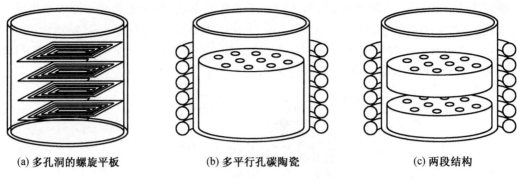

(a) 多孔洞的螺旋平板　　　(b) 多平行孔碳陶瓷　　　(c) 两段结构

图 1.7　几种热交换器的结构

2. 旋转电磁感应加热技术

旋转电磁感应加热技术就是利用旋转电磁场产生的旋转电磁效应来进行加热的电热技术。从目前查阅的文献和专利来看,该方面的研究和应用比较少。

近年来意大利 Bologna 大学、Padua 大学和 Roma 大学共同研制成功用于金属热处理的直流感应加热新技术。图 1.8 所示为直流感应加热技术的原理图。它利用超导感应线圈中的直流电流产生直流超导的静态磁场,铝锭由电机拖动在该磁场中高速旋转,由于旋转引起的磁通变化在铝锭内产生感应电流而使得铝锭中产生热。图 1.9 所示为两极感应加热器的横截面图。此感应加热器由两相超导线圈组成,待加热的铝锭放置在中间加热孔内。其可以有两种工作方式:①超导线圈通以两相低频交流电流,待加热的铝锭静止;②超导线圈通以直流电流,待加热的铝锭由外部电机拖动旋转。两种情况都可以使被加热体处于等效的旋转磁场中,从而在加热体内产生感应电流而加热。

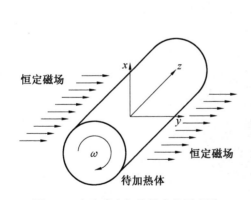

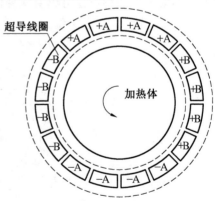

图 1.8　直流感应加热技术的原理图　　　图 1.9　两极感应加热器的横截面图

图 1.10 是日本 Oita 大学提出的一种旋转电磁感应加热装置。永磁体由电机拖动高速旋转以在气隙中产生旋转电磁场,圆柱导体由另一个电机拖动,控制其低速旋转。这样在圆柱导体中会感应出涡流,通过涡流的热效应加热圆柱导体内的物质。此种电磁感应加热装置结构比较简单,利用永磁体代替工作线圈产生磁场,但是由于结构限制,其永磁体的利用率不高,加热效果比较有限。

在上述旋转电磁感应加热技术基础上,本书提出了一种新型的高永磁体利用率、高致

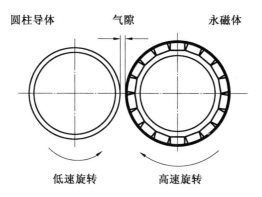

图 1.10　Oita 大学旋转电磁感应加热装置

热效率的电磁加热装置,该装置拓扑是在传统旋转电机的基础上衍生而成的,将电加热装置各部件高度集成,充分利用了旋转电磁感应,实现了旋转电机除电动、发电外的第三功能。本书的共余章节将会对这一新型装置的结构原理、设计计算及测试应用等进行阐述,并进一步探索其在水处理方面的应用技术。

1.3　旋转电机第三功能

1.3.1　能量守恒原理

能量守恒原理是物理学的一条基本原理。这条原理的含意为:在质量不变的物理系统内,能量总是守恒的;即能量既不会凭空产生,也不会凭空消灭,而仅能变换其存在形式。

在传统的旋转电机机电系统中,机械系统是原动机(对发电机来讲)或生产机械(对电动机来讲),电系统是用电的负载或电源,旋转电机把电系统和机械系统联系在一起。旋转电机内部在进行能量转换的过程中,主要存在着电能、机械能、磁场储能和热能四种形态的能量。在能量转换过程中产生了损耗,即电阻损耗、机械损耗、铁芯损耗及附加损耗等。

根据能量守恒原理,这些能量之间具有下列关系:

$$\begin{pmatrix}电源输入\\的电能\end{pmatrix}=\begin{pmatrix}磁场储能\\的增加\end{pmatrix}+\begin{pmatrix}转换为热能\\的能量损耗\end{pmatrix}+\begin{pmatrix}机械能\\输出\end{pmatrix} \qquad (1.9)$$

式(1.9)对于以磁场作为耦合介质的电机都适用。对电动机,式中的电能和机械能为正值,对发电机,电能和机械能为负值。

转换为热能的能量主要包括三部分:①消耗在导体电阻内的电能;②消耗摩擦损耗和通风损耗的能量;③耦合磁场所吸收的消耗于铁芯中的损耗。这三部分均为能量损耗,变换为热能后引起电机各部件发热,是一种不可逆过程。

如果把上述三种能量损耗各自归并到式(1.9)中对应的电能、机械能和磁场能量各项之中,可得能量平衡方程式

$$
\begin{pmatrix} \text{电源输入的电能} \\ - \\ \text{电阻损耗的能量} \end{pmatrix} = \begin{pmatrix} \text{磁场储能的增加} \\ + \\ \text{铁芯损耗的能量} \end{pmatrix} + \begin{pmatrix} \text{机械能输出} \\ + \\ \text{机械损耗的能量} \end{pmatrix} \tag{1.10}
$$

对应的能量流动图如图 1.11 所示。

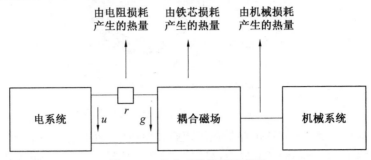

图 1.11　机电系统能量流动图

1.3.2　机电热换能器的结构

对旋转电机来说,损耗消耗了有用的能量,使其全部转化为热量,引起电机发热,温度升高,影响电机的出力,使其效率降低。发热和冷却是所有电机的共同问题。电机损耗与温升的问题,提供了研究与开发新型旋转电磁装置的思路,即将电能、机械能、磁场储能和热能构成新的旋转电机机电系统,使该系统不输出机械能或电能,而是利用电磁理论和旋转电机中损耗与温升的概念,将输入的能量(电能、风能、水能、其他机械能等)完全、充分、有效地转换为热能,即将输入的能量全部作为"损耗"转化为有效热能输出。

基于上述思路,作者提出一种基于旋转电磁理论的机电热换能器,其旋转磁场的产生与旋转电机类似,可以是由多相通电的对称绕组产生,也可以由多极旋转的永磁体产生,采用适当的材料、结构和方法,利用磁滞、涡流和闭合回路的二次感应电流综合效应,将输入的能量完全充分地转换为热能,即将旋转电机传统意义上的"损耗"转化为有效热能。它将电、磁、热系统和以流体为媒质的热交换系统有机地组合在一起。该新型的机电热换能器既具有逆问题的研究价值,又拓宽了传统旋转电机的功能和应用。

1. 整体结构及实例

机电热换能器结构原理如图 1.12 所示,图 1.13 为实物照片。与传统旋转电机一样,机电热换能器由定子部件、转子部件以及定、转子部件间的气隙、端盖、保温层和外罩组成。

定子部件由定子铁芯 3、导条 10、铜管 11、外被 9 等组成。在定子铁芯 3 上开有轴向通孔,孔中放置若干铜管和导条,在定子铁芯左右两端用短路环将铜管和导条焊接短路,形成笼型导电回路。定子铁芯与外被封闭形成外水路,定子铁芯轴向左右两端用密封罩封闭,形成内水路。内、外水路中以及导电管中、导电管外部与铁芯间、导条与铁芯间充满水媒质。转子部件由轴 13、转子铁芯 12、若干永磁体 4 和轴承 8 组成。转子铁芯上沿圆周轴向开有若干槽,槽内装有永磁体,在转子铁芯表面形成 N,S 交替分布的磁极。转子部件由端盖 1 与定子部件紧固连接。机电热换能器定子部件外部设置保温层 5,保温层外层由外罩 7 屏蔽。外罩使用铁磁材料,外罩与机电热换能器本体间用隔热橡胶块连接,

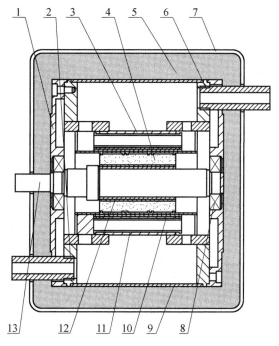

图 1.12　机电热换能器结构原理图

1—端盖;2—进水口;3—定子铁芯;4—永磁体;5—保温层;6—出水口;7—外罩;
8—轴承;9—外被;10—导条;11—铜管;12—转子铁芯;13—轴

图 1.13　机电热换能器实物照片

除了起支撑作用外,还具有电磁屏蔽功能。

当外部动力(电能、风能、水能或其他机械能等)带动转子部件旋转时,多极永磁转子形成旋转磁场,该旋转永磁磁场通过气隙与定子部件交链,除在块状定子铁芯产生磁滞和涡流损耗外,还在笼型导电回路中产生感应电势生成的二次短路电流的电阻损耗,定子和转子开槽引起的气隙磁导谐波磁场在对方铁芯表面产生的表面损耗和脉动损耗及定、转子电流产生的漏磁场(包括谐波磁场)在定、转子绕组和铁芯中引起的损耗及包括通风损耗、轴承摩擦损耗等机械损耗等,所有损耗皆变为热能。水等流体媒质用外部循环泵从进水口 2 进入,经内水路和外水路,由出水口 6 送出,水等流体媒质通过传导及辐射等方式将发热体产生的热量带走,水等流体媒质同时处于永磁磁势磁场和二次侧短路电流磁场的场域中,兼有对水等流体媒质的磁化、软化作用。从原理图可以看出,由于所有发热源和水等流体媒质都在保温层之内,理论上可认为外部动力输入的能量均有效转换为热能,通过传导、辐射等热交换方式,将热源的热能转化为水等流体媒质的温升利用,形成新型机电热换能器。该换能器可应用于燃煤、燃油、燃气及电热等其他传统加热设备的所有应用领域。

2. 定转子基本结构

机电热换能器的定子由实心高磁导率、高电导率的铁芯构成,在定子结构设计上,定子可分为闭口槽和开口槽两种结构。转子可由实心的铁芯构成以增强转子的机械强度。

图 1.14 和图 1.15 分别给出了机电热换能器内置式和表面式永磁转子的结构示意图。转子永磁体可采用内置式结构,也可采用表面式结构,形状可以是矩形、环形、瓦片形等,充磁方向可采用径向充磁、平行充磁或圆周切向充磁。表面式永磁转子工艺简单,但不适合高速旋转;而内置式永磁转子适合高速运行,但其漏磁系数比较大。

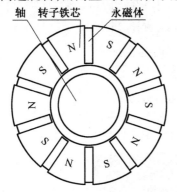 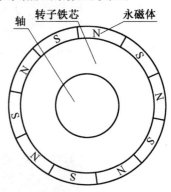

图 1.14　内置式永磁转子的结构　　　　图 1.15　表面式永磁转子的结构

图 1.16 和图 1.17 分别给出了定子采用闭口槽和开口槽两种形式的结构示意图。闭口槽的定子结构,由于整个定子与转子间完全封闭,可以在定子内表面靠近气隙处开更多的水路槽,以使产生的热量与水等流体媒质能够更有效地进行热交换;而开口槽的定子结构中水等流体媒质完全从铜管中流过,可以综合考虑在全转速范围提高机电热换能器输出的热功率。

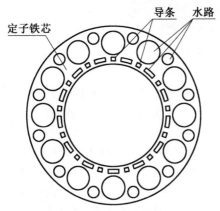 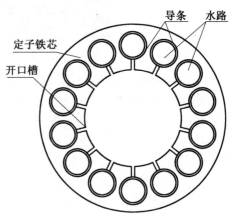

图 1.16　闭口槽定子结构　　　　图 1.17　开口槽定子结构

3. 换热结构

整机按换热结构可分为空气隙和水隙两类,如图 1.18 和图 1.19 所示。空气隙结构的换热思路是在定子侧开水孔或插入铜管,让水流轴向流过水孔和铜管时与定子发生热交换,水流不流经气隙和转子。这种结构的优势在于:因为水流仅从定子流过,使得整机的密封结构简单可靠。水隙结构水流充满整机,虽然使得整机的密封结构略显复杂,但水流轴向流过换能器时,水媒质能受到水隙中主磁场的作用,加强了磁场对水媒质的磁化作用。

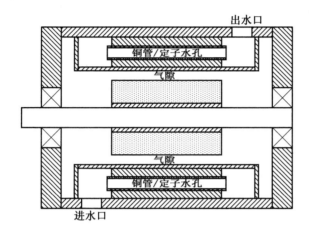

图 1.18 空气隙机电热换能器换热结构示意图

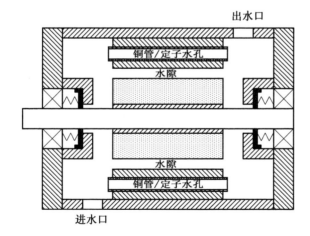

图 1.19 水隙机电热换能器换热结构示意图

1.3.3 机电热换能器的工作原理

当能量输入为机械能,原动机带动机电热换能器转子部件旋转时,旋转永磁磁场通过气隙与定子部件交链,在定子实心铁芯中产生涡流热功率与磁滞热功率,笼型导电回路中也将产生感应电势生成的二次侧短路电流的电阻热功率,这些热功率成为机电热换能器的主要热源;此外还包括定子和转子开槽引起的气隙谐波磁场在对方铁芯表面产生的热功率,漏磁场在定、转子铁芯中引起的热功率及通风、轴承摩擦等机械热功率,上述皆成为机电热换能器的热源。由于所有热源都在保温层之内,理论上可认为外部动力输入的能量均有效转换为热能,其能量流动图可以表述成图1.20的形式。

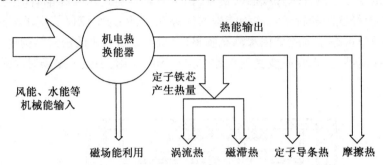

图 1.20 机械能输入的机电热换能器能流图

对于以水冷电机为动力的机电热换能器系统,除了机电热换能器产生的热能外,传统的拖动电机的损耗也是换能器的一个热量来源。其能流图如图1.21所示。

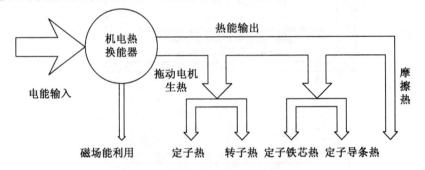

图 1.21 电能输入的机电热换能器能流图

当机电热换能器运行时,水媒质从进水口进入,经内水路和外水路,由出水口将定子部件的热量带走;由于水媒质同时处于永磁磁场和二次侧短路电流产生的磁场的共同作用下,因此机电热换能器在产热的同时也对水等流体媒质进行磁化和软化处理。

1.4 本章小结

本章概述了传统的电加热方式,进而提出了新型机电热换能器的整体结构及工作原理。新型机电热换能器基于传统电机温升与损耗的反问题,将输入的能量完全地转化为热能,还能利用内部的电磁场将水媒质磁化软化。新型机电热换能器的发明实现了传统电机在发电和电动外的第三功能。

第2章　机电热换能器的电磁热学基础

2.1　引　　言

　　旋转电机(发电机和电动机)是一种机电能量转换的电磁机械装置。它通过电磁耦合电路,将电磁过程与机械运动过程紧密地联系在一起,实现机电能量之间的转换。发电机把机械能转换为电能,电动机把电能转换为机械能。旋转电机是机械系统和电磁系统之间的联系物,是一种机电换能器。

　　旋转电机内部在进行能量转换的过程中,主要存在着电能、机械能、磁场储能和热能四种形态的能量。本章简要介绍旋转电机能量转换过程中涉及的电磁学和传热学的基础知识,以便读者进一步加深对作者提出的旋转电机第三功能——机电热换能器中电磁热转换过程的了解,也为后续的机电热换能器电、磁、热分析奠定数学基础。

2.2　电磁理论基础

　　电机内磁场生成主要有两种形式,一个是由定子绕组和转子绕组电流共同作用产生,另一个是由定子绕组电流和永磁体共同作用产生。磁场在不同的媒质中(如铁磁材料、空气和导体等)的分布、变化及与电流的交链情况,决定了电机的电磁参数、运行性能和状态。同时,电机内电磁场的准确计算也是电机内其他物理场(如温度场)的基础。所以电机内磁场的计算至关重要。而电磁理论是计算电磁场的理论基础,是研究电机的基石。

　　所有电机的原理归纳起来都是建立在下列几条基本定律和原理的基础上,即:
①安培全电流定律。
②基尔霍夫定律。
③法拉第电磁感应定律。
④毕奥-萨伐尔电磁力定律。
⑤能量守恒原理。
本章将简要描述这些定律和原理在电机电路和电磁场中的应用。

2.2.1　麦克斯韦方程组

　　描述电磁场的麦克斯韦方程组由四个方程组成,表达了宏观电磁现象的基本规律,电磁场的计算都可以归结为求麦克斯韦方程的解。麦克斯韦方程显示了场量之间相互制约与相互联系的关系,表明了电磁场中电、磁两方面变化的主要特征。

　　麦克斯韦提出的涡旋电场的概念,揭示出变化的磁场可以在空间激发电场,并通过法拉第电磁感应定律得出了二者的关系。麦克斯韦第一方程描述为

$$\oint_l E \cdot \mathrm{d}l = -\iint_s \frac{\partial B}{\partial t} \cdot \mathrm{d}S = -\frac{\mathrm{d}\Phi}{\mathrm{d}t} \tag{2.1}$$

麦克斯韦提出的位移电流的概念,揭示出变化的电场可以在空间激发磁场,并通过全电流概念的引入,得到了一般形式下的安培环路定理在真空或介质中的表示形式。由此,麦克斯韦第二方程描述为

$$\oint_l H \cdot \mathrm{d}l = \iint_s J \cdot \mathrm{d}S + \iint_s \frac{\partial D}{\partial t} \cdot \mathrm{d}S = \sum_i I_i + I_D \tag{2.2}$$

麦克斯韦认为静电场的高斯定理和磁场的高斯定理不仅适用于静电场和恒定磁场,也适用于一般电磁场。变化的电场产生的磁场和传导电流产生的磁场相同,都是涡旋状的场,磁感线是闭合线,反映了磁场的一个基本性质,即磁通连续性定律。该定律表述为:磁场中穿过任意闭合面 S 的磁通之和等于零,即

$$\oiint_s B \cdot \mathrm{d}S = 0 \tag{2.3}$$

方程(2.3)是根据毕奥 – 萨伐尔定律推导得到的。因为毕奥 – 萨伐尔定律是关于稳恒电流激发磁场的规律,由此推导出磁通的连续性,得到麦克斯韦第三方程。

麦克斯韦第四方程的含义是穿过任意闭合曲面的电位移通量等于该闭合面所包围的自由电荷的代数和,即电场中的高斯定理。高斯定理说明了电场是有散场,散度源为电荷。高斯定理的微分形式和积分形式共同说明了静止电荷对电场的影响。

$$\oiint_s D \cdot \mathrm{d}S = \sum_i q_i \tag{2.4}$$

式(2.1) ~ (2.4) 四个方程式称为麦克斯韦方程组的积分形式。将麦克斯韦方程组的积分形式用高等数学中的方法可变换为微分形式。微分形式的方程组为

$$\begin{cases} \nabla \times E = -\dfrac{\partial B}{\partial t} \\[2mm] \nabla \times H = J + \dfrac{\partial D}{\partial t} \\[2mm] \nabla \cdot B = 0 \\[2mm] \nabla \cdot D = \rho \end{cases} \tag{2.5}$$

麦克斯韦方程组是宏观电磁场理论的基本方程,在具体应用这些方程时,还要考虑到介质特性对电磁场的影响。

2.2.2　磁场的基本性质与磁路定律

在满足集中假设的条件下,用路作为模型比用场作为模型简单许多。在电路理论中用路作为模型研究电的规律,不用列写麦克斯韦方程组,称之为电路问题。同理,在一定条件下可用路作为模型研究磁的问题,并称之为磁路问题。

1. 磁路的基尔霍夫定律

在磁路中,如果忽略漏磁通,则磁通只存在于磁路之中。根据磁通连续性定律可知:

在磁路中任选一闭合面,穿出此闭合面的各支路磁通代数和恒等于零,即

$$\sum_{\text{封闭面}} \Phi_k = 0 \tag{2.6}$$

式(2.6)类似于电路的基尔霍夫电流定律,故有时直接称之为"基尔霍夫磁通定律"。当磁通的参考方向是穿出闭合面时,磁通前取正号;否则取负号。

在磁路中,安培环路定律表示为

$$\oint_l H \cdot \mathrm{d}l = \sum i = i_1 - i_2 = F_m \tag{2.7}$$

式中　　$\sum i$——回路的磁动势(Magneto-Motive Force,MMF),用 F_m 表示。

将磁场强度 H 沿磁场中某一路径从 a 点至 b 点的线积分称为 a,b 两点的磁位差,记作

$$U_m = \int_a^b H \cdot \mathrm{d}l \tag{2.8}$$

磁位差是标量,其参考方向是从 a 到 b。

磁位差和磁动势的单位都是安培,有时称之为安匝(Ampere-Turn,A – T)。

利用磁动势和磁位差的概念,在磁路中安培环路定律可以表述为:沿任一回路,磁位差的代数和恒等于此回路中磁动势的代数和,即

$$\sum U_{mj} = \sum N_k i_k = \sum F_{mk} \tag{2.9}$$

式中　　U_{mj}——第 j 段磁路的磁位差;

N_k,i_k,F_{mk}——分别是与回路相交链的第 k 组线圈的匝数、电流和磁动势。

当磁场强度 H 的方向与回路方向相同时,磁位差 U_{mj} 取正号;否则取负号。当线圈电流方向与回路方向符合右手螺旋法则时,磁动势 $N_k i_k$ 取正号;否则取负号。

式(2.9)与电路中的基尔霍夫电压定律有些类似,故称之为"基尔霍夫磁位差定律"。

可以从磁路的基尔霍夫定律出发得到电机的基本关系,并建立起电机的几何尺寸和电磁负荷与输出特性(如电磁转矩和气隙功率)之间的关系。

2. 磁路的欧姆定律

在均匀磁路中,磁位差与磁通之比称为磁阻,记为

$$R_m = \frac{F}{\Phi} = \frac{l}{\mu S} = \frac{1}{\Lambda} \tag{2.10}$$

磁路中的磁通等于作用在磁路上的磁动势除以磁路的总磁阻,这就是磁路的欧姆定律。磁路的磁阻主要取决于磁路的尺寸和材料的磁导率。材料的磁导率越大,磁阻就越小;磁路的平均长度越长、截面积越小,磁阻就越大。由于 $\mu_0 \ll \mu_{Fe}$,对于一般电机,气隙磁阻常常达到整个磁路总磁阻的 70% ~80%。磁阻的国际单位制符号表示是 H^{-1}。在电机的磁路计算时,经常用到磁路的欧姆定律。

2.2.3　铁磁物质的磁化特性

为产生较高的磁感应强度并使磁场主要集中在规定的路径内,需要用导磁性能较好即磁导率高的材料来制作磁路。铁磁物质,例如铁、镍、钴及其合金及铁氧体都是电工设备中构成磁路的主要材料。铁磁物质的磁导率不仅较大,而且常常与所在磁场的强弱及

材料磁状态的历史有关,所以铁磁物质的磁导率不是常量。由于这一点,又使得磁路问题有许多特殊之处。为分析含有铁磁物质的磁路问题,需研究铁磁物质的磁化特性。

1. 磁化曲线和磁滞回线

材料的磁化特性用磁化曲线(Magnetization Curve),即 B-H 曲线来描述。通常用试验方法研究材料的磁化特性。为建立磁场,需将线圈绕在铁磁磁路上,如图 2.1 所示。通过改变线圈电流 i,便可改变铁磁物质内的磁场强度 H。再测得此时的磁感应强度 B,就可得到一组 B-H 数据。在 B-H 坐标系上逐点连接各测试点即得 B-H 曲线,如图 2.2 所示。

(1)起始磁化曲线

当铁磁物质从完全无磁的状态开始进行磁化,即磁场强度由零逐渐增加时,开始处有极短的一段 B 增加较慢,如图 2.2 中的 On 段;随后 B 迅速上升,如 nm 段;再后则进入磁饱和(Magnetic Saturation)区,B 上升缓慢,如 ma 段,a 点称为饱和点(Saturation Point),对应的磁感应强度称为饱和磁感应强度,记作 B_s。过了 a 点以后便是高度饱和区,B 上升非常缓慢。这条 B-H 曲线称为起始磁化曲线(Initial Magnetization Curve)。线上 m 点习惯上称为膝点(Knee Point),该点的切线通过原点,磁导率为最大,记作 μ_m。

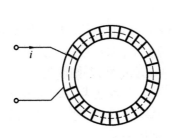

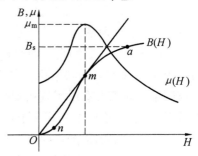

图 2.1　磁化曲线的试验研究　　　图 2.2　起始磁化曲线及磁导率曲线

(2)磁滞回线

当磁场强度到达某点 H_m 以后,H 逐渐减小,即去磁。去磁过程并不按原磁化曲线进行,而是沿另一条曲线,即图 2.3 中 ab 下降,即铁磁物质的磁化过程是不可逆的。当 H 降为零时,B 并不回到零,而仍保留一定量值,如图中 Ob 段,这称为剩余磁感应强度(Remain Magnetic Induction),以 B_r 表示。如要去除此剩余磁感应强度,就必须在相反方向上加外磁场 H_c,即图 2.3 上 Oc。H_c 称为矫顽力(Coercive Force)。这种磁感应强度变化滞后于磁场强度变化的现象称为磁滞(Magnetic Hysteresis)。当 H 继续朝反方向增加时,开始进行反向磁化,其过程沿曲线 cd 进行。如果反向磁化与正向磁化达到的磁场强度最大值相同,反向磁化到达 d 点。之后使 H 的绝对值逐渐减小,沿曲线 de 进行去磁。当 H 为零时,仍有 Oe 对应的反向剩磁。当磁场强度再次增加到 H_m 时,曲线经过 f 点到达 a_1 点。这样正反磁化完成了一个循环,但 a_1 与 a 不重合,而略低一些。如果继续交变磁化,经过多个循环之后,磁化曲线趋于一个对称于原点的闭合回线,如图 2.4 所示。这种回线称为磁滞回线(Hysteresis Loop)。

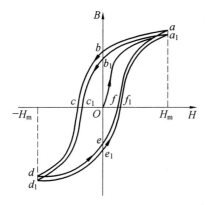

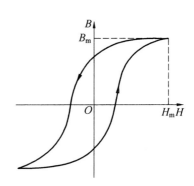

图 2.3　交变磁化过程　　　　　　　　　　图 2.4　磁滞回线

同一种材料在不同 H_m 值下得到的磁滞回线的顶点联成的曲线称为基本磁化曲线（Normal Magnetization Curve），如图 2.5 所示。

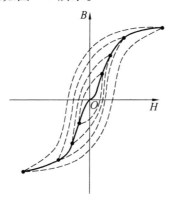

图 2.5　基本磁化曲线

一般给出曲线而未加说明的都是基本磁化曲线,它比起始磁化曲线要低一些。通常计算时都用基本磁化曲线,因为它比较稳定。

2. 铁磁材料

剩余磁感应强度 B_r 和矫顽力 H_c 是磁滞回线的主要特征。材料成分与工艺不同的铁磁物质,它们的磁滞回线也各不相同。工程上按矫顽力 H_c 的大小,将铁磁物质分为硬磁材料（Magnetically Hard Materials）与软磁材料（Magnetically Soft Materials）两类。

像硅钢、铁镍合金、电工纯铁等材料的磁滞回线很窄,属于软磁材料。这种材料适用于作为电机、变压器等的铁芯。图 2.6 给出了几种常用电工材料的基本磁化曲线示例,更多、更详细的数据可查阅电工手册或专业书籍。

像钴钢、钕铁硼等一些特殊合金的磁滞回线很宽,属于硬磁材料,又称永磁材料,其剩余磁感应强度 B_r、矫顽力 H_c 都较大,适用于制作永磁器件。在机电热换能器设计时,需要用到永磁材料的性能参数,下面分别予以介绍。

（1）退磁曲线和回复线

对于已经产品化的永磁材料,读者可以查阅生产商提供的产品数据手册,其中会提供

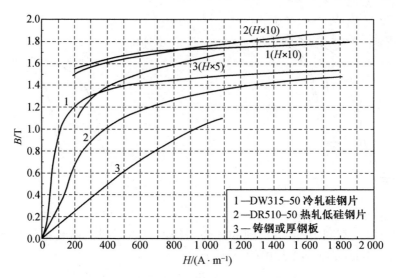

图 2.6　常见铁磁物质基本磁化曲线示例

该材料在四个象限的完整 B–H 曲线。

　　图 2.7 所示为常见硬磁材料的退磁曲线。低级永磁体的退磁曲线在磁密较低处存在一个被称为膝点的拐点。低于这点时,磁密值陡降为零,同时磁场强度达到 H_{ci},即矫顽力。膝点的磁场强度记为 H_k。如果撤去削弱永磁体磁密的外加磁场,永磁体的磁密将沿着一条平行于原退磁曲线的直线回升。这条新的退磁曲线对应的剩余磁通密度为 B_{rr},其值小于永磁体的原剩磁。之后,永磁体的剩磁将减少($B_r - B_{rr}$),且无法复原。虽然图示的回复线是一条直线,但实际上通常为环形,只是用直线来近似表示其平均值。高级永磁体的 B–H 曲线是一条直线,其矫顽力用 H_{ch} 表示。这条永磁体被反复磁化和退磁的曲线称为回复线。这条线的斜率由磁通密度和磁场强度决定,其值为 $\mu_0\mu_{rm}$,其中 μ_{rm} 为相对回复磁导率。对于钐钴和钕铁硼,相对回复磁导率 μ_{rm} 为 1.03 ~ 1.1。

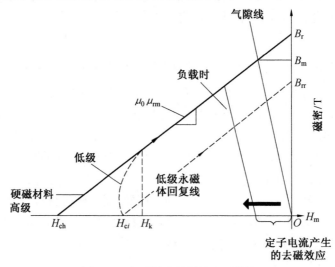

图 2.7　常见硬磁材料的退磁曲线

（2）工作点和气隙线

为了找到永磁体在退磁曲线上的工作点，需要分析电机的磁路。磁通从转子永磁体的 N 极出发，穿过气隙到达定子，之后又从定子穿过气隙返回转子 S 极形成闭合回路。在这个过程中，磁通两次穿过永磁体，也两次穿过气隙，如图 2.8 所示。忽略定转子的磁压降，则气隙磁压降等于永磁体提供的磁动势，即

$$H_m l_m + H_g l_g = 0 \tag{2.11}$$

式中　H_m，H_g——分别为永磁体和气隙的磁场强度；

　　　l_m，l_g——分别为永磁体和气隙的长度。

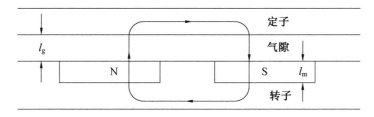

图 2.8　电机定、转子示意图

若永磁体的退磁曲线为直线，则永磁体在退磁曲线上的工作磁密可写为

$$B_m = B_r + \mu_0 \mu_{rm} H_m \tag{2.12}$$

忽略漏磁通，可得到永磁体的工作磁密为

$$B_m = \frac{B_r}{\left(1 + \dfrac{\mu_{rm} l_g}{l_m}\right)} \tag{2.13}$$

由于气隙磁压降的存在，永磁体的工作磁密总是小于剩磁。需要注意的是，推导过程中忽略了铁芯磁压降和漏磁。式（2.13）对电机设计具有指导意义。若要使气隙磁密与永磁体剩磁相等，则式中的分母必须为 1，即永磁体的厚度要远大于气隙长度与永磁体相对磁导率的乘积。对于高级永磁体，假设其相对磁导率近似为 1，则需要使永磁体厚度远大于气隙长度才能使气隙磁密与永磁体剩磁相等。这意味着永磁体的用量会很大，而这无论从成本还是转子以至电机的结构考虑都是不可行的。另外，漏磁通的存在也证明这一想法不切实际。这部分磁通经相邻永磁体发出后通过气隙，却没有进入电机定子。当气隙长度相对于永磁体厚度较小时，漏磁通所占比重很大。因此，实际中永磁体厚度与气隙长度的比值通常为 1～20。比值越小，永磁体的体积和成本就越小，同时电机的输出功率和功率密度也越小。比值越大，如前所述，电机的性能就越高。考虑到漏磁和转子体积、质量的增加，增大比值并不能成比例地增大输出功率。当比值过大时，电机的功率密度反而下降。因此设计过程中需要反复优化寻得最优值。

由式（2.13）得到的工作点示于图 2.7 中。通过原点和工作点的直线称为气隙线或气隙磁阻线。如果定子通电产生去磁磁场，则负载线向左平移，永磁体工作点也随之降低，如图 2.7 所示。

（3）磁能积

衡量永磁体性能的另一个指标是磁能积，其定义为永磁体的工作磁场强度和工作磁

密的乘积。具有较高磁能积的永磁体更适于高功率密度电机。从提高永磁体利用率的角度出发,需要知道其产生最大磁能积时的工作点。对于高级硬磁性材料,其最大磁能积 E_{max} 如图 2.9 所示。首先由永磁体的磁密 B_m 和磁场强度 H_m 得到磁能积 E_m,再将 E_m 关于磁场强度求导,导数值为零时对应的磁能积即为最大磁能积。

$$E_{max} = -\frac{B_r^2}{4\mu_0\mu_{rm}} \tag{2.14}$$

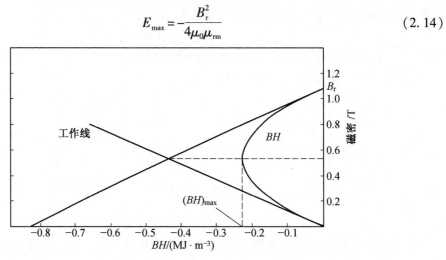

图 2.9　磁能积和首选的工作线

当磁能积达到最大值时,永磁体的磁密为剩磁的一半,即 $0.5B_r$。对应该磁密的工作线及此时的磁场强度如图 2.9 所示。为了使永磁体工作在磁能积最大的工作点,电机定子需提供较大的去磁磁场。另外,在需要变速运行的电机驱动系统中,定子电流会在整个转矩转速区域内产生较大变化,因此要使工作点始终保持不变并不实际。在图 2.9 中,可以认为 B-H 曲线在 H 轴的投影即为磁能积,只不过取为负值。为了避免混淆,有些文献把它画在第三象限,但这里把它画在第二象限以使图形简洁紧凑。

对于低级永磁体,如铝镍钴,与高级永磁体不同,其最大磁能积对应的磁密大于剩磁的一半,其最大磁能积约为高级永磁体的 1/10。因此,当对电机功率密度要求较高时,一般不采用这类永磁体。

2.2.4　旋转磁场

1. 旋转磁场的产生

对于三相交流旋转电机来说,电动机的定子绕组嵌放在定子铁芯槽内,按一定规律连接成三相对称结构。三相绕组 AX,BY,CZ 在空间互成 120°,可以连接成星形,也可以连接成三角形。当三相绕组接至三相对称电源时,则三相绕组中便通入三相对称电流 i_A,i_B,i_C,为

$$\begin{cases} i_A = I_m \sin \omega t \\ i_B = I_m \sin(\omega t - 120°) \\ i_C = I_m \sin(\omega t + 120°) \end{cases} \tag{2.15}$$

电流的参考方向和随时间变化的波形图如图 2.10 所示。

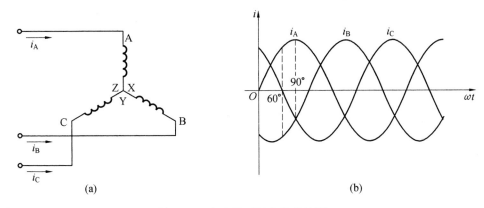

图 2.10　电流随时间变化的波形

旋转磁场的产生过程如图 2.11 所示。

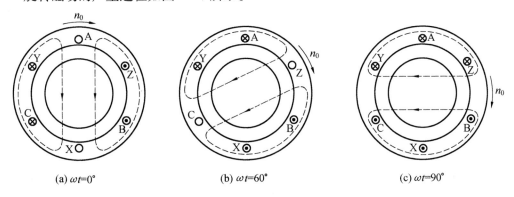

图 2.11　旋转磁场的产生过程

可以看出,旋转电机定子绕组中通入三相电流后,当三相电流不断地随时间变化时,它们共同产生的合成磁场也随着电流的变化而在空间不断地旋转着,这就是旋转磁场。这个旋转磁场同磁极在空间旋转所产生的作用是一样的。

2. 旋转磁场的转向

从旋转磁场可以看出,当 $\omega t = 0°$ 时,A 相的电流 $i_A = 0$,此时旋转磁场的轴线与 A 相绕组的轴线垂直;当 $\omega t = 90°$ 时,A 相的电流 $i_A = +I_m$ 达到最大,这时旋转磁场轴线的方向恰好与 A 相绕组的轴线一致。三相电流出现正幅值的顺序为 A—B—C,因此旋转磁场的旋转方向与通入绕组的电流相序是一致的,即旋转磁场的转向与三相电流的相序一致。如果将与三相电源相连接的电动机三根导线中的任意两根对调一下,则定子电流的相序随之改变,旋转磁场的旋转方向也发生改变,电动机就会反转。

3. 旋转磁场的极数

三相交流电动机的极数就是旋转磁场的极数。旋转磁场的极数和三相定子绕组的排布有关。在图 2.11 的情况下,每相绕组只有一个线圈,三相绕组的始端之间相差 120°,则产生的旋转磁场具有一对极,即 $p = 1$。

如果定子每相绕组有两个均匀安排的线圈串联,三相绕组的始端之间只相差 60° 的空间角,则产生的旋转磁场具有两对极,即 $p=2$,如图 2.12 所示。

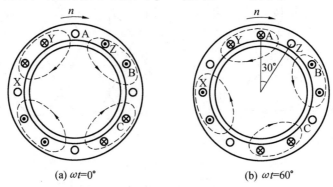

(a) $\omega t=0°$　　　　　　　　　(b) $\omega t=60°$

图 2.12　三相电流产生的旋转磁场($p=2$)

同理,如果要产生三对极,即 $p=3$ 的旋转磁场,则每相绕组必须有均匀安排的三个线圈串联,三相绕组的始端之间相差 $\left(\dfrac{120°}{p}\right)$ 的空间角。

4. 旋转磁场的转速

电动机的转速与旋转磁场的转速有关,而旋转磁场的转速决定于旋转磁场的极数。可以证明在磁极对数 $p=1$ 的情况下,三相定子电流变化一个周期,所产生的合成旋转磁场在空间也旋转一周。当电源频率为 f 时,对应的旋转磁场转速 $n_0=60f$。当电动机的旋转磁场具有 p 对磁极时,合成旋转磁场的转速为 $n_0=\dfrac{60f}{p}$,其中 n_0 称为同步转速,即旋转磁场的转速,其单位为转/分(r/min);我国电力网电源频率 $f=50$ Hz,故当电动机磁极对数 p 分别为 1,2,3,4 时,相应的同步转速 n_0 分别为 3 000 r/min,1 500 r/min,1 000 r/min,750 r/min。

2.2.5　损耗

旋转电机在能量转换过程中会产生损耗,其中电磁损耗主要包含电阻损耗、铁芯损耗和永磁体涡流损耗。

1. 电阻损耗

当定子绕组中流过电流时,就会产生损耗,通常称之为铜损。由于铜的价格日益上涨,在不久的将来,许多新产品中不得不采用铝导线,因此今后称之为电阻损耗更为合适。铜损是电机主要热源之一,该部分损耗是由电机绕组通电产生的。

计算相绕组电阻 R_s 需要用到的参数有匝数 T_{ph}、材料电阻率 ρ、半匝导体的平均长度 l_c 和导体截面积 a_c。首先计算一根导体的电阻,再乘以总的导体数得到相绕组电阻,即

$$R_s=\rho\frac{l_c}{a_c}(2T_{ph}) \tag{2.16}$$

当定子相电流有效值为 I_s 时,三相电机的电阻损耗为

$$P_{sc}=3I_s^2R_s=3\rho\frac{I_s^2}{a_c^2}(l_ca_c)(2T_{ph})=3\rho J_c^2V_c \tag{2.17}$$

式中　J_c——线圈导体中的电流密度;

　　　V_c——绕组(铜或铝)的体积,计算式为

$$V_c = (l_c a_c)(2T_{ph}) \tag{2.18}$$

$$J_c = \frac{I_s}{a_c} \tag{2.19}$$

对于已经设计好的电机,铜损除了受电流影响外,还受高频磁场及温度的影响。处于高频交变磁场内的绕组受集肤效应和临近效应作用,会产生附加铜损;此外,当温度升高时,绕组电阻率也随之增大,也会产生附加铜损。

2. 铁芯损耗

交变磁通磁路中,铁芯的交变磁化会产生功率损耗,称为铁芯损耗,简称铁损(Iron Loss)。铁损是由于铁磁性物质的磁滞作用和铁芯内涡流的存在而产生的。从励磁线圈端口来看,在忽略线圈电阻的条件下,其电压 u 与电流 i 形成的平均功率就等于铁损。

(1)磁滞损耗

铁磁性物质在交变磁化下,由于其内部的磁畴在不断改变排列方向而造成的能量损耗称为磁滞损耗(Hysteresis Loss)。磁滞损耗转化为热能使铁芯温度升高。这部分能量是从电路中通过磁耦合吸收来的,因此可通过计算铁芯线圈吸收的功率来分析磁滞损耗。

图 2.13 所示磁路,不计线圈电阻与漏磁时,线圈输入的瞬时功率为

$$p = ui = N\frac{\mathrm{d}\Phi}{\mathrm{d}t} \times \frac{Hl}{N} = SlH\frac{\mathrm{d}B}{\mathrm{d}t} = VH\frac{\mathrm{d}B}{\mathrm{d}t} \tag{2.20}$$

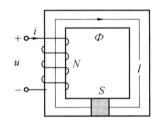

图 2.13　略去漏磁的正弦磁通磁路

上述瞬时功率在一个周期内的平均值就是磁滞损耗,记作

$$P_h = \frac{1}{T}\int_0^T p\mathrm{d}t = \frac{V}{T}\oint H\mathrm{d}B = Vf\oint H\mathrm{d}B \tag{2.21}$$

式中　V—— 铁芯的体积,$V = Sl$。

由式(2.21)得单位体积的磁滞损耗为

$$P_{h0} = \frac{P_h}{V} = f\oint H\mathrm{d}B = \frac{1}{T}\oint H\mathrm{d}B \tag{2.22}$$

根据数学中线积分的几何意义,式中 $\oint H\mathrm{d}B$ 是磁滞回线包围的面积。由此可见,某种材料磁滞回线包围的面积反映该材料单位体积交变磁化一周磁滞损耗的能量。材料矫顽力和剩余磁感应强度越大,磁滞回线面积越大,磁滞损耗就越大。对于同一种铁磁物质,所选取的磁感应强度最大值 B_m 越大,磁滞回线面积越大,磁滞损耗也越大。假设磁滞回

线上升与下降特性曲线重合,面积为零,也就没有磁滞损耗。在制作交流电机、电器时,为减少磁滞损耗,需选取磁滞回线窄的软磁材料(如常用的硅钢与铁镍合金等),且应适当选取最大磁感应强度 B_m。

严格按式(2.22)计算磁滞损耗是很困难的,工程上通常采用近似计算的方法。对同一物质来说,磁滞回线的面积与磁感应强度最大值 B_m 有关。因此磁滞损耗可以根据如下的经验公式来计算,即

$$P_{h0} = \sigma_h f B_m^n \tag{2.23}$$

式中　σ_h——与铁磁物质有关的系数。σ_h 由实验确定,当 $B_m < 1$ T 时,指数 n 可取 1.6,当 $B_m > 1$ T 时,n 可取 2。

(2)涡流损耗

根据电磁感应定律,铁磁物质交变磁化时,在磁感应线所穿过的回路内都要产生感应电动势,并形成电流,称为涡流,如图 2.14(a)所示。涡流通过铁芯电阻产生的功率损耗称为涡流损耗。涡流损耗的功率也是由励磁线圈从电源吸收功率来平衡的,因而也影响到线圈电流 i。下面讨论涡流损耗的计算。

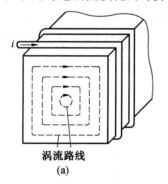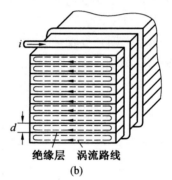

涡流路线
(a)

绝缘层　涡流路线
(b)

图 2.14　涡流的分布

为减少交变磁通磁路的涡流损耗,其铁芯都用互相绝缘的硅钢片叠成,如图 2.14(b)所示。图 2.15 为一硅钢片的放大截面。设硅钢片厚度为 d,横向长度为 b,纵向长度为 l。实际上硅钢片是很薄的,其厚度比横向和纵向长度小得多。为便于分析,假定磁通在整个截面内是均匀分布,其方向与截面垂直。在截面内取一条极为窄小的涡流回路,设此涡流回路与中心线的距离为 x。整个截面可以认为是由无数个这样的涡流回路所布满。

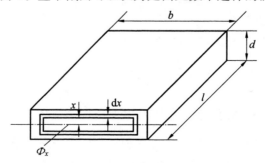

图 2.15　薄硅钢片内的涡流

若交变磁通按正弦规律变动,则涡流回路的感应电动势有效值 E_x 应为

$$E_x = 4.44 f\Phi_{xm} = \sqrt{2}\,\pi f(2xbB_m) \tag{2.24}$$

式中　Φ_{xm}——涡流回路中交变磁通的最大值,所以它等于磁感应强度最大值 B_m 与该回路所围面积 $2xb$ 的乘积。为了计算功率,还要写出该涡流回路的电导

$$\mathrm{d}G_x \approx \sigma \frac{l\mathrm{d}x}{2b} \tag{2.25}$$

式中　σ——硅钢片的电导率,$l\mathrm{d}x$ 为该回路的截面,涡流回路的长度近似取为 $2b$。于是这个涡流回路的功率损耗为

$$\mathrm{d}P_e = E_x^2\mathrm{d}G_x = (\pi\sqrt{2}fB_m \times 2xb)^2 \frac{\sigma l}{2b}\mathrm{d}x = 4\pi^2 f^2 B_m^2 \sigma lbx^2 \mathrm{d}x \tag{2.26}$$

而整个硅钢片的涡流损耗为

$$P_e = 4\pi^2 (fB_m)^2 \sigma lb \int_0^{d/2} x^2 \mathrm{d}x = (\pi^2/6)(fB_m)^2 \sigma lbd^3 = (\pi^2/6)f^2 B_m^2 d^2 \sigma V \tag{2.27}$$

式中　V——硅钢片体积,$V = lbd$。

因此单位体积的涡流损耗为

$$P_{eo} = \frac{P_e}{V} = (\pi^2/6)f^2 B_m^2 d^2 \sigma \tag{2.28}$$

由上式可见,涡流损耗与硅钢片的电导率成正比。硅钢片由于渗入了 1% ~ 4% 的硅,其电导率显著下降,从而减少了涡流损耗。

以上的分析是假定磁感应强度在硅钢片内是均匀分布的,但从电磁场的分析可知这忽略了磁通的集肤效应,因而只是近似计算。

涡流损耗与硅钢片厚度的平方成正比,因此把硅钢片轧制成很薄的薄片是减少涡流损耗的极为有效的办法。相反,将电机定、转子材料换为实心钢即可,这样可显著增大涡流损耗。

涡流损耗还与频率的平方成正比。因此,高频下的涡流损耗更加显著。

电机的铁芯损耗主要是涡流损耗和磁滞损耗。对于工频、正弦波磁通在电机叠片中引起的涡流损耗,可由式(2.28)计算。

而在较高频率时叠片中的涡流损耗可以表示为

$$P_e = \frac{\sigma\omega^2 d^2 B^2}{8k} \cdot \frac{\mathrm{sh}\,\xi - \sin\xi}{\mathrm{ch}\,\xi - \cos\xi} \tag{2.29}$$

由于电机的各部分磁通波形是一系列的非正弦波,因此必须将磁通波形进行傅里叶分解。第 n 次谐波的涡流损耗可以表示成

$$P_e^{(n)} = N_{Fe} n^2 \frac{\sigma\omega_1^2 d^2 (B_m^{(n)})^2}{8k} \cdot \frac{\mathrm{sh}\,\xi - \sin\xi}{\mathrm{ch}\,\xi - \cos\xi} S_b \tag{2.30}$$

式中　N_{Fe}——铁芯叠片数;

　　　ω_1——基波角频率;

　　　S_b——铁芯叠片表面积;

　　　$\xi = \dfrac{d}{\Delta}$;

Δ——透入深度，$\Delta = \sqrt{\dfrac{2}{\omega\mu\sigma}}$。

可对各次谐波涡流损耗采用叠加原理求取涡流总损耗，即

$$P_{esum} = \sum_{n=1}^{\infty} P_{etn} + \sum_{n=1}^{\infty} P_{espn} + \sum_{n=1}^{\infty} P_{esyn} + \sum_{n=1}^{\infty} P_{eryn} \qquad (2.31)$$

式中　P_{esyn}，P_{eryn}——分别为定、转子轭部第 n 次谐波涡流损耗；

　　　P_{etn}——齿层第 n 次谐波涡流损耗；

　　　P_{espn}——定子极身第 n 次谐波涡流损耗。

同样可以利用叠加原理计算磁滞损耗。第 n 次谐波的磁滞损耗可以采用下式计算：

$$P_{hn} = k_h (nf_1) \left(B_m^{(n)} \right)^2 \qquad (2.32)$$

总的磁滞损耗为

$$P_{hsum} = \sum_{n=1}^{\infty} P_{htn} + \sum_{n=1}^{\infty} P_{hspn} + \sum_{n=1}^{\infty} P_{hsyn} + \sum_{n=1}^{\infty} P_{hryn} \qquad (2.33)$$

式中　P_{hsyn}，P_{hryn}——定、转子轭部第 n 次谐波磁滞损耗；

　　　P_{htn}——齿层第 n 次谐波磁滞损耗；

　　　P_{hspn}——定子极身第 n 次谐波磁滞损耗。

因此，电机的铁损为

$$P_{Fe} = P_{esum} + P_{hsum} \qquad (2.34)$$

3. 永磁体涡流损耗

引起永磁转子涡流损耗的主要原因是气隙磁场中存在各种时间和空间的谐波，这些谐波主要来源于定子开槽引起的齿谐波、定子绕组的非正弦分布引起的空间谐波及 PWM 供电电流的非正弦引起的时间谐波等。

（1）齿槽谐波

由于定子开槽，使得气隙磁导以齿距做周期变化，每一对磁极下磁导变化 Z_1/p 次，此时气隙磁导可以表示为

$$\lambda = \lambda_0 + \lambda_g \cos \frac{Z_1}{p} \omega t \qquad (2.35)$$

式中　λ_0——气隙磁导恒定分量；

　　　λ_g——气隙磁导波动部分的幅值。

电机空载运行时，永磁体表面的磁势可以表示为

$$F = F_m \cos p\theta \qquad (2.36)$$

式中　$p\theta$——永磁体磁势相对于参考轴的空间角度。

此时任意时刻气隙磁密为

$$B(\theta, t) = F(\theta) \cdot \lambda(t) = F_m \cos p\theta \cdot \left(\lambda_0 + \lambda_g \cos \frac{Z_1}{p} \omega t \right) \qquad (2.37)$$

可见气隙磁密波形中不仅存在基波分量，还存在 $kZ_1/p \pm 1$ 次谐波。

（2）定子绕组分布的空间谐波

定子绕组分布会引起电枢空间谐波磁动势。当定子绕组通入三相正弦波电流时，把

A,B,C 三相绕组产生的 v 次谐波磁动势相加,得到

$$f_v(\theta_s,t)=f_{Av}(\theta_s,t)+f_{Bv}(\theta_s,t)+f_{Cv}(\theta_s,t)=$$
$$F_{\phi v}\cos v\theta_s\cos \omega t+F_{\phi v}\cos v(\theta_s-120°)\cos(\omega t-120°)+$$
$$F_{\phi v}\cos v(\theta_s-240°)\cos(\omega t-240°) \tag{2.38}$$

式中　$f_{(A,B,C)v}(\theta_s,t)$——A,B,C 三相的 v 次谐波磁势;

　　　　$F_{\phi v}$——v 次谐波合成磁动势幅值;

　　　　θ_s——磁势在空间分布的电角度。

当 $v=3k$ 时,电枢合成磁动势 $f_v(\theta_s,t)=0$,所以在对称的三相绕组中不存在 3 次及 3 的倍数次谐波。

当 $v=6k\pm1$ 时,电枢合成磁动势 $f_v(\theta_s,t)=\dfrac{3}{2}F_{\phi v}\cos(\omega t\mp v\theta_s)$,存在 5,7,11,13,… 次

谐波,这些谐波磁动势的幅值为 $\dfrac{3}{2}F_{\phi v}$。

（3）定子电流的时间谐波

设永磁同步电机通入定子三相对称电流为

$$\begin{cases}i_A=I\cos(\omega't+\theta_0)\\i_B=I\cos(\omega't+\theta_0-120°)\\i_C=I\cos(\omega't+\theta_0+120°)\end{cases} \tag{2.39}$$

式中　θ_0——初始时间相位;

　　　　ω'——电流角频率。

只考虑电枢磁场时,转子涡流大小由电流矢量的频率和幅值决定。这里从 i_d,i_q 的角度出发,研究定子电流的时间谐波。根据坐标变换可得到

$$\begin{bmatrix}i_d\\i_q\\i_0\end{bmatrix}=\dfrac{2}{3}\begin{bmatrix}\cos\alpha&\cos(\alpha-120°)&\cos(\alpha+120°)\\-\sin\alpha&-\sin(\alpha-120°)&-\sin(\alpha+120°)\\\dfrac{1}{2}&\dfrac{1}{2}&\dfrac{1}{2}\end{bmatrix}\cdot\begin{bmatrix}i_a\\i_b\\i_c\end{bmatrix} \tag{2.40}$$

$$\begin{cases}i_d=I\cos(\omega't+\theta_0-a)=I\cos[(\omega'-\omega)t+\theta_0-a_0]\\i_q=I\sin(\omega't+\theta_0-a)=I\sin[(\omega'-\omega)t+\theta_0-a_0]\end{cases} \tag{2.41}$$

式中　a——空间位置角,$a=\omega t+\alpha_0$。

从 i_d,i_q 表达式知,当电流频率 $\omega'=\omega$ 时,为直流。当电流频率 $\omega'\neq\omega$ 时,i_d,i_q 随时间变化,频率为 $\omega'-\omega$。由上分析可知,当定子电流含有谐波时,会引起气隙磁场的时间谐波。

单位体积永磁体的涡流损耗也可按式(2.28)计算。在传统永磁电机设计中,在保证结构强度和工艺性的要求下,通常会将永磁体沿径向和轴向分成若干段以减少涡流损耗。此外,同硅钢和实心钢相比,永磁体的电导率很小,并且不同永磁体的电导率差别较大,在设计时也要加以考虑。对于机电热换能器来说,在保证永磁体不退磁情况下,永磁体涡流损耗也为其热源之一,因此在工艺允许情况下,可以减少其分块数。

旋转电机内其他的损耗还包括机械损耗和杂散损耗。机械损耗一般由轴承摩擦损耗

和通风损耗组成。对于传统电机轴承中的摩擦及定子、转子间通风所造成的机械损耗可按 Liwshitz 提出的公式计算,即

$$P_{F+W} = 5.4 \times 10^{-5} n_N^{0.7} P_N \tag{2.42}$$

杂散损耗的因素很复杂,也难于计算,一般参考相应经验计算。通常计算时可按铜损、铁损和机械损耗三者之和的 6% ~7% 计入。

2.3　传热学基础

2.3.1　相关物理量介绍

传热学是研究物质间热量传递规律的科学,为了更好地研究机电热换能器中机械能与热能转换规律,先介绍几个传热学中的基本概念。

1. 温度(Temperature)

温度是表征物体冷热程度的物理量,从微观上讲是物体分子热运动的剧烈程度,所以它也是物体分子平均动能的标志。温度的国际热力学单位为开尔文(K),其他单位还有华氏度(℉)和摄氏度(℃)。

摄氏温度和华氏温度的关系为 $T = 1.8t + 32$(t 为摄氏温度数,T 为华氏温度数);

摄氏温度和开尔文温度的关系为 $K = t + 273.15$(t 为摄氏温度数,K 为开尔文温度数)。

2. 热量(Heat)

热量是指在时间 t 内物体热能的变化量,它也是能量的一种传递方式,和其他能量传递的区别是伴随有物体温度的改变。热量的单位为焦耳(J),用符号 Q 表示。

3. 比热容(Specific Heat Capacity)

一定质量的某种物质,温度升高(或降低)1 ℃所吸收(或放出)的热量,称为这种物质的比热容,用符号 c 表示。比热容的国际单位制是焦耳每千克开尔文(J/(kg·K))。比热容是表示物体吸热或散热能力的物理量。

温度、热量、比热容三者关系的表达式为

$$Q = cm\Delta T \tag{2.43}$$

式中　　m——物体的质量;

　　　　ΔT——物体吸收或释放热量前后的温度差。

2.3.2　热交换的形式

热能的传递有三种基本方式:热传导、热对流和热辐射。

1. 热传导

(1)导热基本定律

物体各部分之间不发生相对位移时,依靠分子、原子及自有电子等微观粒子的热运动而产生的热能传递称为热传导(Heat Conduction),简称导热。其在固体、液体和气体中均

可发生,但严格而言,只有在固体中才是纯粹的热传导,而流体即使处于静止状态,其中也会由于温度梯度所造成的密度差而产生自然对流,因此,在流体中对流与热传导同时存在。

大量实践经验证明,单位时间内通过单位截面积所传导的热量,正比于垂直于截面方向上的温度变化率。以沿 x 轴方向导热为例,此时

$$\frac{\Phi}{A} \propto \frac{\partial t}{\partial x} \tag{2.44}$$

此处,x 是垂直于面积 A 的坐标轴,Φ 表示传递的热量,$\frac{\partial t}{\partial x}$ 是物体沿 x 方向的温度变化率。引入导热系数 λ,可得

$$\Phi = -\lambda A \frac{\partial t}{\partial x} \tag{2.45}$$

上式就是导热基本定律,即傅里叶导热定律(Fourier's Law of Heat Conduction)的数学表达式。傅里叶导热定律用文字表述为:在导热过程中,单位时间内通过给定截面的导热量,正比于垂直该截面方向上的温度变化率和截面面积,而热量传递的方向则与温度升高的方向相反。

傅里叶导热定律用热流密度 q 表示时有下列形式,即

$$q = -\lambda \frac{\partial t}{\partial x} \tag{2.46}$$

式中　q——沿 x 方向传递的热流密度。

实际中,物体的温度大多是三个坐标的函数,三个坐标方向上的单位矢量与该方向上热流密度分量的乘积合成一个空间热流密度矢量,记为 $\boldsymbol{q}$。傅里叶导热定律一般形式的数学表达式是对热流密度矢量写出的,其形式为

$$\boldsymbol{q} = -\lambda \operatorname{grad} t = -\lambda \frac{\partial t}{\partial x} \boldsymbol{n} \tag{2.47}$$

式中　$\operatorname{grad} t$——空间某点的温度梯度(Temperature Gradient);

　　　$\boldsymbol{n}$——通过该点的等温线上的法向单位矢量,指向温度升高的方向。

(2)导热系数

导热系数的定义由傅里叶定律的数学表达式给出。由式(2.46)得

$$\lambda = \frac{|q|}{\left|\frac{\partial t}{\partial x} n\right|} \tag{2.48}$$

数值上,它等于在单位温度梯度作用下物体内热流密度矢量的模。导热系数是表征材料导热性能优劣的参数,即是一种热物性参数(Thermo-physical Property),其单位为 W/(m·K)。导热系数的数值取决于物质的种类和温度等因素。工程计算采用的各种物质的导热系数的数值都是用专门实验测定出来的。

2. 热对流

(1)物理意义及影响因素

热对流(Heat Convection)是指由于流体的宏观运动而引起的流体各部分之间发生相

对位移,冷、热流体相互掺混所导致的热量传递过程。热对流仅能发生在流体中,而且由于流体中的分子同时在进行着不规则的热运动,因而热对流必然伴随有热传导现象。

工程上对流体流过固体表面时流体与固体表面间的热量传递过程特别感兴趣,并称之为对流传热。对流传热是在流体流动进程中发生的热量传递现象,它是依靠流体质点的移动进行热量传递的,与流体的流动情况密切相关。当流体做层流流动时,在垂直于流体流动方向上的热量传递,主要以热传导(也有较弱的自然对流)的方式进行。热对流是三大基本传热形式之一,而对流传热与热对流不同,既有热对流,又有热传导。

因为影响对流传热的很多因素都与流体的性质和运动状态有关,所以为了更好地研究对流传热,先介绍一些流体方面的基础知识。

①流体的黏性。流体在运动时,若相邻两层流体间发生相对运动或有发生相对运动的趋势,并且流体对于这种相对滑动是有抵抗的,那么流体所具有的这种抵抗两侧流体间相对运动,或者说抵抗变形的性质,称为黏性。黏性大小依赖于流体的性质,并显著地随温度变化。当流体的黏性较小(如空气和水),运动的相对速度也不大时,可以近似地把流体看成是无黏性的,称为无黏流体(Inviscid Fluid),也称为理想流体(Perfect Fluid)。真正的理想流体在客观实际中是不存在的,它只是实际流体在某种条件下的一种近似模型。

②流体的压缩性。当流体密度 ρ 为常数时,流体为不可压流体,否则为可压流体,一般情况下可以认为液体是不可压缩的。但是对于气体而言,由于它的密度会随温度和压强的变化而变化,所以要看气体是否可压缩,就需要通过气体所处环境的压强和温度来判断。

③流体的热传导性和扩散性。流体的宏观性质除黏性外,还有热传导及扩散等性质。当流体中存在着温度差时,温度高的地方将向温度低的地方传送热量,这种现象称为流体的热传导。当流体混合物中存在着组元的浓度差时,浓度高的地方将向浓度低的地方输送该组元的物质,这种现象称为扩散。

扩散、黏性和热传导是流体宏观性质的一种体现。由于分子的无规则运动,在各个层流之间进行着质量、动量和能量的交换,使不同流体层内的平均物理量均匀化。这种性质称为分子运动的输运性质。质量输运在宏观上表现为扩散现象,动量输运表现为黏性现象,能量输运则表现为热传导现象。

在工程实际中,若忽略了流体的黏性,即忽略了动量输运性质,则在此流体中也不应该考虑质量和能量输运性质,即扩散和热传导,因为它们具有相同的微观机制。

④定常流动与非定常流动。根据流体运动的物理量(如速度、压力、温度等)是否随时间变化,将流动分为定常(Steady)与非定常(Unsteady)两大类。当流动的物理量不随时间变化时,为定常流动;当流动的物理量随时间变化时,则为非定常流动。定常流动也称为恒定流动或稳态流动;非定常流动称为非恒定流动、非稳态流动,或瞬态(Transient)流动。

⑤层流与湍流。黏性流体存在着两种不同的流态——层流和湍流。当流体在圆管中流动时,如果管中流体是一层一层流动的,各层间互不干扰,互不相混,这样的流动状态称为层流流动。当流速逐渐增大时,流体质点除了沿轴向运动外还有垂直于管轴向方向的横向流动,即层流流动已被打破,完全处于无规则的乱流状态,这种流动状态称为紊流或

湍流流动。

根据以上流体和传热方面的知识,可以找出影响对流传热的主要因素。影响因素就是影响流动的因素及影响流体中热量传递的因素,归纳起来可以分为以下五个方面。

①流体流动的起因。由于流动起因的不同,对流传热可以区分为强制对流传热与自然对流传热两大类。前者是由于泵、风机或其他外部动力源所造成的,而后者通常是由于流体内部的密度差所引起的。两种流动的成因不同,流体中的速度场也有差别,所以传热规律就不一样。

②流体有无相变。相变为物质从一种相转变为另一种相的过程。与固、液、气三态对应,物质有固相、液相和气相。在相变的过程中物质的物理和化学性质完全相同。在流体没有相变时对流传热中的热量交换是由于流体显热的变化而实现的,而在有相变的热交换过程中(如沸腾或凝结),流体相变热(潜热)的释放或吸收常常起主要作用,因而传热规律与无相变时不同。

③流体的流动状态。层流时流体微团沿着主流方向做有规则的分层流动,而湍流时流体各部分之间发生剧烈的混合,因而在其他条件相同时湍流传热的强度自然要较层流强烈。

④换热表面的几何因素。这里的几何因素指的是换热表面的形状、大小、换热表面与流体运动方向的相对位置及换热表面的状态(光滑或粗糙)。

⑤流体的物理性质。流体的物理性质对于对流传热有很大的影响。以无相变的强制对流传热为例,流体的密度 ρ、动力黏度 η、导热系数 λ 及定压比热容 c_p 等都会影响流体中速度的分布及热量的传递,因而影响对流传热。动力黏度 η 表示液体在一定剪切应力下流动时内摩擦力的量度,其值为加于流动液体的剪切应力和剪切速率之比;定压比热容 c_p 为在压强不变的情况下,单位质量的某种物质温度升高 1 ℃ 所吸收的热量。

综上可知,影响对流传热的因素很多,由于流动动力不同、流动状态的区别、流体是否相变及换热表面几何形状的差别构成了多种类型的对流传热现象,因而表征对流传热强弱的表面散热系数是取决于多种因素的复杂函数。以单相强制对流传热为例,在把高速流动排除在外时(高速流动一般只发生在与航空、航天飞行器有关的对流现象中),表面散热系数可表示为

$$h=f(u,l,\rho,\eta,\lambda,c_p) \tag{2.49}$$

式中　u——液体流速;

　　　l——换热表面的一个特征长度。

(2)表面传热系数

对流传热的基本计算式是牛顿(Newton)冷却公式(Newton's Law of Cooling),即

$$\Phi=Ah\Delta t_m \tag{2.50}$$

式中　A——流固接触面的面积;

　　　Δt_m——换热面 A 上流体与固体表面的平均温差;

　　　h——表面传热系数(Convective Heat Transfer Coefficient)(表面传热系数以前又常
　　　　　称为对流换热系数)。

工程计算中无论流体被冷却还是被加热,换热量总是取正值,因此 Δt_m 总取正值。

牛顿冷却公式只是对流传热表面传热系数 h 的一个定义式,它没有揭示出表面传热系数与影响它的有关物理量之间的内在关系。揭示这种内在的联系正是研究对流传热的主要任务。

3. 热辐射

物体通过电磁波来传递能量的方式称为辐射,因热的原因而发出辐射能的现象称为热辐射,这也是第三种传热方式。传导、对流两种传热方式需要借助介质才能实现,而热辐射可以在真空中传递,实际工程中很多真空设备内的能量传递就是依靠热辐射实现的。

斯蒂芬-玻耳兹曼(Stefan-Boltzman)定律阐述了黑体的辐射能力与热力学温度的关系,其表达式为

$$R_b = \sigma T^4 \tag{2.51}$$

式中　T——绝对温度;

σ——黑体辐射常数,$\sigma = 5.67 \times 10^{-8}$ W/($m^2 \cdot K^4$)。

由式(2.51)可知辐射传热与绝对温度的 4 次方成正比。

2.4　常用的计算方法

电磁学与传热学的研究和发展主要源于工程实际,所以研究这两门学科的主要目的还是应用相关理论知识去解决工程中的实际问题。为了研究电机的性能和状态,需要计算出电机内的电磁场;为了研究电机的冷却系统的冷却能力,需要计算出电机内的温度场。

在工程实际中,人们研究电磁场和温度场的一些方法的核心思想有很多相同之处,所以为了更好地理解相关求解方法的精髓,以下分别对研究电磁场和温度场有相同指导思想的方法进行对比介绍。

目前工程中应用比较广泛的有路算法、场路结合法及以场的思想求解的方法。随着现代数值方法和计算机技术的发展,场路结合法和场算方法得到了极大的发展,并成为主要的研究方法。

2.4.1　路算法

等效磁路法和等效热路法都是在各自学科的基础上融入了电路集中参数思想。等效磁路法根据实际模型的特点划分磁路,把真实的磁路分解成若干段,同材料或截面积大体相同的可以划分为同一段磁路,每段磁路有各自的磁动势源和磁阻,磁动势源为永磁体或通电线圈。通过求解每段磁路的磁通和磁阻进而求出每段磁路的磁压降,从而求得整个回路中各段磁路的磁压降。

等效热路法是通过假设所分布的真实热源和热阻被少量的集中热源和等值热阻所代替,并且它们与热流的大小无关,将场的问题转换为集中参数的热路问题。当绘制等效热路图时应尽可能考虑到影响传热的所有因素,但图形不要复杂化。要想获得高精度需要增加节点数,因此工作量增大。

与电路中的基尔霍夫电流定律相对应,热路中有基尔霍夫热流定律。热流定律首先假设在导热过程中,热流也是具有连续性的,即导热过程中不会在某一处(或某一点)积

聚热流。热流定律表述为:流入节点的热流(热量)之和等于由该节点流出的热流(热量)之和。

为了加深对路算方法的理解,分别对磁路、电路和热路中各物理量进行对比,见表2.1。

表 2.1　磁路、电路和热路的类比

磁　路	电　路	热　路
磁动势 F/A	电动势 E/V	—
磁压降 U/A	电压降 U/V	温升 $\Delta T/K$
磁通 Φ/Wb	电流 I/A	热量 Q/W
磁阻 $R_{m}/H^{-1}=\dfrac{l}{\mu A}$	电阻 $R/\Omega=\rho\dfrac{l}{A}$	热阻 R,没有统一的计算公式,多采用经验公式计算

需要注意的是磁路和热路只是在数学上和电路相似,但本质上是不同的,磁路法和热路法仅是研究磁现象和热现象的一种手段。

2.4.2　场路结合法

等效磁网络法和等效热网络法都是应用图论原理,通过网络的拓扑结构进行磁场和热场分析的一种方法。

磁网络法是依据等效磁通管原理,将电机中磁通分布较均匀、几何形状较规则的部分作为一个独立单元,这样可将电机的磁场区域划分为若干个串联或并联支路,每个支路由磁导、磁动势单元组成或只有磁导组成,单元之间通过节点相连。之后,列出矩阵方程求解物理量矩阵即可。

因为磁网络法和热网络法在求解方法和步骤上基本一致,所以下面以等效热网络法为例,对其求解步骤进行介绍。

①按计算对象的实际结构及其他对称条件确定求解区域,对求解区域进行剖分,做离散化处理。剖分单元形状及大小可以任取,但一般为便于计算,网格剖分要整齐,并根据温差的大小决定某一区域网格的疏密。

②运用局部集中参数观点,认为热源集中分布于节点,热流集中地由此通过,将节点温度作为求解变量。

③构成等效热网络,并确定网络参数,包括热阻、网格损耗的计算及边界条件的处理,从而建立起物理模型。

④建立数学模型,根据能量守恒定律,或直接应用基尔霍夫热流定律,列出网络节点的温度方程组,并选定求解算法。

⑤编制计算软件,借助计算机进行求解。

采用等效热网络法计算温度值,不仅具有物理概念清晰、网格划分简单,而且与普通的电网络求解相类似,容易被广大工程技术人员熟悉和掌握。采用等效热网络法可以详细计算出计算区域的温度分布,找出其中的过热点。

等效磁网络法和等效热网络法虽然是数值解法,但解的是代数方程组,因此可以认为它采用的是场路结合的方法和思想,要想获得比较精确的相关物理量的场分布,则需要多加节点,从而增大计算量,所以场的算法和思想应运而生。

2.4.3　场算法

场算法与等效网络算法都是数值解法,不同的是场算法求解的是偏微分方程组或积分方程组,其求解思想是场的思想,其技术核心是离散,即将原来的偏微分方程组或积分方程组离散后变为代数方程组,并求出这些代数方程组的解以获得求解变量的近似解,以此作为各个离散点上的存储数据,从而求出整个物理场的分布。根据对控制方程离散方式的不同,场算法又可分为微分方程法和积分方程法。在电磁场的计算方法中,有限差分法(Finite Difference Method, FDM)和有限元法(Finite Element Method, FEM)为微分方程法,而体积分方程法(Volume Integral Equation Method, VIEM)和边界积分方程法(Boundary Integral Equation Method, BIEM)为积分方程法。在温度场的计算方法中,有限差分法(FDM)和有限元法(FEM)为微分方程法,有限体积法(Finite Volume Method, FVM)为积分方程法。虽然电磁场和温度场是两个不同物理场量的求解,但是场算法中有很多方法是非常相近的,例如有限差分法和有限元法,所以以下有限元和有限差分法是两个物理场都适用的方法。下面简要介绍上面提到的这些方法。

1. 微分方程法

(1)有限差分法

有限差分法是计算机数值模拟最早采用的方法,至今仍被广泛运用。该方法将求解域划分为差分网格,用有限个网格节点代替连续的求解域。

有限差分法以泰勒级数展开的方法,把控制方程中的导数用网格节点上的函数值的差商代替,从而创建以网格节点上的值为未知数的代数方程组。

从有限差分格式的精度来划分,有一阶格式、二阶格式和高阶格式;从差分的空间形式来考虑,可分为中心格式和逆风格式;考虑时间因子的影响,差分格式还可分为显格式、隐格式、显隐交替格式等。

目前常见的差分格式主要是上述几种格式的组合,不同组合构成不同的差分格式。差分方法主要适用于结构网格,网格的步长一般根据实际情况和柯朗稳定条件决定。

(2)有限元法

有限元法的基础是变分原理和加权余量法,其基本求解思想是把计算域划分为有限个互不重叠的单元,在每个单元内,选择一些合适的节点作为求解函数的插值点,将微分方程中的变量改写成由各变量或其导数的节点值与所选用的插值函数组成的线性表达式,借助于变分原理或加权余量法,将微分方程离散求解。采用不同的权函数和插值函数形式,便于构成不同的有限元方法。

有限元方法中,把计算域离散剖分为有限个互不重叠且相互连接的单元,在每个单元内选择基函数,用单元基函数的线性组合来逼近单元中的真解,整个计算域上总体的基函数可以看作由每个单元基函数组成,而整个计算域内的解可以看作由所有单元上的近似解构成。

有限元方法的基本思路和解题步骤可归纳如下:

①建立积分方程。根据变分原理或方程余量与权函数正交化原理,建立与微分方程

初边值问题等价的积分表达式,这是有限元的出发点。

②区域单元剖分。根据求解区域的形状及实际问题的物理特点,将区域剖分为若干相互连接、不重叠的单元。区域单元划分是采用有限元方法的前期准备工作,这部分工作量比较大,除了给计算单元和节点进行编号和确定互相之间的关系之外,还要表示节点的位置坐标,并列出自然边界和本质边界的节点序号和相应的边界值。

③确定单元基函数。根据单元中节点数目及对近似解精度的要求,选择满足一定插值条件的插值函数作为单元基函数。有限元方法中的基函数是在单元中选取的,由于各单元具有规则的几何形状,所以在选取基函数时可遵循一定的法则。

④单元分析。将各个单元中的求解函数用单元基函数的线性组合表达式进行逼近;再将近似函数代入积分方程,并对单元区域进行积分,可获得含有待定系数(即单元中各节点的参数值)的代数方程组(称为单元有限元方程)。

⑤总体合成。在得出单元有限元方程之后,将区域中所有单元有限元方程按一定法则进行累加,形成总体有限元方程。

⑥边界条件的处理。一般边界条件有三种形式,分别为本质边界条件(狄里克雷边界条件)、自然边界条件(黎曼边界条件)、混合边界条件(柯西边界条件)。对于自然边界条件,一般在积分表达式中可自动得到满足。对于本质边界条件和混合边界条件,需按一定法则对总体有限元方程进行修正满足。

⑦解有限元方程。根据边界条件修正的总体有限元方程组,是含所有待定未知量的封闭方程组,采用适当的数值计算方法求解,可求得各节点的函数值。

有限元法本质上是一种微分方程的数值求解方法,认识到这一点以后,从 20 世纪 70 年代开始,有限元法的应用领域逐渐从固体力学领域扩展到其他需要求解微分方程的领域,如流体力学、传热学、电磁学、声学等。如今该方法是电磁场问题数值求解的最主要方法。

2. 积分方程法

(1)体积分方程法

体积分方程法是从麦克斯韦方程组的积分形式出发,对场域中的源区和感应产生的二次源区进行离散,以此得到对应的代数方程,然后对其进行数值求解。最后,根据毕奥-萨伐尔定律求解场域中每个点场量的数值。

该方法适用于场域内媒质数目较少、交界面形状比较简单的情况。由于该方法只对源区域和由感应产生的二次源区域进行网络划分,所以计算量大为减少。这也是所有积分方程法的一个共同优点。同时,该方法也有其缺点,即对非线性问题的求解比较困难。该方法在加速器磁铁设计和高频场的散射问题中应用较广。

(2)边界积分方程法

边界积分方程法是将问题区域投影到一个或多个表面,将均质媒质上的体积分方程简化为边界积分方程,求解边界上的解,再根据解求出场域中的变量。

该方法降低了问题的维数,所产生的矩阵规模大大减小,同时也降低了对网格的剖分要求。因此,该方法求解三维问题的优点更加突出。同时,该方法计算精度高,边界条件较易处理,但该方法在处理源的奇异性和非均匀媒质问题时比较困难。因此,该方法仅适用于线性媒质和几何结构相对比较简单的场域情况。

（3）有限体积法

有限体积法又称为控制体积法。有限体积法属于加权余量法中的子域法，属于采用局部近似的离散方法。它是将求解区域进行网格划分，并按照一定的规则在每个网格点周围构建互不重复的控制体，再将待求解的微分方程对每一个控制体积分，即可得出一组离散的方程。其未知量为网格点上的特征变量。

就离散方法而言，有限体积法可视为有限单元法和有限差分法的中间产物，有限单元法必须假定值符合网格点之间的变化规律（即插值函数），并将其作为近似解；有限差分法只考虑网格点上的数值而不考虑其在网格点之间如何变化；有限体积法只寻求节点值，这与有限差分法相类似，但有限体积法在寻求控制体积的积分时，必须假定值在网格点之间的分布，这又与有限单元法相类似。在有限体积法中，插值函数只用于计算控制体积的积分，得出离散方程后，便可去掉插值函数；如果需要，可以对微分方程中不同的项采取不同的插值函数。

有限体积法的基本思路易于理解，并能得出直接的物理解释。离散方程的物理意义就是因变量在有限大小的控制体积中的守恒原理，如同微分方程表示因变量在无限小的控制体积都得到满足，在整个计算区域自然也就得到满足一样，这也是有限体积法吸引人的优点。在工程实际中涉及流体场与温度场耦合计算的问题，采用较多的正是有限体积法。

2.5　本章小结

本章介绍了分析机电热换能器所必需的电磁理论和传热学基础，以及常用的计算方法。传统电机的相关电磁理论揭示了换能器内机械能、电能、热能、磁能等各种能量互相变换的机理，是分析换能器工作原理及内部物理场的理论基础。借助工程实际中电磁场和温度场的计算方法可以对换能器内物理场进行具体的计算。

第3章 机电热换能器的数学模型

3.1 引　言

机电热换能器的结构与永磁电机类似,运行原理类似于永磁同步发电机的短路运行。因此,永磁电机分析中使用的等效磁路、相量图、磁场解析等分析方法对于换能器仍然适用。这些分析也是对换能器进行电磁设计的基础。

本章首先建立换能器的等效磁路,讲述磁路参数的计算方法;之后分析换能器的相量图;最后对换能器的涡流场和电磁场进行解析。

3.2　换能器的等效磁路

换能器的静态磁路模型与永磁发电机静态磁路模型类似,如图3.1所示。其中F为永磁体提供的磁动势;Z_r为转子等效磁阻;Z_g为气隙磁阻;Z_s为定子磁阻;Z_a为隔磁环磁阻;Z_b为转子内侧磁桥的磁阻。

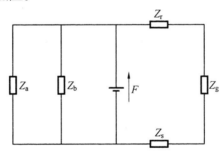

图 3.1　换能器的静态磁路模型

上述磁路模型中,Z_r,Z_g与Z_s构成主磁路,Z_a与Z_b构成漏磁路。在设计上要保证主磁路的磁通远大于漏磁路的磁通。要保证上述条件,结构上要求隔磁环的厚度大于气隙长度,转子内磁桥设计为饱和状态。

换能器工作时的磁路模型如图3.2所示。与永磁发电机工作时的磁路模型相比,两者的主要差别在于定子的反应磁势,对于永磁发电机来说定子反应磁势由三相定子绕组电流形成,而对于换能器来说定子反应磁势由定子涡流产生。

机电热换能器静止时定子中不存在涡流,永磁体在定子中产生的主磁通相对于磁极轴线是对称分布的,如图3.3所示。当永磁转子旋转时,定子中有涡流产生,由于挤流效应,涡流集中在定子内表面的薄层内,即透入深度范围内,同时涡流产生的涡流磁场中存在一个交轴磁场。如图3.4所示,交轴磁场与主磁场作用时,在其旋转方向产生增磁作

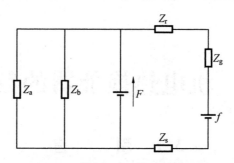

图 3.2　换能器的瞬态磁路模型

用,在其旋转的反方向产生去磁作用。但由于涡流存在使得定子表面高度饱和,磁场增加到一定程度后,为形成闭合磁路,合成磁场的磁通会进入相邻磁极的下部,此相邻磁极正处于去磁作用下,此处饱和程度已经被削弱。交轴电枢反应的存在改变了定子中的磁场分布,因此可以将普通凸极同步电机电枢反应的理论应用于机电热换能器来分析其特性。

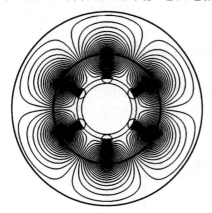

图 3.3　换能器静止时磁通分布　　　　图 3.4　涡流场产生交轴反应时磁通分布

　　根据双反应理论将定子铁芯等效成两相对称且正交的绕组,而感生的涡流将根据两轴系统被分解成直轴分量与交轴分量,不失一般性,交轴阻抗与直轴阻抗分量不相同。因此可以建立机电热换能器的数学模型,如图 3.5 所示,与凸极同步发电机类似,分别在交、直轴上建立机电热换能器的等效电路,而定子阻抗相当于发电机的负载。

　　由此可以得到机电热换能器的电压方程、磁链方程及转矩方程:

　　电压方程为

$$\begin{cases} -u_{\mathrm{d}} = \dfrac{\mathrm{d}\psi_{\mathrm{d}}}{\mathrm{d}t} - \omega\psi_{\mathrm{q}} \\[2mm] -u_{\mathrm{q}} = \dfrac{\mathrm{d}\psi_{\mathrm{q}}}{\mathrm{d}t} + \omega\psi_{\mathrm{d}} \\[2mm] u_{\mathrm{d}} = i_{\mathrm{d}} \cdot R_{\mathrm{sp}} - i_{\mathrm{q}} \cdot X_{\mathrm{sp}} \\[2mm] u_{\mathrm{q}} = i_{\mathrm{q}} \cdot R_{\mathrm{sp}} + i_{\mathrm{d}} \cdot X_{\mathrm{sp}} \end{cases} \tag{3.1}$$

式中　$\psi_{\mathrm{q}},\psi_{\mathrm{d}}$——分别为交、直轴磁链;

　　　　$i_{\mathrm{q}},i_{\mathrm{d}}$——分别为交、直轴电流;

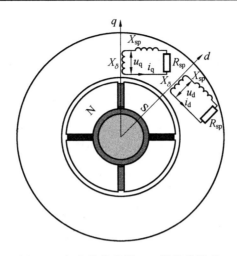

图 3.5　机电热换能器 d-q 轴数学模型

u_q, u_d——分别为交、直轴电压；

ω——转子旋转的电角速度。

磁链方程为

$$
\begin{bmatrix} \psi_d \\ \psi_q \\ \psi_f \end{bmatrix} = \begin{bmatrix} L_d & 0 & L_{md} \\ 0 & L_q & 0 \\ 0 & 0 & L_{md} \end{bmatrix} \begin{bmatrix} i_d \\ i_q \\ i_f \end{bmatrix}
\tag{3.2}
$$

式中　ψ_f——永磁体产生的磁链；

　　　i_f——永磁体的等效励磁电流；

　　　L_d——直轴电感；

　　　L_q——交轴电感；

　　　L_{md}——互感。

转矩方程为

$$
T_e = p \cdot (\psi_d \cdot i_q - \psi_q \cdot i_d)
\tag{3.3}
$$

式中　p——极对数。

3.3　换能器磁路计算中的主要参数

换能器的磁路参数计算中，永磁体磁动势、气隙磁阻和转子各磁阻、漏磁系数等计算方式与永磁电机类似，在此不再详述。

换能器的定子是由实心钢构成的，不存在通常意义上的电枢绕组，因此需要将实心钢的定子等效成相应的电枢阻抗。根据电磁场理论，对于平面电磁波，理想的半无限大导体在单位长度、单位宽度内的阻抗可以按下式计算，即

$$
Z = R + jX = (1+j)\frac{1}{\sigma \cdot d}
\tag{3.4}
$$

式中　σ——电导率；

　　　d——电磁波透入深度。

因此直径为 D，轴向长度为 L，p 对极的换能器每个极距下的定子阻抗可以表示为

$$Z_{sp} = (1+j) \frac{2pL}{\pi D \cdot \sigma \cdot d} = R_{sp} + j \cdot X_{sp} \tag{3.5}$$

式(3.5)是在理想情况下的阻抗计算表达式，考虑饱和效应、磁滞效应、端部效应的作用后，机电热换能器等效的每个极距下的定子电阻可以表示为

$$R_{sp} = \frac{2pL}{\pi D \cdot \sigma \cdot d} \cdot K_{rs} \cdot K_{rh} \cdot K_L \tag{3.6}$$

每个极距下等效的定子电抗可以表示为

$$X_{sp} = \frac{2pL}{\pi D \cdot \sigma \cdot d} \cdot K_{xs} \cdot K_{xh} \cdot K_L \tag{3.7}$$

式中　K_{rs}, K_{xs}——考虑饱和效应的电阻系数与电抗系数；

　　　K_{rh}, K_{xh}——考虑磁滞效应的电阻系数与电抗系数；

　　　K_L——考虑端部效应的折算系数。

1. 考虑饱和效应的电阻系数与电抗系数

通常情况下定子内表面由于磁场强度比较高，因此，定子内表面附近将会比较饱和，因此准确计算定子的阻抗需要考虑饱和所带来的影响。若考虑饱和的影响，采用阶跃函数磁化特性，当饱和时铁磁材料中的磁密仅仅等效成恒定的饱和磁密值。这种近似在磁场强度较高时有较好的近似效果。另一种方法是用不同的函数拟合非线性的磁化曲线，其中，用 n 阶抛物线拟合非线性的磁化曲线的方法应用比较广泛，误差也比较小，可以表示为

$$B = K \cdot H^{\frac{1}{n}} \tag{3.8}$$

式中　K, n——根据不同导磁材料确定的系数。

定子电阻和电抗的饱和系数可以表示为

$$K_{rs} = \frac{4n}{\sqrt[4]{8n \cdot (3n+1)^2 \cdot (n+1)}} \tag{3.9}$$

$$K_{xs} = \frac{2\sqrt{2n \cdot (n+1)}}{\sqrt[4]{8n \cdot (3n+1)^2 \cdot (n+1)}} \tag{3.10}$$

2. 考虑磁滞效应的电阻系数与电抗系数

磁滞效应影响比较复杂，通常上磁滞将在 B 与 H 之间造成一个时间的相位差，即 B 滞后于 H 一个磁滞角 ϕ。而且为了简化考虑通常也将磁滞回线等效成椭圆形，其长轴与 H 成 ϕ 角，因此由于考虑磁滞效应而引入复数的磁导率

$$\mu_h = \mu_0 \mu_r e^{-j\phi} \tag{3.11}$$

定子电阻和电抗的磁滞系数可以表示为

$$K_{rh} = \sqrt{2} \cos\left(\frac{\pi}{4} - \frac{\phi}{2}\right) \tag{3.12}$$

$$K_{xh} = \sqrt{2}\cos\left(\frac{\pi}{4} - \frac{\phi}{2}\right) \tag{3.13}$$

式中　ϕ——磁滞角,与材料的磁滞热功率大小有关。

3. 考虑端部效应时的阻抗折算系数

当假定定子轴向长度无限长时,定子上的电流分布只有轴向分量,而实际定子的轴向长度是有限的,这使得在定子内表面及定子端部都存在涡流分布,在定子内表面的中部只存在涡流的轴向分量,而且在此位置达到最大值。沿着轴向至定子端部涡流的轴向分量逐渐减小,接近端部处时涡流的轴向分量逐渐减少到零,而在定子端部电流主要为周向。

图 3.6 所示为各电磁场量随轴向长度近似变化的关系曲线。图中横轴表示转子的轴向长度,而纵轴表示各场量的大小,其以轴向长度中间位置的电磁场量为基准值。可以看出,沿着轴向方向各电磁量与轴向无限长时是不同的。

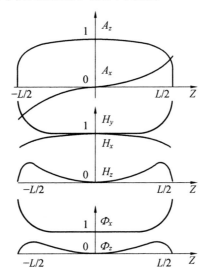

图 3.6　各电磁场量随轴向长度近似变化的关系曲线

实心转子异步电机端部效应对电磁场量的影响及矢量磁位 **A**、磁通量 **Φ** 与轴向长度的关系为

$$\begin{cases} A_x = G\left[\,\mathrm{e}^{\lambda_1 y}\dfrac{\sinh(\gamma z)}{\sinh\left(\gamma\dfrac{L}{2}\right)} + (\mathrm{e}^{\alpha y} - \mathrm{e}^{\lambda_1 y})\dfrac{\sinh(\lambda_1 z)}{\sinh\left(\lambda_1\dfrac{L}{2}\right)}\right]\mathrm{e}^{\mathrm{j}(\alpha x + s\omega_s t)} \\[4mm] A_y = \mathrm{j}G(\mathrm{e}^{\lambda_1 y} - \mathrm{e}^{\alpha y})\dfrac{\sinh(\lambda_1 z)}{\sinh\left(\lambda_1\dfrac{L}{2}\right)}\mathrm{e}^{\mathrm{j}(\alpha x + s\omega_s t)} \\[4mm] A_z = \mathrm{j}G\mathrm{e}^{\lambda_1 y}\left[\coth\left(\lambda_1\dfrac{L}{2}\right) + \dfrac{\alpha}{\gamma}\coth\left(\gamma\dfrac{L}{2}\right) - \dfrac{\alpha}{\gamma}\dfrac{\cosh(\gamma z)}{\sinh\left(\gamma\dfrac{L}{2}\right)}\right]\mathrm{e}^{\mathrm{j}(\alpha x + s\omega_s t)} \end{cases} \tag{3.14}$$

$$\begin{cases} \Phi_x = \mathrm{j}G\Big[\coth\big(\lambda_1\dfrac{L}{2}\big) + \dfrac{\alpha}{\gamma}\coth\big(\gamma\dfrac{L}{2}\big) - \dfrac{\alpha}{\gamma}\dfrac{\cosh(\gamma z)}{\sinh\big(\gamma\dfrac{L}{2}\big)} + \dfrac{\lambda_1}{\alpha}\dfrac{\cosh(\lambda_1 z)}{\sinh\big(\lambda_1\dfrac{L}{2}\big)}\Big]\mathrm{e}^{\mathrm{j}(\alpha x + s\omega_s t)} \\[4mm] \Phi_z = G\Big[\dfrac{\sinh(\gamma z)}{\sinh\big(\gamma\dfrac{L}{2}\big)} - \dfrac{\sinh(\lambda_1 z)}{\sinh\big(\lambda_1\dfrac{L}{2}\big)}\Big]\mathrm{e}^{\mathrm{j}(\alpha x + s\omega_s t)} \end{cases}$$

$$(3.15)$$

式中　ω_s——定子旋转角频率；

$$\begin{cases} G = \dfrac{-\mathrm{j}\hat{I}K_0\mu_0}{\big(\alpha^2\delta + \dfrac{\lambda_1}{\mu_i}\big)\Big[\coth\big(\lambda_1\dfrac{L}{2}\big) + \dfrac{\alpha}{\lambda_1}\coth\big(\lambda_1\dfrac{L}{2}\big)\Big]} \\[5mm] \gamma = \sqrt{\alpha^2 + \dfrac{\lambda_1}{\delta\mu_r}} \\[3mm] \lambda_1 = \sqrt{\mathrm{j}\omega\mu\sigma} \\[2mm] \alpha = \dfrac{\pi}{\tau} \end{cases}$$

$$(3.16)$$

式中　$\hat{I}$——定子电流峰值；

　　　μ_i——相对磁导率；

　　　δ——气隙长度；

　　　τ——极距；

$$\begin{cases} K_0 = \dfrac{m}{\pi p}K_w N\alpha \\[3mm] \omega = 2\pi f = \dfrac{2\pi n_r p}{60} \end{cases}$$

$$(3.17)$$

式中　m——相数；

　　　K_w——等效后的定子绕组因数；

　　　N——等效后的定子每相串联匝数；

　　　n_r——转速。

等效气隙阻抗可以表示为

$$Z_r = \dfrac{2}{m}p\pi\dfrac{\mu_0 K_0^2}{\alpha^2}L\omega_s\mathrm{j}\dfrac{\alpha\mu_i}{\lambda_1}\left(1 + \dfrac{\dfrac{2}{\alpha L}}{\coth(\lambda_1 L/2) + \dfrac{\alpha}{\gamma}\coth(\gamma L/2) - \dfrac{2\alpha}{L\gamma^2}}\right) \qquad (3.18)$$

当假定轴向长度无限长时，气隙阻抗可以表示为

$$Z'_r = \dfrac{2}{m}p\pi\dfrac{\mu_0 K_0^2}{\alpha^2}L\omega_s\mathrm{j}\dfrac{\alpha\mu_i}{\lambda_1} \qquad (3.19)$$

因此考虑端部效应时的阻抗折算系数可以近似表示为

$$K_L = \frac{Z_r}{Z'_r} = 1 + \frac{\dfrac{2}{\alpha L}}{\coth(\lambda_1 L/2) + \dfrac{\alpha}{\gamma}\coth(\gamma L/2) - \dfrac{2\alpha}{L\gamma^2}} \tag{3.20}$$

3.4　换能器稳态运行相量图

机电热换能器运行时的定子笼型导条,原理上与同步发电机稳态短路运行时的定子绕组相似。根据同步发电机稳态短路运行相量图,可给出换能器稳态运行时的相量图,如图 3.7 所示。

图 3.7　换能器稳态运行时的相量图

同步发电机稳态运行时有

$$\dot{E}_0 = \dot{I}R + j\dot{I}_d X_d + j\dot{I}_q X_q + \dot{U} \tag{3.21}$$

空载反电势为

$$E_0 = 4.44fNK_w\Phi_{\delta 0}K_\Phi = 2.22f\Phi_{\delta 0}K_\Phi \tag{3.22}$$

式中　X_d, X_q——直轴和交轴电抗;

　　　$\Phi_{\delta 0}$——空载气隙磁通;

　　　K_Φ——波形系数。

机电热换能器定子笼型导条相当于发电机绕组短路状态,故有 $\dot{U} = 0$,因此

$$\dot{E}_0 = \dot{I}R + j\dot{I}_d X_d + j\dot{I}_q X_q \tag{3.23}$$

令

$$\begin{cases} I_d = I \cdot \sin\psi_k \\ I_q = I \cdot \cos\psi_k \end{cases} \tag{3.24}$$

式中　I_d, I_q——电流 I 的直轴和交轴分量;

　　　I——稳态运行短路电流;

　　　ψ_k——E_0 与 I 的夹角。

可以得到

$$\begin{cases} \sin \psi_k = \dfrac{X_q}{\sqrt{R^2+X_q^2}} \\[3mm] \cos \psi_k = \dfrac{R}{\sqrt{R^2+X_q^2}} \\[3mm] \tan \psi_k = \dfrac{\sin \psi_k}{\cos \psi_k} = \dfrac{X_q}{R} \end{cases} \tag{3.25}$$

由式(3.23)可得

$$(E_0 - I_d X_d)^2 + (I_q X_q)^2 = (IR)^2 \tag{3.26}$$

将式(3.24)、(3.25)代入式(3.26)整理得

$$E_0^2 - \frac{2I \cdot X_q X_d}{\sqrt{R^2+X_q^2}} \cdot E_0 + \frac{X_d^2 X_q^2 - R^4}{R^2+X_q^2} \cdot I^2 = 0 \tag{3.27}$$

求解二次方程可得

$$E_0 = \frac{X_q X_d + R^2}{\sqrt{R^2+X_q^2}} \cdot I \tag{3.28}$$

换能器稳态运行时电流为

$$I = \frac{E_0 \cdot \sqrt{R^2+X_q^2}}{X_q X_d + R^2} \tag{3.29}$$

因此，一相的热功率为

$$P_{\mathrm{Cua}} = I^2 R = \frac{E_0^2 \cdot (R^2+X_q^2)}{(X_q X_d + R^2)^2} \cdot R \tag{3.30}$$

整个笼型绕组的热功率为

$$P_{\mathrm{Cu}} = m_c I^2 R = m_c \frac{E_0^2 \cdot (R^2+X_q^2)}{(X_q X_d + R^2)^2} \cdot R \tag{3.31}$$

式中　m_c——鼠笼等效相数。

设 Q_t 为鼠笼导条数，n_{bar} 为同一相下的并联导条数，则：

（1）当 $\dfrac{Q_t}{p}$ 为整数时，$m_c = \dfrac{Q_t}{p}$，$n_{\mathrm{bar}} = p$

则鼠笼绕组的总热功率为

$$P_{\mathrm{Cu}} = m_c I^2 R = \frac{Q_t E_0^2 \cdot (R^2+X_q^2)}{p \ (X_q X_d + R^2)^2} \cdot R \tag{3.32}$$

式中

$$R = \frac{1}{\sigma p} \left[\frac{l}{S_B} + \frac{r}{2 S_R \sin^2 \left(\dfrac{2\pi p}{Q_t} \right)} \right] \tag{3.33}$$

式中　S_B——导条截面积；

　　　S_R——端环截面积；

　　　l——导条长度；

　　　r——端环半径。

（2）当 $\dfrac{Q_t}{p}$ 为分数时，$m_c = Q_t , n_{bar} = 1$

则鼠笼绕组总热功率为

$$P_{Cu} = m_c I^2 R = Q_t \frac{E_0^2 \cdot (R^2 + X_q^2)}{(X_q X_d + R^2)^2} \cdot R \tag{3.34}$$

式中

$$R = \frac{l}{\sigma S_B} + \frac{r}{2\sigma S_R \sin^2\left(\dfrac{2\pi p}{Q_t}\right)} \tag{3.35}$$

3.5　换能器电磁场方程

3.5.1　二维电磁场方程

涡流热功率是机电热换能器热源的重要组成部分，换能器电磁场分布较为复杂，为了比较准确地掌握定子铁芯中产生的涡流热，本节建立换能器的二维电磁场方程。在分析换能器电磁场及定子铁芯涡流热功率时，做如下的基本假设和简化处理：

①假定机电热换能器中的电磁场二维分布，即不考虑其轴向长度的影响。

②定子按光滑表面处理，不考虑齿槽效应及水路槽的影响。

③忽略气隙及定子上的位移电流，因此定子介质表面上的法向电流密度恒等于零。

④假定磁导率 μ 为常值，即将磁化曲线线性化，同时忽略磁滞的影响。

机电热换能器的二维电磁场简化模型如图 3.8 所示，整个模型划分为五个区域：转子铁芯区域，其转子为表面式的永磁转子结构，其相关场量以下标 r 表示；永磁体区域，其相关场量以下标 m 表示；气隙区域，其相关场量以下标 a 表示；定子铁芯区域，其相关场量以下标 s 表示；外部区域，其相关场量以下标 e 表示。

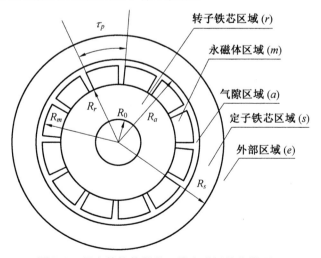

图 3.8　机电热换能器的二维电磁场简化模型

由电磁场的基本方程、麦克斯韦方程组的微分形式及材料的特性方程,引入矢量磁位 A,有

$$B = \nabla \times A \tag{3.36}$$

为保证 A 的唯一性,引入库仑规范,规定 A 的散度为 0,即

$$\nabla \cdot A = 0 \tag{3.37}$$

似稳电磁场时,可忽略位移电流 D,方程组(2.5)中 $\nabla \times H = J + \dfrac{\partial D}{\partial t}$ 可简化为

$$\nabla \times H = J \tag{3.38}$$

将式(3.36)代入式(3.38),并利用 BH 之间的数学关系可以得到

$$\nabla \times (\nabla \times A) = \mu J \tag{3.39}$$

利用矢量恒等式将式(3.39)进行变换,即

$$\nabla \times (\nabla \times A) = \nabla (\nabla \cdot A) - \nabla^2 A \tag{3.40}$$

将式(3.37)代入式(3.40)可得

$$\nabla^2 A = -\mu J \tag{3.41}$$

① 外部区域(e)。可以得到

$$\nabla^2 A_e = 0 \tag{3.42}$$

② 定子铁芯区域(s)。由麦克斯韦方程组及式(3.41)可以得到

$$\nabla \times E = -\frac{\partial B}{\partial t} = -\frac{\partial (\nabla \times A)}{\partial t} = -\nabla \times \frac{\partial A}{\partial t} \tag{3.43}$$

即

$$E = -\frac{\partial A}{\partial t} = -\frac{\partial A}{\partial \theta} \cdot \frac{\partial \theta}{\partial t} = -\omega \cdot \frac{\partial A}{\partial \theta} \tag{3.44}$$

式(3.41)可以表示为

$$\nabla^2 A = \mu \sigma \frac{\partial A}{\partial t} = \mu \sigma \omega \cdot \frac{\partial A}{\partial \theta} \tag{3.45}$$

因此定子铁芯区域有

$$\nabla^2 A_s = \mu_s \sigma_s \frac{\partial A_s}{\partial t} = \mu_s \sigma_s \omega \cdot \frac{\partial A_s}{\partial \theta} \tag{3.46}$$

③气隙区域(a)。电流密度为零,在该区域有

$$\nabla^2 A_a = 0 \tag{3.47}$$

④永磁体区域(m)。场强矢量 B 与 H 可以表示为

$$B_m = \mu_m H + \mu_0 M \tag{3.48}$$

式中　μ_m——永磁体磁导率,$\mu_m = \mu_0 \cdot \mu_{rm}$;

　　　μ_{rm}——永磁体相对磁导率;

　　　μ_0——空气磁导率。

其磁场方程可以表示为

$$\nabla^2 A_m = \nabla \times M \tag{3.49}$$

在极坐标下 M 可以表示为

$$M = M_r r + M_\theta \theta \tag{3.50}$$

当气隙磁密为方波时，其极坐标下的两个分量可以表示为

$$\begin{cases} M_r = \displaystyle\sum_n M_n e^{ik\theta} \\ M_\theta = 0 \end{cases} \tag{3.51}$$

$$M_n = 2\left(\frac{B_r}{\mu_0}\right)\alpha_p \frac{\sin\dfrac{n\pi\alpha_p}{2}}{\dfrac{n\pi\alpha_p}{2}} \tag{3.52}$$

$$k = np \quad (n = 1,3,5,\cdots) \tag{3.53}$$

式中　B_r——永磁体剩余磁密；

　　　α_p——永磁体极弧系数。

由式(3.48)、(3.50)可以得到

$$\nabla \times M = -\frac{1}{r}\frac{\partial M_r}{\partial \theta} \tag{3.54}$$

⑤转子铁芯区域(r)。转子铁芯与永磁体同步旋转电流密度为零，可得

$$\nabla^2 A_r = 0 \tag{3.55}$$

整个区域电磁场方程组由式(3.42)、(3.46)、(3.47)、(3.54)及式(3.55)组成，在极坐标下可以表示为

$$\begin{cases} \dfrac{\partial A_r}{\partial r^2} + \dfrac{1}{r}\dfrac{\partial A_r}{\partial r} + \dfrac{1}{r^2}\dfrac{\partial^2 A_r}{\partial \theta^2} = 0 & (R_0 < r < R_r) \\[2mm] \dfrac{\partial A_m}{\partial r^2} + \dfrac{1}{r}\dfrac{\partial A_m}{\partial r} + \dfrac{1}{r^2}\dfrac{\partial^2 A_m}{\partial \theta^2} = -\dfrac{1}{r}\dfrac{\partial M_r}{\partial \theta} & (R_r < r < R_m) \\[2mm] \dfrac{\partial A_a}{\partial r^2} + \dfrac{1}{r}\dfrac{\partial A_a}{\partial r} + \dfrac{1}{r^2}\dfrac{\partial^2 A_a}{\partial \theta^2} = 0 & (R_m < r < R_a) \\[2mm] \dfrac{\partial A_s}{\partial r^2} + \dfrac{1}{r}\dfrac{\partial A_s}{\partial r} + \dfrac{1}{r^2}\dfrac{\partial^2 A_s}{\partial \theta^2} = \mu_s\sigma_s\omega\cdot\dfrac{\partial A_s}{\partial \theta} & (R_a < r < R_s) \\[2mm] \dfrac{\partial A_r}{\partial r^2} + \dfrac{1}{r}\dfrac{\partial A_r}{\partial r} + \dfrac{1}{r^2}\dfrac{\partial^2 A_r}{\partial \theta^2} = 0 & (r > R_s) \end{cases} \tag{3.56}$$

式(3.56)一般可以采用分离变量法对其求解，此时每个区域的矢量磁位 A 可表示为

$$A_j(r,\theta) = A_{j,r}(r)\cdot A_{j,\theta}(\theta) \quad (j = r,m,a,s,e) \tag{3.57}$$

不失一般性，矢量磁位 A 可表示为傅里叶级数形式，即

$$A_j(r,\theta) = \sum_n e^{ik\theta}\cdot A_{j,r}^{(n)} \tag{3.58}$$

将式(3.58)各次谐波分量代入式(3.56)，可以得到

$$
\begin{cases}
r^2 \dfrac{d^2 A_{r,r}^{(n)}}{dr^2} + r \dfrac{dA_{r,r}^{(n)}}{dr} - k^2 A_{r,r}^{(n)} = 0 & (R_0 < r < R_r) \\[2mm]
r^2 \dfrac{d^2 A_{m,r}^{(n)}}{dr^2} + r \dfrac{dA_{m,r}^{(n)}}{dr} - k^2 A_{m,r}^{(n)} = -\mathrm{i}k \cdot r \cdot M_n & (R_r < r < R_m) \\[2mm]
r^2 \dfrac{d^2 A_{a,r}^{(n)}}{dr^2} + r \dfrac{dA_{a,r}^{(n)}}{dr} - k^2 A_{a,r}^{(n)} = 0 & (R_m < r < R_a) \\[2mm]
r^2 \dfrac{d^2 A_{s,r}^{(n)}}{dr^2} + r \dfrac{dA_{s,r}^{(n)}}{dr} - (k^2 + \mathrm{i}k\mu_s \sigma_s \omega r^2) A_{s,r}^{(n)} = 0 & (R_a < r < R_s) \\[2mm]
r^2 \dfrac{d^2 A_{e,r}^{(n)}}{dr^2} + r \dfrac{dA_{e,r}^{(n)}}{dr} - k^2 A_{e,r}^{(n)} = 0 & (r > R_s)
\end{cases}
\tag{3.59}
$$

式中定子铁芯区域的电磁场方程为 k 阶的贝塞尔方程。求解式(3.59),并结合式(3.58)可以得到式(3.56)的通解为

$$
\begin{cases}
A_r^{(n)} = (C_{r1}^{(n)} \cdot r^k + C_{r2}^{(n)} \cdot r^{-k}) \cdot \mathrm{e}^{\mathrm{i}k\theta} & (R_0 < r < R_r) \\[2mm]
A_m^{(n)} = \left[C_{m1}^{(n)} \cdot r^k + C_{m2}^{(n)} \cdot r^{-k} - \dfrac{\mathrm{i}k \cdot r \cdot M_n}{1 - k^2} \right] \cdot \mathrm{e}^{\mathrm{i}k\theta} & (R_r < r < R_m) \\[2mm]
A_a^{(n)} = (C_{a1}^{(n)} \cdot r^k + C_{a2}^{(n)} \cdot r^{-k}) \cdot \mathrm{e}^{\mathrm{i}k\theta} & (R_m < r < R_a) \\[2mm]
A_s^{(n)} = \left[C_{s1}^{(n)} \cdot I_k(\sqrt{k}\lambda r) + C_{s2}^{(n)} \cdot K_k(\sqrt{k}\lambda r) \right] \cdot \mathrm{e}^{\mathrm{i}k\theta} & (R_a < r < R_s) \\[2mm]
A_e^{(n)} = (C_{e1}^{(n)} \cdot r^k + C_{e2}^{(n)} \cdot r^{-k}) \cdot \mathrm{e}^{\mathrm{i}k\theta} & (r > R_s)
\end{cases}
\tag{3.60}
$$

式中　　$C_{j1}^{(n)}, C_{j2}^{(n)}$——$n$ 次谐波方程由边界条件确定的待定系数;

$\quad\quad I_k$——k 阶第一类贝塞尔函数;

$\quad\quad K_k$——k 阶第二类贝塞尔函数。

$$
\lambda = \sqrt{\mathrm{i}\omega\mu_s \sigma_s k}
\tag{3.61}
$$

式(3.60)中的系数由下面六个给定的边界条件式确定,即

$$
\left. \frac{\partial A_r^{(n)}}{\partial \theta} = 0 \right|_{r=R_0}
\tag{3.62}
$$

$$
\left.
\begin{aligned}
\frac{\partial A_r^{(n)}}{\partial \theta} &= \frac{\partial A_m^{(n)}}{d\theta} \\[2mm]
\frac{1}{\mu_r} \frac{\partial A_r^{(n)}}{\partial r} &= \frac{1}{\mu_m} \frac{\partial A_m^{(n)}}{dr}
\end{aligned}
\right|_{r=R_r}
\tag{3.63}
$$

$$
\left.
\begin{aligned}
\frac{\partial A_m^{(n)}}{\partial \theta} &= \frac{\partial A_a^{(n)}}{d\theta} \\[2mm]
\frac{1}{\mu_m} \frac{\partial A_m^{(n)}}{\partial r} &= \frac{1}{\mu_a} \frac{\partial A_a^{(n)}}{dr}
\end{aligned}
\right|_{r=R_m}
\tag{3.64}
$$

$$
\left.
\begin{aligned}
\frac{\partial A_a^{(n)}}{\partial \theta} &= \frac{\partial A_s^{(n)}}{d\theta} \\[2mm]
\frac{1}{\mu_a} \frac{\partial A_a^{(n)}}{\partial r} &= \frac{1}{\mu_s} \frac{\partial A_s^{(n)}}{dr}
\end{aligned}
\right|_{r=R_a}
\tag{3.65}
$$

$$\left.\begin{array}{c}\dfrac{\partial A_s^{(n)}}{\partial \theta} = \dfrac{\mathrm{d} A_e^{(n)}}{\mathrm{d}\theta} \\[2mm] \dfrac{1}{\mu_s}\dfrac{\partial A_s^{(n)}}{\partial r} = \dfrac{1}{\mu_e}\dfrac{\mathrm{d} A_e^{(n)}}{\mathrm{d} r}\end{array}\right|_{r=R_s} \tag{3.66}$$

$$A_e^{(n)} = 0 \big|_{r=\infty} \tag{3.67}$$

联合式(3.61)～(3.67)可以得到求解各待定系数的方程组

$$\begin{cases}
C_{r1}^{(n)}(R_r)^k + C_{r2}^{(n)}(R_r)^{-k} = C_{m1}^{(n)}(R_r)^k + C_{m2}^{(n)}(R_r)^{-k} - \dfrac{ik \cdot M_n \cdot R_r}{1-k^2} \\[3mm]
C_{a1}^{(n)}(R_m)^k + C_{a2}^{(n)}(R_m)^{-k} = C_{m1}^{(n)}(R_m)^k + C_{m2}^{(n)}(R_m)^{-k} - \dfrac{ik \cdot M_n \cdot R_m}{1-k^2} \\[3mm]
C_{a1}^{(n)}(R_a)^k + C_{a2}^{(n)}(R_a)^{-k} = C_{s1}^{(n)} \cdot I_k(\sqrt{k}\lambda R_a) + C_{s2}^{(n)} \cdot K_k(\sqrt{k}\lambda R_a) \\[3mm]
C_{s1}^{(n)} \cdot I_k(\sqrt{k}\lambda R_s) + C_{s2}^{(n)} \cdot K_k(\sqrt{k}\lambda R_s) = C_{e2}^{(n)}(R_s)^{-k} \\[3mm]
\dfrac{1}{\mu_m}\left[kC_{m1}^{(n)}(R_r)^{k-1} - kC_{m2}^{(n)}(R_r)^{-k-1} - \dfrac{ik \cdot M_n}{1-k^2}\right] = \dfrac{k}{\mu_r}\left[C_{r1}^{(n)}(R_r)^{k-1} - C_{r2}^{(n)}(R_r)^{-k-1}\right] \\[3mm]
\dfrac{k}{\mu_m}\left[C_{m1}^{(n)}(R_m)^{k-1} - C_{m2}^{(n)}(R_m)^{-k-1} - \dfrac{i \cdot M_n}{1-k^2}\right] = \dfrac{k}{\mu_a}\left[C_{a1}^{(n)}(R_m)^{k-1} - C_{a2}^{(n)}(R_m)^{-k-1}\right] \\[3mm]
\dfrac{\sqrt{k}\lambda}{\mu_s}\left[C_{s1}^{(n)}\left(I_{k-1}(\sqrt{k}\lambda R_a) - \dfrac{k}{R_a}I_k(\sqrt{k}\lambda R_a)\right) + C_{s2}^{(n)}\left(K_{k-1}(\sqrt{k}\lambda R_a) + \dfrac{k}{R_a}K_k(\sqrt{k}\lambda R_a)\right)\right] = \\[3mm]
\qquad \dfrac{1}{\mu_a}\left[kC_{a1}^{(n)}(R_a)^{k-1} - kC_{a2}^{(n)}(R_a)^{-k-1}\right] \\[3mm]
\dfrac{\sqrt{k}\lambda}{\mu_s}\left[C_{s1}^{(n)}\left(I_{k-1}(\sqrt{k}\lambda R_s) - \dfrac{k}{R_s}I_k(\sqrt{k}\lambda R_s)\right) + C_{s2}^{(n)}\left(K_{k-1}(\sqrt{k}\lambda R_s) + \dfrac{k}{R_s}K_k(\sqrt{k}\lambda R_s)\right)\right] = \\[3mm]
\qquad \dfrac{k}{\mu_e}C_{e2}^{(n)}(R_s)^{-k-1} \\[3mm]
C_{r1}^{(n)}(R_0)^k + C_{r2}^{(n)}(R_0)^{-k} = 0
\end{cases} \tag{3.68}$$

求解式(3.68)得到各待定系数后,即可得到换能器各区域的电磁场量,其相应的涡流热功率可以表示为

$$P = \frac{l}{\sigma_s}\int_0^{2\pi}\int_{R_a}^{R_s}\sum_n |J^{2(n)}|r\mathrm{d}r\mathrm{d}\theta \tag{3.69}$$

式中　$J^{(n)}$——n 次谐波对应的电流密度。

n 次谐波对应的电流密度 $J^{(n)}$ 可由麦克斯韦方程组得到,即

$$J^{(n)} = \sigma_s E^{(n)} = -\sigma_s \omega \cdot \frac{\partial A_s^{(n)}}{\partial \theta} \tag{3.70}$$

因此,产生的转矩可以表示为

$$T_e = \frac{P}{\omega} = \frac{l}{\omega \cdot \sigma_s}\int_0^{2\pi}\int_{R_a}^{R_s}\sum_n |J^{2(n)}|r\mathrm{d}r\mathrm{d}\theta \tag{3.71}$$

由式(3.69)求解涡流热功率时计算比较烦琐,应用坡印亭理论可以更容易地计算涡流热功率,进入定子的功率可以由坡印亭矢量沿定子内表面的积分得到,其表示为

$$P = \oint_S (\boldsymbol{E} \times \boldsymbol{H}) \, \mathrm{d}S \tag{3.72}$$

式中 S—— 气隙中靠近定子内表面 $r = R_{s-}$ 处的定子内表面积。

在二维圆柱坐标系下,$E_r = E_\theta = 0, H_z = 0$,因此有

$$\boldsymbol{E} \times \boldsymbol{H} = \begin{vmatrix} \dfrac{1}{r}r & \theta & \dfrac{1}{r}z \\ 0 & 0 & E_z \\ H_r & rH_\theta & 0 \end{vmatrix} = -H_\theta E_z r + H_r E_z \theta \tag{3.73}$$

由麦克斯韦方程可以得到

$$\frac{\partial B_\theta}{\partial \theta} \frac{\partial \theta}{\partial t} = \frac{1}{r} \frac{\partial E_z}{\partial \theta} \tag{3.74}$$

$$E_z = \omega \cdot r B_\theta \tag{3.75}$$

根据式(3.72)、(3.73)与式(3.75),进入定子的涡流功率可以用切向与径向的气隙磁密表示,即

$$P = \frac{1}{\mu_0} \omega \cdot R_s^2 \cdot l \sum_n \int_0^{2\pi} B_{ar}^{(n)} \cdot B_{a\theta}^{(n)} \bigg|_{r=R_s} \mathrm{d}\theta \tag{3.76}$$

式中 $B_{ar}^{(n)}, B_{a\theta}^{(n)}$ 可由式(3.68)求解的系数计算。

$$\begin{cases} B_{ar}^{(n)} \big|_{r=R_s} = \mathrm{Im}\left(\mathrm{i}\, \dfrac{1}{r} A_a^{(n)}\right) = \mathrm{Im}\left(\mathrm{i} \cdot \left(C_{a1}^{(n)} (R_s)^{k-1} + C_{a2}^{(n)} (R_s)^{-k-1}\right) \cdot \mathrm{e}^{\mathrm{i}k\theta}\right) \\ B_{a\theta}^{(n)} \big|_{r=R_s} = \mathrm{Im}\left(-\dfrac{\mathrm{d}A_a^{(n)}}{\mathrm{d}r}\right) = \mathrm{Im}\left(\mathrm{i}k \cdot \left(-C_{a1}^{(n)} (R_s)^{k-1} + C_{a2}^{(n)} (R_s)^{-k-1}\right) \cdot \mathrm{e}^{\mathrm{i}k\theta}\right) \end{cases}$$
$$\tag{3.77}$$

式中 $B_{ar}^{(n)}$—— 气隙磁场 n 次谐波的径向分量;

$\quad\quad B_{a\theta}^{(n)}$—— 气隙磁场 n 次谐波的切向分量。

将式(3.77)代入式(3.76)并化简,可以得到

$$P = 2\pi \frac{1}{\mu_0} \omega \cdot l \sum_n k \cdot \mathrm{Im}\left(\overline{C_{a1}^{(n)}} \cdot C_{a2}^{(n)}\right) \tag{3.78}$$

因此,相应的转矩可以表示为

$$T_e = \frac{P}{\omega} = 2\pi \frac{1}{\mu_0} \cdot l \sum_n k \cdot \mathrm{Im}\left(\overline{C_{a1}^{(n)}} \cdot C_{a2}^{(n)}\right) \tag{3.79}$$

3.5.2 三维电磁场方程

1. 方程的建立

为了便于分析,仍以图3.8所示机电热换能器的简化模型为基础进行方程的建立。定子部分仅有实心铁芯,永磁体在转子铁芯表面安放,径向充磁。

不失一般性,在分析时做以下假设:

①不考虑定转子的曲率,可将换能器的定转子沿径向剖开后展成平面,如图3.9所示。x, y, z 分别为周向、径向和轴向,定子轴向长为 L,极矩为 τ,极对数为 p,那么径向长度即为 $2p\tau$。

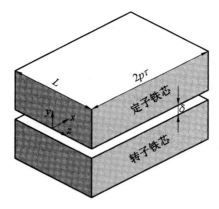

图 3.9　机电热换能器三维模型展开示意图

②忽略定子铁芯磁滞效应,其材料是各向同性的,磁导率和电导率均为常值,不考虑磁饱和的情况。

③只考虑基波场量,将其作为似稳交变场处理。

④设转子铁芯的磁导率无穷大。

⑤选取径向展开平面在定子内圆处轴向中心线上的点作为坐标原点。

利用矢量磁位 A,根据式(3.46)和式(3.47)可以建立换能器定子铁芯区域和气隙区域的三维电磁场方程

$$\begin{cases} \dfrac{\partial^2 A_{si}}{\partial x^2} + \dfrac{\partial^2 A_{si}}{\partial y^2} + \dfrac{\partial^2 A_{si}}{\partial z^2} = \mu\sigma\,\dfrac{\partial A_{si}}{\partial t} \\ \dfrac{\partial^2 A_{ai}}{\partial x^2} + \dfrac{\partial^2 A_{ai}}{\partial y^2} + \dfrac{\partial^2 A_{ai}}{\partial z^2} = 0 \end{cases} \tag{3.80}$$

式中　下标 $i=x,y,z$ 表示周向、径向和轴向分量,下标 s 表示定子铁芯区域,a 表示气隙区域。

2. 边界条件

均匀永磁材料中,磁感应强度 B_M、磁化强度 M 和磁场强度 H_M 之间的关系为

$$B_M = \mu_0 M + \mu_0 H_M \tag{3.81}$$

永磁材料的磁化强度 M 可表示为剩余磁化强度 M_r 和磁场强度 H 的函数,对于特定的永磁材料 M_r 是个常量。

$$M = M_r + \chi H_M \tag{3.82}$$

式中　χ——永磁材料的磁化系数;一般情况下是磁场强度的函数,与相对回复磁导率 μ_r 之间的关系为

$$\mu_r = 1 + \chi \tag{3.83}$$

联立式(3.81)~(3.83)可得

$$B_M = \mu_0 M_r + \mu_r \mu_0 H_M \tag{3.84}$$

电磁场方程的求解中,永磁体可用面电流模型进行模拟,即

$$J_s = \frac{M_r \times k}{\mu_r} \tag{3.85}$$

式中　J_s——面电流密度矢量；

　　　　k——永磁体侧面外法向单位向量。

模型中永磁体为表面安置，径向充磁，即 M_r 只有径向分量，若只考虑基波磁场，那么面电流密度沿周向正弦分布，沿轴向在铁芯范围内幅值不变。其沿 z 向原是不连续函数，可借助延拓法将其扩展成以 $2L$ 为周期的连续函数，并用傅里叶级数展开，即

$$J_{sz} = \frac{4}{\pi} J_0 e^{j(\omega t + \alpha x)} \sum_{n=1,3,\cdots} \cos\left(\frac{n\pi z}{L}\right) \tag{3.86}$$

由式(3.84)和式(3.85)，有

$$J_0 = \frac{B_M}{\mu_r \mu_0} - H_M \tag{3.87}$$

求解时，考虑换能器的磁通分布。图 3.10 表示了换能器展开模型中磁通的分布：在定子铁芯中部为径向和周向磁通，感生出轴向的涡流；在铁芯的端部为径向和轴向磁通，感生出周向的涡流，因此可以得到以下的边界条件：

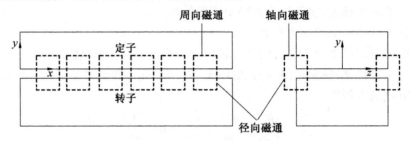

图 3.10　换能器展开模型中的磁通分布

(1)在定子区域无径向涡流

$$A_y \equiv 0 \tag{3.88}$$

(2)在定子轴向端部涡流的轴向分量为 0

$$A_z \big|_{z=\pm\frac{L}{2}} = 0 \tag{3.89}$$

(3)在定子轴向中部涡流的周向分量为 0

$$A_x \big|_{z=0} = 0 \tag{3.90}$$

(4)考虑到涡流的对称性，周向涡流沿 xy 平面奇对称，轴向涡流沿 xy 平面偶对称

$$A_x(z) = -A_x(-z) \tag{3.91}$$

$$A_z(z) = A_z(-z) \tag{3.92}$$

(5)涡流在径向最远处应为 0

$$\lim_{y\to\infty} A_{si} = 0 \tag{3.93}$$

(6)定子表面的矢量磁位连续

$$A_{si} \big|_{y=0} = A_{ai} \big|_{y=0} \tag{3.94}$$

(7)在转子表面矢量磁位的法向分量为面电流值

$$\frac{1}{\mu_0} \frac{\partial A_{az}}{\partial y} \bigg|_{y=-\delta} = J_{sz} \big|_{y=-\delta} \tag{3.95}$$

3. 方程的求解

根据式(3.88),只需求解方程(3.80)的 x 和 z 方向分量即可。在时变场中,A_{si} 在 x 方向应为正弦分布的行波,故 A_{si} 可以表示为

$$A_{si} = A_{si}(y,z)\,\mathrm{e}^{\mathrm{j}(\omega t + \alpha x)} \tag{3.96}$$

代入式(3.80),整理得

$$\begin{cases} \dfrac{\partial^2 A_{si}}{\partial y^2} + \dfrac{\partial^2 A_{si}}{\partial z^2} = (\lambda^2 + \alpha^2) A_{si} \\[2mm] \dfrac{\partial^2 A_{ai}}{\partial y^2} + \dfrac{\partial^2 A_{ai}}{\partial z^2} = \alpha^2 A_{ai} \end{cases} \tag{3.97}$$

使用分离变量法求解,令

$$\begin{cases} A_{si}(y,z) = A_{si}(y) A_{si}(z) \\ A_{ai}(y,z) = A_{ai}(y) A_{ai}(z) \end{cases} \tag{3.98}$$

代入式(3.97),整理得

$$\begin{cases} \dfrac{1}{A_{si}(y)} \dfrac{\partial A_{si}^2(y)}{\partial y^2} = -\dfrac{1}{A_{si}(z)} \dfrac{\partial A_{si}^2(z)}{\partial z^2} + (\lambda^2 + \alpha^2) \\[2mm] \dfrac{1}{A_{ai}(y)} \dfrac{\partial A_{ai}^2(y)}{\partial y^2} = -\dfrac{1}{A_{ai}(z)} \dfrac{\partial A_{ai}^2(z)}{\partial z^2} + \alpha^2 \end{cases} \tag{3.99}$$

式(3.99)左右分别是 y 和 z 的一元函数,二者要相等必然同时等于一个常数,设此常数分别为 $-c^2$, $-g^2$。因此可将式(3.99)中每个方程分别变为两个方程,即

$$\dfrac{\partial A_{si}^2(y)}{\partial y^2} + c^2 A_{si}(y) = 0 \tag{3.100}$$

$$\dfrac{\partial A_{si}^2(z)}{\partial z^2} - q^2 A_{si}(z) = 0 \tag{3.101}$$

$$\dfrac{\partial A_{ai}^2(y)}{\partial y^2} + g^2 A_{ai}(y) = 0 \tag{3.102}$$

$$\dfrac{\partial A_{ai}^2(z)}{\partial z^2} - s^2 A_{ai}(z) = 0 \tag{3.103}$$

其中

$$q^2 = c^2 + \lambda^2 + \alpha^2 \tag{3.104}$$

$$s^2 = g^2 + \alpha^2 \tag{3.105}$$

根据边界条件式(3.92),$A_x(z)$ 应可以表示为一系列正弦函数叠加的形式,考虑到边界条件式(3.91),$A_{sx}(z)$ 应为奇次项叠加,即

$$A_{sx}(z) = A_{ax}(z) = \sum_{n=1,3,\cdots} \sin\left(\dfrac{n\pi z}{L}\right) \tag{3.106}$$

同理,根据边界条件式(3.89)和式(3.92)可得

$$A_{sz}(z) = A_{az}(z) = \sum_{n=1,3,\cdots} \cos\left(\dfrac{n\pi z}{L}\right) \tag{3.107}$$

将式(3.106) 和式(3.107) 分别代回式(3.101) 和式(3.103),求得

$$q = s = \frac{n\pi}{L} \tag{3.108}$$

将式(3.108) 代入式(3.104) 和式(3.105),可得

$$c = j\sqrt{-\left(\frac{n\pi}{L}\right)^2 + \lambda^2 + \alpha^2} \tag{3.109}$$

$$g = j\sqrt{-\left(\frac{n\pi}{L}\right)^2 + \alpha^2} \tag{3.110}$$

式(3.100) 和式(3.102) 的通解形式应为

$$A_{si}(y) = C_1 \sin\left[jy\sqrt{-\left(\frac{n\pi}{L}\right)^2 + \lambda^2 + \alpha^2}\right] + C_2 \cos\left[jy\sqrt{-\left(\frac{n\pi}{L}\right)^2 + \lambda^2 + \alpha^2}\right] \tag{3.111}$$

注意到

$$\begin{cases} \sin jx = j\mathrm{sh}\,x \\ \cos jx = j\mathrm{ch}\,x \end{cases} \tag{3.112}$$

代入式(3.111) 得

$$A_{si}(y) = jC_1 \mathrm{sh}\left[y\sqrt{-\left(\frac{n\pi}{L}\right)^2 + \lambda^2 + \alpha^2}\right] + C_2 \mathrm{ch}\left[y\sqrt{-\left(\frac{n\pi}{L}\right)^2 + \lambda^2 + \alpha^2}\right] \tag{3.113}$$

根据边界条件式(3.92),可得

$$C_2 = -jC_1 \tag{3.114}$$

令 $C_{sxn}, C_{szn}, C_{axn}, C_{azn}$ 为各级数项下的待定系数,并令

$$q_n = \sqrt{-\left(\frac{n\pi}{L}\right)^2 + \lambda^2 + \alpha^2} \tag{3.115}$$

$$s_n = \sqrt{-\left(\frac{n\pi}{L}\right)^2 + \alpha^2} \tag{3.116}$$

至此,方程(3.80) 的通解可表示为

$$\begin{cases} A_{sx} = \mathrm{e}^{j(\omega t + \alpha x)} \sum_{n=1,3,\cdots} C_{sxn} \mathrm{e}^{-q_n y} \sin\left(\frac{n\pi z}{L}\right) \\ A_{sy} = 0 \\ A_{sz} = \mathrm{e}^{j(\omega t + \alpha x)} \sum_{n=1,3,\cdots} C_{szn} \mathrm{e}^{-q_n y} \cos\left(\frac{n\pi z}{L}\right) \end{cases} \tag{3.117}$$

$$\begin{cases} A_{ax} = \mathrm{e}^{j(\omega t + \alpha x)} \sum_{n=1,3,\cdots} C_{axn} \mathrm{e}^{-s_n y} \sin\left(\frac{n\pi z}{L}\right) \\ A_{ay} = 0 \\ A_{az} = \mathrm{e}^{j(\omega t + \alpha x)} \sum_{n=1,3,\cdots} C_{azn} \mathrm{e}^{-s_n y} \cos\left(\frac{n\pi z}{L}\right) \end{cases} \tag{3.118}$$

根据边界条件式(3.95),可求得

$$C_{azn} = -\frac{4J_0}{\pi s_n \mathrm{e}^{\delta s_n}}\left(\frac{1}{n} - \frac{1}{n+2}\right) \tag{3.119}$$

将式(3.118)中的各分量和式(3.119)代入式(3.80),可求得

$$C_{axn} = C_{azn} \cdot \frac{n\pi}{L} \cdot \frac{1}{j\alpha} = -\frac{4nJ_0}{j\alpha L s_n e^{\delta s_n}} \left(\frac{1}{n} - \frac{1}{n+2} \right) \tag{3.120}$$

根据边界条件式(3.94),可求得

$$C_{sxn} = C_{axn} = \frac{4nJ_0}{j\alpha L s_n e^{\delta s_n}} \left(\frac{1}{n} - \frac{1}{n+2} \right) \tag{3.121}$$

$$C_{szn} = C_{azn} = \frac{4J_0}{\pi s_n e^{\delta s_n}} \left(\frac{1}{n} - \frac{1}{n+2} \right) \tag{3.122}$$

至此,通解(3.117)、(3.118)中的待定系数全部求得,换能器的三维电磁场方程(3.80)解毕。

4. 端部系数

实际分析机电热换能器的电磁场时,一般采用有限元法。用三维有限元法可以准确地求解换能器的电磁场,但计算的过程要耗费大量的时间。考虑到换能器磁通的轴向分量仅在端部出现,因此在实际工程计算中可采用二维有限元法求解换能器的电磁场,并用端部系数对其进行修正。下面从换能器三维电磁场方程的解析解入手,探讨端部系数的算法。

由式(3.117)可求得定子区域内电场强度各分量为

$$\begin{cases} E_{sx} = -\dfrac{\partial A_{sx}}{\partial t} = -j\omega e^{j(\omega t + \alpha x)} \sum_{n=1,3,\cdots} C_{sxn} e^{-q_n y} \sin\left(\dfrac{n\pi z}{L}\right) \\[2mm] E_{sy} = 0 \\[2mm] E_{sz} = -\dfrac{\partial A_{sz}}{\partial t} = -j\omega e^{j(\omega t + \alpha x)} \sum_{n=1,3,\cdots} C_{szn} e^{-q_n y} \cos\left(\dfrac{n\pi z}{L}\right) \end{cases} \tag{3.123}$$

将式(3.117)代入式(3.36)和式(3.38),求得磁场强度各分量为

$$\begin{cases} H_{sx} = \dfrac{1}{\mu}\left(\dfrac{\partial A_{sz}}{\partial y} - \dfrac{\partial A_{sy}}{\partial z}\right) = -\dfrac{e^{j(\omega t + \alpha x)}}{\mu} \sum_{n=1,3,\cdots} q_n C_{szn} e^{-q_n y} \cos\left(\dfrac{n\pi z}{L}\right) \\[3mm] H_{sy} = \dfrac{1}{\mu}\left(\dfrac{\partial A_{sx}}{\partial z} - \dfrac{\partial A_{sz}}{\partial x}\right) = \dfrac{e^{j(\omega t + \alpha x)}}{\mu} \sum_{n=1,3,\cdots} \left(\dfrac{n\pi C_{sxn}}{L} - j\alpha C_{szn}\right) e^{-q_n y} \cos\left(\dfrac{n\pi z}{L}\right) \\[3mm] H_{sz} = \dfrac{1}{\mu}\left(\dfrac{\partial A_{sy}}{\partial x} - \dfrac{\partial A_{sx}}{\partial y}\right) = \dfrac{e^{j(\omega t + \alpha x)}}{\mu} \sum_{n=1,3,\cdots} q_n C_{sxn} e^{-q_n y} \sin\left(\dfrac{n\pi z}{L}\right) \end{cases} \tag{3.124}$$

进入定子内表面的坡印亭向量为

$$\boldsymbol{S}_s \big|_{y=0} = \boldsymbol{E} \times \boldsymbol{H} = \begin{vmatrix} \boldsymbol{x} & \boldsymbol{y} & \boldsymbol{z} \\ E_{sx} & 0 & E_{sz} \\ H_{sx} & H_{sy} & H_{sz} \end{vmatrix} = \left[-E_{sz}H_{sy}\boldsymbol{x} + (E_{sz}H_{sx} - E_{sx}H_{sz})\boldsymbol{y} + E_{sx}H_{sy}\boldsymbol{z} \right]\big|_{y=0}$$

$$\tag{3.125}$$

进入定子内表面的坡印亭向量 $\boldsymbol{S}_s$ 在定子内表面 S 的面积分即为进入定子的能量 W_s。换能器主磁场由永磁体建立,W_s 的物理含义即为定子的总能量

$$W_s = \oint_S \boldsymbol{S}_s \mathrm{d}\boldsymbol{S} = \int_{-\frac{L}{2}}^{+\frac{L}{2}} \int_0^{2p\tau} \boldsymbol{S}_s \Big|_{y=0} \mathrm{d}z \mathrm{d}x \tag{3.126}$$

注意到

$$
\begin{cases}
\int_{-\frac{L}{2}}^{+\frac{L}{2}} \sin^2 \frac{n\pi z}{L} \mathrm{d}z = \frac{L}{2} \\[2mm]
\int_{-\frac{L}{2}}^{+\frac{L}{2}} \cos^2 \frac{n\pi z}{L} \mathrm{d}z = \frac{L}{2} \\[2mm]
\int_{-\frac{L}{2}}^{+\frac{L}{2}} \sin \frac{n\pi z}{L} \cos \frac{v\pi z}{L} \mathrm{d}z = 0 \\[2mm]
\int_{-\frac{L}{2}}^{+\frac{L}{2}} \sin \frac{n\pi z}{L} \sin \frac{v\pi z}{L} \mathrm{d}z = 0 \\[2mm]
\int_{-\frac{L}{2}}^{+\frac{L}{2}} \cos \frac{n\pi z}{L} \cos \frac{v\pi z}{L} \mathrm{d}z = 0 \\[2mm]
\int_{-\frac{L}{2}}^{+\frac{L}{2}} \cos \frac{n\pi z}{L} \sin \frac{v\pi z}{L} \mathrm{d}z = 0
\end{cases}_{\substack{n \neq v \\ n,v = 1,3,\cdots}}
\tag{3.127}
$$

则有

$$
\begin{cases}
\int_{-\frac{L}{2}}^{+\frac{L}{2}} \sum_{n=1,3,\cdots} f(n) \sin \frac{n\pi z}{L} \sum_{n=1,3,\cdots} g(n) \cos \frac{n\pi z}{L} \mathrm{d}z = 0 \\[2mm]
\int_{-\frac{L}{2}}^{+\frac{L}{2}} \sum_{n=1,3,\cdots} f(n) \sin \frac{n\pi z}{L} \sum_{n=1,3,\cdots} g(n) \sin \frac{n\pi z}{L} \mathrm{d}z = \frac{L}{2} \sum_{n=1,3,\cdots} f(n) g(n) \\[2mm]
\int_{-\frac{L}{2}}^{+\frac{L}{2}} \sum_{n=1,3,\cdots} f(n) \cos \frac{n\pi z}{L} \sum_{n=1,3,\cdots} g(n) \cos \frac{n\pi z}{L} \mathrm{d}z = \frac{L}{2} \sum_{n=1,3,\cdots} f(n) g(n)
\end{cases}
\tag{3.128}
$$

将各电场强度和磁场强度分量代入,展开得

$$
W_{s3d} = \frac{\mathrm{j}\omega p \tau L}{\mu} \sum_{n=1,3,\cdots} q_n \left[-C_{xn}^2 + \frac{n\pi C_{zn} C_{xn}}{L} + (1 + \mathrm{j}\alpha) C_{zn}^2 \right]
\tag{3.129}
$$

式(3.129)为三维场时的情况,记为 W_{s3d}。二维场的情况相当于对 $L \gg \tau$ 的换能器进行三维场分析的结果,因此,在二维情况下,式(3.115)和式(3.116)变为

$$
q_n = \sqrt{\left(-\frac{n\pi}{L} \right)^2 + \lambda^2 + \alpha^2} \approx \sqrt{\lambda^2 + \alpha^2}
\tag{3.130}
$$

$$
s_n = \sqrt{\left(-\frac{n\pi}{L} \right)^2 + \alpha^2} \approx \alpha
\tag{3.131}
$$

将式(3.130)和式(3.131)代入式(3.129),得到二维电磁场情况下的定子总能量 W_{s2d},定义端部系数 K_e 为按三维电磁场和二维电磁场计算的定子能量之比,即

$$
K_e = \frac{W_{s3d}}{W_{s2d}} = \frac{\displaystyle\sum_{n=1,3,\cdots} \frac{q_n}{s_n^2 \mathrm{e}^{2\delta s_n}} \left(\frac{1}{n} - \frac{1}{n+2} \right)^2}{\displaystyle\frac{\sqrt{\lambda^2 + \alpha^2}}{\alpha^2 \mathrm{e}^{2\delta \alpha}} \sum_{n=1,3,\cdots} \left(\frac{1}{n} - \frac{1}{n+2} \right)^2}
\tag{3.132}
$$

将各项系数代入,得到端部系数的计算式为

$$K_e = \cfrac{\displaystyle\sum_{n=1,3,\cdots} \cfrac{1}{\left[\left(\frac{n\pi}{L}\right)^2 + \left(\frac{\pi}{\tau}\right)^2\right] e^{2\delta\sqrt{\left(\frac{n\pi}{L}\right)^2 + \left(\frac{\pi}{\tau}\right)^2}}} \left(\frac{1}{n} - \frac{1}{n+2}\right)^2 \sqrt{\left(\frac{n\pi}{L}\right)^2 + \cfrac{\mathrm{j}\pi n_\mathrm{r} p\mu\sigma}{30} + \left(\frac{\pi}{\tau}\right)^2}}{\cfrac{\sqrt{\left(\frac{\pi}{\tau}\right)^2 + \cfrac{\mathrm{j}\pi n_\mathrm{r} p\mu\sigma}{30}}}{\alpha^2 e^{2\delta\frac{\pi}{\tau}}} \displaystyle\sum_{n=1,3,\cdots} \left(\frac{1}{n} - \frac{1}{n+2}\right)^2}$$

$$(3.133)$$

可以看出换能器的端部系数与铁芯长度 L、极距 τ、气隙长度 δ、定子磁导率 μ、定子电导率 σ、极对数 p 和转速 n_r 等因素有关。

换能器定子材料的电导率一般在 $5 \times 10^6\ \mathrm{S/m}$ 左右，相对磁导率在 0.01 左右，而换能器的极距和轴向长度一般都大于 $0.01\ \mathrm{m}$，因此有

$$\begin{cases} \mu\sigma \ll \left(\dfrac{\pi}{\tau}\right)^2 \\[3mm] \mu\sigma \ll \left(\dfrac{\pi}{L}\right)^2 \end{cases}$$

$$(3.134)$$

即

$$\begin{cases} \sqrt{\left(\dfrac{n\pi}{L}\right)^2 + \dfrac{\mathrm{j}\pi n_\mathrm{r} p\mu\sigma}{30} + \left(\dfrac{\pi}{\tau}\right)^2} \approx \sqrt{\left(\dfrac{n\pi}{L}\right)^2 + \left(\dfrac{\pi}{\tau}\right)^2} \\[4mm] \sqrt{\left(\dfrac{n\pi}{L}\right)^2 + \dfrac{\mathrm{j}\pi n_\mathrm{r} p\mu\sigma}{30}} \approx \dfrac{n\pi}{L} \end{cases}$$

$$(3.135)$$

实际应用中，级数项取 $n=1$ 和 3 两项进行计算精度已足够，将式(3.135)代回式(3.133)，化简得到端部系数的实用计算公式为

$$K_e = \cfrac{\cfrac{100}{\left[\left(\frac{\pi}{L}\right)^2 + \left(\frac{\pi}{\tau}\right)^2\right] e^{2\delta\sqrt{\left(\frac{\pi}{L}\right)^2 + \left(\frac{\pi}{\tau}\right)^2}}} + \cfrac{4}{\left[\left(\frac{3\pi}{L}\right)^2 + \left(\frac{\pi}{\tau}\right)^2\right] e^{2\delta\sqrt{\left(\frac{3\pi}{L}\right)^2 + \left(\frac{\pi}{\tau}\right)^2}}}}{\cfrac{104}{\left(\frac{\pi}{\tau}\right)^2 e^{2\delta\frac{\pi}{\tau}}}}$$

$$(3.136)$$

3.6　本章小结

机电热换能器的稳态运行类似于永磁同步发电机的短路运行，将实心定子等效成相应的电枢阻抗之后，借助普通凸极同步电机电枢反应理论建立换能器 d-q 轴磁路模型。同样，根据同步发电机短路运行相量图得到了换能器稳态运行时的相量图，通过二维和三维电磁场分析得到了换能器的热功率和端部系数解析表达式。本章分析得到的换能器的磁路模型、相量图、热功率和端部系数的解析表达式都是换能器电磁设计的数学基础。

第4章 机电热换能器电磁场的数值分析

4.1 引　言

换能器结构多种多样,内部电磁场复杂,为提高计算的准确程度,需要直接进行电磁场数值计算和分析。而且,换能器的磁场分布、谐波计算、热功率计算、热系统计算等也需要运用电磁场数值计算才能进行定量分析。

本章首先建立基于有限元法的换能器热功率算法,而后以一台换能器样机为例,利用建立的算法对热功率进行具体计算。最后利用有限元法对换能器的电磁场进行分析。

4.2　基于有限元法的换能器热功率计算

机电热换能器的热功率可分为电磁热功率和机械热功率两部分,电磁热功率包括磁滞热功率、涡流热功率和电流热功率。其中,主磁通切割定子实心铁芯,在其内部产生磁滞和涡流热功率,同时在铜条中产生感应电势,从而在短路铜条内产生电流热功率。此外,谐波磁场和漏磁场会在定转子铁芯表面产生涡流和磁滞热功率。机械热功率主要包括通风、轴承摩擦等产生的热功率。换能器机械热功率可以利用传统电机机械损耗的计算方法进行计算,本书中不再讲述。本节从电机损耗的相关理论出发,结合二维时步有限元法,给出换能器电磁热功率(以下简称热功率)的计算公式。

4.2.1　磁滞热功率

换能器工作时,铁芯中各处的磁通密度均不相同,而且在定子内层存在着饱和情况,因此需要根据各部分不同的磁密来计算相应的磁滞热功率。传统上认为铁芯内的磁场只是交变的,通常用式(2.21)来计算交变磁场产生的磁滞热功率

$$p_h = Vf \oint H \mathrm{d}B \tag{4.1}$$

由公式(2.23)可知单位体积的磁滞热功率,即磁滞热功率密度可表示为

$$p_{h0} = \sigma_h f B_m^n \tag{4.2}$$

磁场中含有多次谐波成分时,将由磁场基波分量引起的磁滞热功率密度表示为

$$p_{h01} = K_h \cdot f \cdot (B_{1rm}^\alpha + B_{1tm}^\alpha) \tag{4.3}$$

则含有 k 次谐波分量的定子铁芯单元中的磁滞热功率密度可以表示为

$$p_{h0} = \sum_{k=1}^{N} K_h \cdot k \cdot f \cdot (B_{krm}^\alpha + B_{ktm}^\alpha) \tag{4.4}$$

式中　　B_{krm}——k 次谐波的径向分量幅值;

B_{ktm}——k 次谐波的切向分量幅值。

定子铁芯中总的磁滞热功率可以写为

$$P_{h} = l \cdot \sum_{n=1}^{N_k} p_{h0} \Delta S_n \tag{4.5}$$

式中　l——定子铁芯轴向长度；

　　　N_k——定子铁芯分解的求解单元数；

　　　ΔS_n——第 n 个求解单元的截面积。

4.2.2　涡流热功率

运用时步有限元法，利用矢量磁位 A 可以求得各单元的涡流电密矢量 J_e，即

$$\nabla^2 A = -\mu J_e \tag{4.6}$$

由欧姆定律的积分形式，换能器的瞬时涡流热功率 p_e 为

$$p_e(t) = \frac{1}{\sigma} \int_V J_e \cdot J_e \mathrm{d}s \tag{4.7}$$

式中　σ—— 电导率；

　　　s—— 定子区域。

对一个周期内的瞬时涡流热功率求平均，得到换能器的涡流热功率

$$P_e = \frac{1}{T} \int_0^T p_e(t) \mathrm{d}t \tag{4.8}$$

4.2.3　电流热功率

通过时步有限元法可以求得换能器短路铜条内的电流，考虑到电流中的谐波含量，换能器中的电流热功率可以表示为

$$P_{Cu} = nR_{bar} \sum_{k=1}^{N} I_k^2 \tag{4.9}$$

式中　n——导条的数量；

　　　R_{bar}——单根导条的电阻；

　　　I_k——电流 k 次谐波的有效值。

单根导条的电阻

$$R_{bar} = \rho \frac{l}{S} \tag{4.10}$$

式中　ρ——导条的电阻率；

　　　l——单根导条的长度；

　　　S——单根导条的截面积。

4.2.4　总热功率

根据式（3.136），用端部系数修正后的总热功率为

$$P = K_e(P_h + P_e + P_{Cu}) \tag{4.11}$$

式(4.5)、(4.8)、(4.9)和式(4.11)构成了基于二维时步有限元法的换能器热功率的算式,需要注意的是式中各部分的电导(阻)率及有限元解析时永磁体的剩磁和矫顽力均是与温度有关的参量,计算中应代入实际温度下对应的参量值进行计算。下面阐述各参量与温度的关系。

永磁材料不同温度下的剩磁和矫顽力按下式进行计算,即

$$X_{t1} = X_{t0}\left(1 - \frac{IL_X}{100}\right)\left[1 - \frac{\alpha_X}{100}(t_1 - t_0)\right] \tag{4.12}$$

式中　X_{t1},X_{t0}——温度分别为 t_1 和 t_0 时的剩磁或矫顽力;

　　　α_X——剩磁或矫顽力的温度系数;

　　　IL_X——剩磁或矫顽力的不可逆损失率。

通常资料中给的是室温 t_0 时的剩磁和矫顽力,对于钕铁硼永磁材料,在小温度范围内工作时,可以忽略不可逆损失,按下式计算其工作温度 t_1 时的剩磁和矫顽力,即

$$X_{t1} = X_{t0}\left[1 - \frac{\alpha_X}{100}(t_1 - t_0)\right] \tag{4.13}$$

导条中铜在不同温度下的电阻率计算方法为

$$\rho_{Cu} = \rho_{Cut_0}\left[1 + \alpha_{Cu}(t_1 - t_0)\right] \tag{4.14}$$

式中　α_{Cu}——铜的电阻温度系数。

4.3　基于有限元法的换能器热功率算例

以一台机电热换能器样机为例,利用 4.2 节的计算公式对样机的热功率进行计算。样机的模型结构如图 4.1 所示,结构尺寸及材料见表 4.1。计算中,各参量均取 10 ℃ 下的值进行计算。

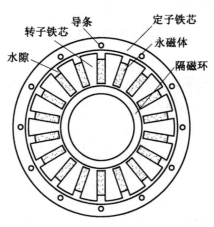

图 4.1　样机结构

表 4.1 样机结构尺寸及材料

结构参数	尺寸值	材 料
定子外径/mm	70	20 号钢
定子内径/mm	58	
永磁体磁化方向厚度/mm	3	N33UH
永磁体宽/mm	10	
转子外径/mm	57.4	20 号钢
极数	18	
定转子轴向长度/mm	55	
导条直径/mm	3	铜
导条数	12	

4.3.1 磁滞热功率

利用二维时步有限元法求得转速为 1 500 r/min 时换能器稳态下的磁密分布如图 4.2 所示。

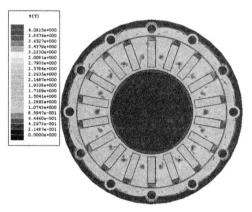

图 4.2 1 500 r/min 时换能器的磁密分布

从图中可以看出,换能器工作时,铁芯中各处的磁通密度均不相同,而且在定子内层存在着饱和的情况。为准确计算定子侧的磁滞热功率,需要准确计算各点的磁密变化情况。为此在定子区域不同位置选择有代表性的四点,其中 A 点位于铜条下方,B 和 C 点位于定子内层,D 点位于铜条之间的区域,如图 4.3 所示。

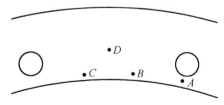

图 4.3 定子铁芯区域取点位置示意图

利用时步有限元法对定子各点的磁密变化情况进行了分析。图 4.4 为换能器旋转过一对极时 A 点磁密沿 x 和 y 轴分量的变化情况,从图中可以看出各点磁密分量都不是标准的正弦形式,借助谐波分析,可得出各点磁密分量除基波外还含有 3 次、5 次等高次谐波。

由式(4.5)求得各转速下的磁滞热功率,如图 4.5 所示。相对涡流热功率,磁滞热功率的值很小。从传统电机温升与损耗的角度考虑,磁滞热是由于铁磁性材料交变磁化时磁畴转向的磁滞现象造成的,只与材料本身的磁性能有关系,而与结构无关,因此将叠片结构变为实心结构并不能增加铁芯中的磁滞热功率。要想增加磁滞热功率,需要采用磁滞回线面积较大的磁性材料。

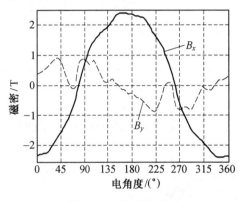

图 4.4　A 点磁密波形

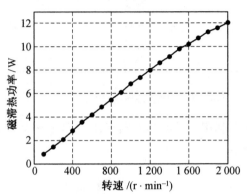

图 4.5　换能器磁滞热功率计算值

4.3.2　涡流热功率

利用二维时步有限元法求得换能器转速为 1 500 r/min 时的稳态涡流分布如图 4.6 所示。从图中可以看出,由于主磁通切割定子铁芯,并受电枢反应的影响,涡流主要分布在定子的内表面。受谐波磁场的影响,转子表面和永磁体表面也有少量的涡流分布。将定转子铁芯材料 20 号钢 10 ℃时的电导率值代入式(4.8),可求得不同转速下换能器各处的涡流热功率,图 4.7 所示为不同转速下换能器内部各部件的涡流热功率计算值。可见定子涡流热功率是涡流热功率中的主要成分,且随着转速的不断升高,定子涡流热功率增加得越来越快。

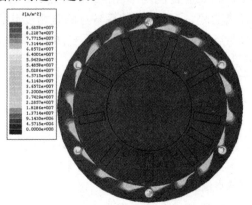

图 4.6　1 500 r/min 时换能器的涡流分布

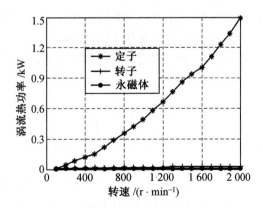

图 4.7　换能器涡流热功率计算值

4.3.3　电流热功率

图 4.8 是转速为 1 500 r/min 时,一个机械周期内短路铜条中的电流波形。按式(4.9)算得各转速下的电流热功率如图 4.9 所示。低速时,电流热功率随转速上升得较快,而后出现了饱和的趋势,这是因为感应电势随着转速的上升线性增加,因此电流随之增加;而后随着转速增加,定子侧涡流产生的电枢反应加强,与铜条交链的主磁通减少,因此电流热功率的增加趋于饱和。

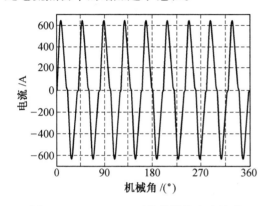

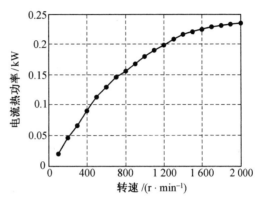

图 4.8　1 500 r/min 时换能器的电流波形　　　图 4.9　换能器电流热功率计算值

4.3.4　总热功率

将各热功率相加,得到换能器总热功率的数值,如图 4.10 所示。从图中可以看出总热功率基本随着转速线性增加,因此可以方便地通过控制换能器的转速来控制其热功率。

换能器热功率的主要组成部分是定子涡流热功率和电流热功率,两者占总热功率的比例如图 4.11 所示。从图中可以看出,随着转速的上升,电流热功率所占比例呈下降趋势,而定子涡流热功率所占比例在上升。原因如前所述,与定子铁芯涡流产生的电枢反应有关。总体来说,铜与铁相比电导率较高,同等磁场条件下产生的涡流大,但其磁导率比铁低,磁通不易渗入,换能器的设计中要综合考虑这两点,从材料、结构入手,探求更大的热功率体积比。

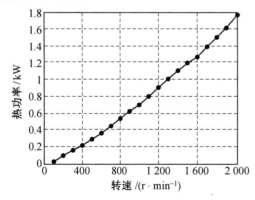

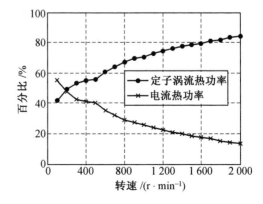

图 4.10　换能器总热功率计算值　　　　　　图 4.11　换能器各热功率百分比

4.4　换能器的电磁场特性分析

借助二维时步有限元法可以对换能器的电磁场进行解析,进而对换能器的电、磁、热特性进行分析。

4.4.1　闭口槽换能器的电磁场分析

图4.12给出了闭口槽换能器的二维有限元仿真模型,其结构尺寸见表4.2,转子为内置切向式永磁转子结构。图4.13和图4.14分别为换能器在1 500 r/min时某时刻的磁力线分布图及磁密的分布图。

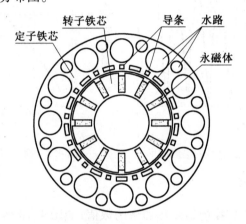

图4.12　闭口槽换能器有限元仿真模型

表4.2　闭口槽换能器模型参数

换能器模型参数	尺寸值
定子外径/mm	60
定子内径/mm	34.5
永磁体磁化方向厚度/mm	4
永磁体宽/mm	11
转子外径/mm	34
极数	12
轴向长度/mm	120
导条宽/mm	3
导条高/mm	3
导条数/槽数	13
定子内层厚/mm	3

从图4.13和图4.14可以看出,永磁转子旋转产生旋转磁场,交变磁通穿过定子铁芯材料产生涡流,同时感生的涡流将阻止磁通穿过,在铁磁导电的材料中磁通的透入深度较低,因而磁通集中在接近定子内表面的铁芯内。由热功率与磁密的关系可知,定子磁密越大的地方热功率越大,转子铁芯与磁场没有相对运动,只有高次谐波产生的较小的涡流损

耗,可见热功率主要集中在定子铁芯的内表面附近和与铜条位置同高处。

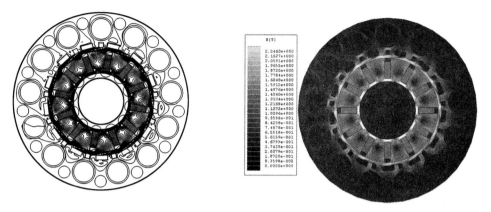

图 4.13　1 500 r/min 时某时刻换能器磁力线分布图　图 4.14　1 500 r/min 时某时刻换能器磁密分布

图 4.15 所示为 1 500 r/min 时换能器气隙磁密沿圆周的分布。从图中可看出,由于定子表面层涡流产生磁场的交轴分量对气隙磁场的作用,使得气隙磁密在旋转方向一侧增加,而在另一侧减弱,这种效应随着转速的增加而变得更加显著。

换能器工作时,铁芯中各处的磁通密度均不相同,而且在定子内层存在着饱和的情况,因此对不同转子位置定子铁芯各点的磁密进行分析。如图 4.16 所示,在定子铁芯上不同位置选取六点,其中 A,B,C 三点位于磁密比较复杂的定子内层;D,E 两点位于导条与水路间的齿部;F 点位于水路上方。

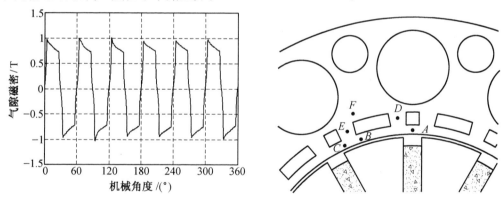

图 4.15　1 500r/min 时某时刻换能器气隙磁密曲线　　图 4.16　定子铁芯上选取的六个点位置

采用时步有限元法,取转速为 1 500 r/min,步长 0.000 2 s,对换能器旋转过 360°电角度时磁密分量的变化规律进行分析。图 4.17 为 $A \sim F$ 各点磁密切向分量 B_t 与径向分量 B_r 随位置变化的关系曲线。

从图中可以看出,图 4.17 上各点磁通密度既存在径向分量又存在切向分量,而且由于径向分量与切向分量波形中含有高次谐波,并非是标准正弦形式,因而也无法形成标准的椭圆磁场。

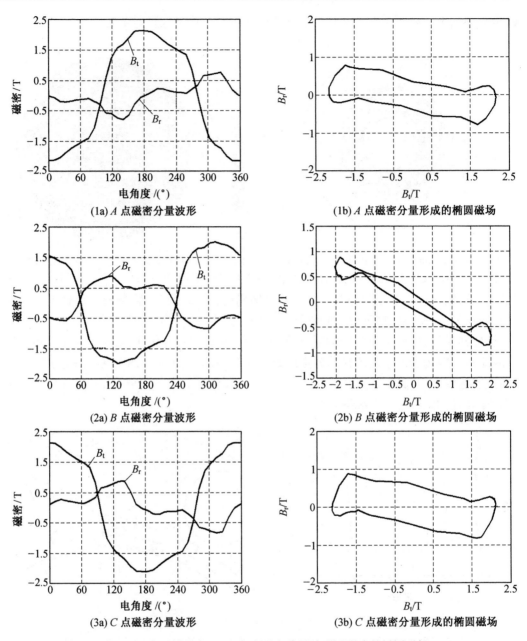

(1a) A 点磁密分量波形　　　　　　　(1b) A 点磁密分量形成的椭圆磁场

(2a) B 点磁密分量波形　　　　　　　(2b) B 点磁密分量形成的椭圆磁场

(3a) C 点磁密分量波形　　　　　　　(3b) C 点磁密分量形成的椭圆磁场

图 4.17　定子铁芯中 A ~ F 各点磁密分量波形及形成的椭圆磁场

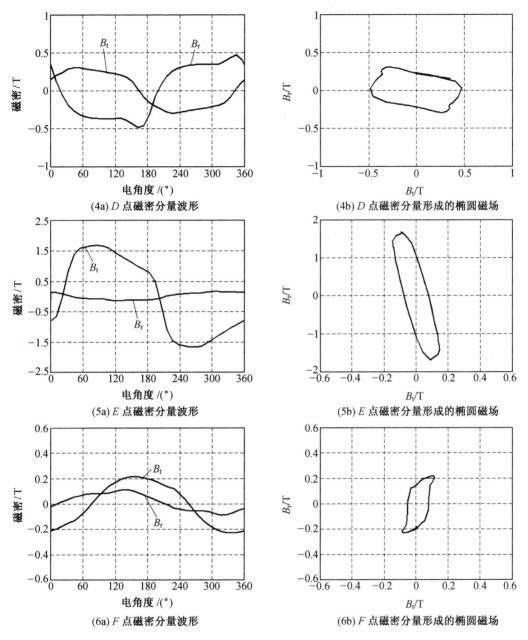

(4a) D 点磁密分量波形 　　　　　(4b) D 点磁密分量形成的椭圆磁场

(5a) E 点磁密分量波形 　　　　　(5b) E 点磁密分量形成的椭圆磁场

(6a) F 点磁密分量波形 　　　　　(6b) F 点磁密分量形成的椭圆磁场

续图 4.17

借助谐波分析原理,可以将定子铁芯中任意点的磁密分量波形进行分解,分解成一系列高次谐波叠加的形式。图 4.18 所示为 A 点磁密分量频谱,可以看出 A 点的磁密分量除基波外还含有 3 次、5 次等高次谐波。

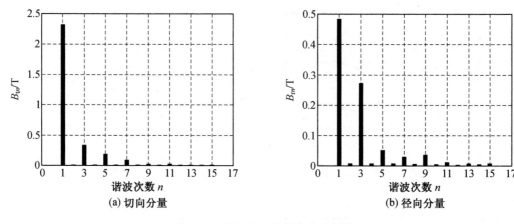

图 4.18　铁芯中 A 点磁密分量频谱

4.4.2　开口槽换能器的电磁场分析

换能器永磁转子产生的旋转磁场渗入定子铁芯中使其产生涡流,而产生的涡流同时又阻止磁通渗入。对于导电的铁磁材料来说,磁通集中在定子铁芯的内表面。当定子径向开槽时,由于槽的存在提高了切向磁通路径的阻抗,而使得磁力线不得不渗入定子更深,以寻求回到另一磁极的路径。

图 4.19 所示为 12 极 14 槽开口槽换能器的二维有限元仿真模型,其结构尺寸见表 4.3。

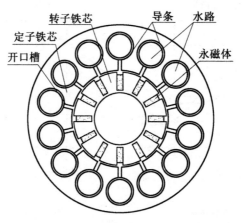

图 4.19　12 极 14 槽开口槽旋转换能器的二维有限元仿真模型

表 4.3　开口槽换能器的模型参数

换能器模型参数	尺寸值
定子外径/mm	60
定子内径/mm	34.5
永磁体磁化方向厚度/mm	4
永磁体宽/mm	11
转子外径/mm	34

续表 4.3

换能器模型参数	尺寸值
极数	12
轴向长度/mm	120
导条数/槽数	13
槽口宽/mm	2
槽口深/mm	8

图 4.20 所示为开口槽换能器在 200 r/min 时某时刻的磁力线分布图。从图中可以看出,开口槽换能器定子中磁场分布是十分复杂的。从整体上看,定子涡流的交轴电枢反应依然存在,合成磁场的磁力线向逆换能器旋转方向延伸,在槽的两侧,磁力线分布的密度是不同的。顺着转向一侧的磁力线分布较密,逆转向一侧的磁力线分布比较疏,而且在磁力线较疏的一侧齿上形成了齿内部闭合磁力线,这也是由涡流交轴电枢反应引起的。大部分的磁力线沿齿和槽的边缘轮廓线闭合,一部分经过轭部与鼠笼铜导管交链。相比开口槽换能器的磁力线分布,闭口槽磁力线渗入定子更深,磁力线在定子铁芯中的分布也决定涡流在定子中的分布情况,进而影响到换能器的热功率。开口槽换能器的槽数及槽开口的大小都会使定子铁芯中的磁力线分布发生变化,因此研究其变化规律十分必要。

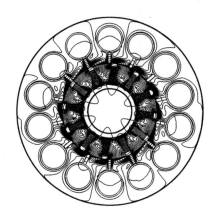

图 4.20　$n_r = 200$ r/min 时 12 极 14 槽换能器某时刻的磁力线分布

图 4.21、图 4.22 给出了槽开口宽度、槽数及转速对开口槽换能器热功率(单位:W)等值线图的影响。其中槽开口宽度范围为 1 ~ 5 mm,槽数为 14 ~ 26 槽,转速为 200 ~ 2 500 r/min。从图中可以看出:在低转速时,换能器的热功率随着槽开口宽度的增加与槽数的增加而上升;在高速时,随着槽开口宽度的增加而降低。这是由于随着开口宽度增加,等效的气隙长度增加的原因。

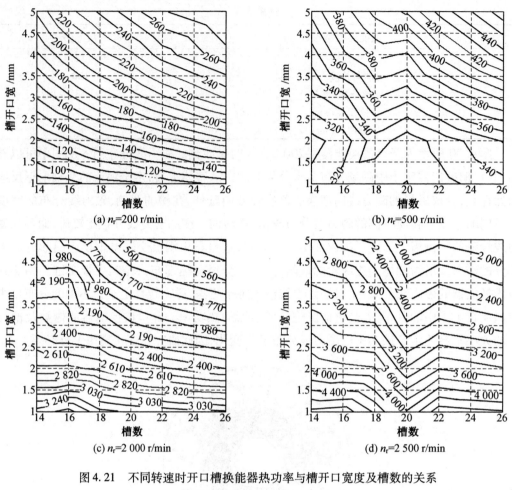

图 4.21　不同转速时开口槽换能器热功率与槽开口宽度及槽数的关系

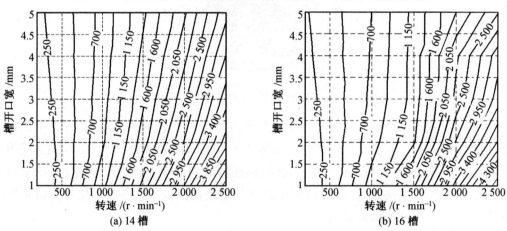

图 4.22　不同槽数时开口槽换能器热功率与槽开口宽度及转速的关系

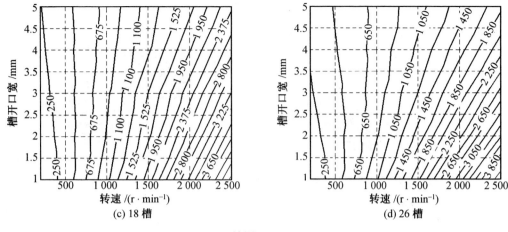

(c) 18 槽　　　　　　　　　　　　　(d) 26 槽

续图 4.22

4.4.3　温度对换能器热功率的影响

换能器在工作时产生的热能可使换能器各部分温度升高,而换能器与冷却媒质之间也存在着温度差别,同时换能器本身又不是一个均质物体,因此各部分的温升也不相同。温度对于换能器性能的影响主要体现在温度对换能器材料性能的影响上,如换能器中铜导条的电阻率随温度升高而升高,因此在其他情况不变时,不同温度下其产生的热功率也不相同。而永磁体材料性能也受温度影响较大,常用钕铁硼材料其剩磁的温度系数可达 -0.13% K,而内禀矫顽力的温度系数可达 $-(0.6\sim0.7)\%/K$,因而在高温使用时磁损失较大。由此可见,分析温度对换能器性能的影响比较重要。下面将忽略其他因素,只考虑温度对永磁体性能、导条电阻率及铁芯材料电导率的影响,来分析换能器各部分的热功率随温度的变化关系。图 4.23 所示为永磁体温度从 20 ℃变化到 180 ℃,铜导条与定子铁芯从 20 ℃变化到 300 ℃时,换能器各部分的热功率。从图中可以看出,永磁体的性能对换能器各部分热功率的影响最为明显,在永磁体处于较高温度时,换能器各部分的热功率都呈下降趋势;在永磁体温度相同时,铜导条的热功率随温度升高而增加,而铁芯热功率却随温度升高而下降。

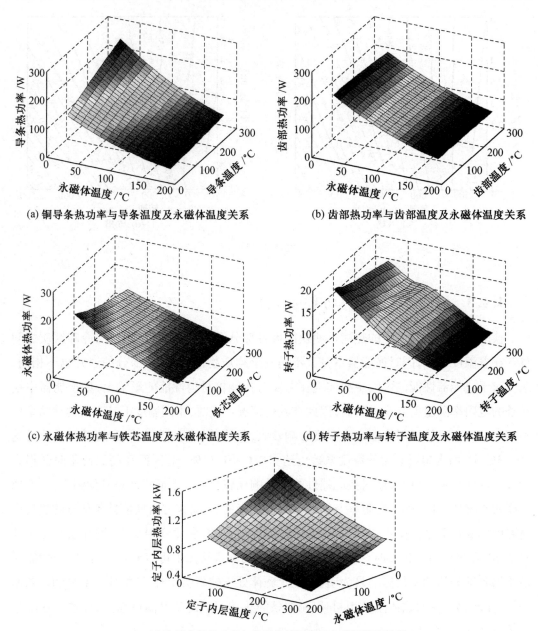

(a) 铜导条热功率与导条温度及永磁体温度关系　　　(b) 齿部热功率与齿部温度及永磁体温度关系

(c) 永磁体热功率与铁芯温度及永磁体温度关系　　　(d) 转子热功率与转子温度及永磁体温度关系

(e) 定子内层热功率与定子内层温度及永磁体温度关系

图 4.23　换能器各部分热功率与温度的关系

4.5　本章小结

　　本章利用二维时步有限元法,结合前几章推导出的端部系数解析表达式,以及电机损耗的相关理论,建立了换能器电磁热功率的数值计算方法。利用该算法可以快捷准确地对换能器的电磁场进行数值分析,得到换能器电磁场的分布和变化规律。此外,利用该算法还可以对换能器的热功率进行具体计算。本章建立的热功率算法为换能器电磁设计提供了准确的数学计算方法。

第5章　机电热换能器的电磁设计

5.1　引　　言

在机电热换能器将其他能量转换成热功率的过程中,应尽可能地提高其热功率/体积(质量)比。此外,热功率的分布情况将直接影响机电热换能器的换热效果,不同的定、转子结构形式,不同的结构参数如极对数、内外径尺寸、槽开口尺寸等都关系到机电热换能器的热功率性能,涉及不同机电热换能器类型的应用,这些都是机电热换能器电磁设计中需要注意的。本章首先介绍换能器定子热功率透入深度的定义及计算方法,分析透入深度对定子热功率的影响;其次介绍换能器结构参数和定子结构的选择依据;最后介绍换能器的电磁计算程序和算例。

5.2　换能器定子热功率透入深度

5.2.1　透入深度的定义

换能器运行时,当永磁转子被原动机拖动旋转时,气隙磁密随转子的旋转发生周期性的变化,实心钢的定子被交变的磁通所切割,在与磁力线垂直的定子表面及一定深度(所谓的透入深度)范围内,将产生涡流电势,进而产生涡流。如果不考虑涡流磁场的影响,则外加磁场与涡流产生的磁场相叠加,从而使涡流沿定子径向深度方向不均匀分布,即涡流由定子内表面向外逐渐减小,而且相位也发生变化,这就是涡流的集肤效应。在普通的电机中,由于铁芯采用彼此绝缘的硅钢片叠成,同时频率又比较低,所以常常忽略涡流的集肤效应。对机电热换能器来说,由于产生涡流区域的定子由实心钢制成,涡流的频率又比较高,因此必须考虑涡流的集肤效应。该涡流所产生的磁场又与气隙磁场相互作用,产生转矩,并在定子上产生涡流热功率。图5.1所示为换能器感生涡流展开图。

如图5.1所示,假定换能器中各电磁场量正弦分布,并且磁导率 μ 为常数,根据电磁场中二维行波传播的理论,定子内表面的电流密度可以表示为

$$J_z = J(y)\cos(\omega t - \alpha x) \tag{5.1}$$

其满足微分方程

$$\frac{\partial^2 J_z}{\partial x^2} + \frac{\partial^2 J_z}{\partial y^2} = \sigma\mu\,\frac{\partial J_z}{\partial t} \tag{5.2}$$

由式(5.1)与式(5.2)可以得到

$$\frac{\partial^2 J}{\partial y^2} - J(\alpha^2 + \omega\sigma\mu\mathrm{j}) = 0 \tag{5.3}$$

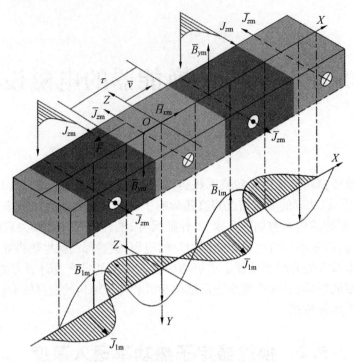

图 5.1　机电热换能器感生涡流展开图

可得到电流密度的解为

$$J_z = J_m e^{-\beta y} \cos(\omega t - \alpha x - \gamma y) \tag{5.4}$$

$$\begin{cases} \beta = R\cos\varphi \\ \gamma = R\sin\varphi \end{cases} \tag{5.5}$$

$$\begin{cases} R^4 = \alpha^4 + 4\zeta^4 \\ \tan 2\varphi = 2\zeta^2/\alpha^2 \end{cases} \tag{5.6}$$

式中　J_m——定子内表面处电流密度幅值;

$$\zeta = \sqrt{\frac{\sigma\mu\omega}{2}} \tag{5.7}$$

当旋转电磁频率较高时,即 $2\zeta^2 \gg \alpha^2$ 时,式(5.4)可以表示为

$$J_z = J_m e^{-\zeta y} \cos(\omega t - \alpha x - \zeta y) \tag{5.8}$$

因此,其在定子内的渗入深度可以表示为

$$d = \sqrt{\frac{2}{\sigma \cdot \mu \cdot \omega}} = \sqrt{\frac{240}{\pi p \sigma \mu n_r}} \tag{5.9}$$

　　由式(5.8)可以看出,定子电流密度的幅值随着与气隙的距离增加而下降。当 $y = 2/\zeta$ 时,即在定子区域距气隙 $2/\zeta$ 的地方,可算得此处电流密度的幅值仅为定子内表面的 $1/e^2$,由于涡流热功率与电流密度幅值的平方成正比,即此处涡流热功率仅是定子内表面处的 $1/e^4$,约为 1.83%。因此定义 $d = 2/\zeta$ 为换能器定子电密的透入深度,认为在 $y = 2/\zeta$ 以外的定子区域已经没有涡流热功率。

　　在极对数为 9、定子材料为 20 号钢时,换能器定子电流密度透入深度与转速的关系如图 5.2 所示。即当定子材料和极对数一定时,透入深度与转速的平方根成反比。可以看出,在低速和高速时,透入深度随转速变化呈现截然不同的规律:在低速段,透入深度随着转速的升高迅速下降;而到了高速段,透入深度随着转速的升高缓慢下降,变化很小。

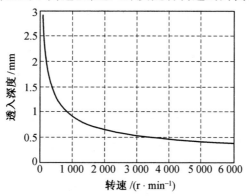

图 5.2　换能器透入深度与转速的关系曲线

由于定子内表面处的电流密度振幅可以表示为

$$J_{\mathrm{m}} = \frac{B\sigma D_{\mathrm{si}}\omega}{2p} \tag{5.10}$$

式中　B——气隙磁场密度;

　　　D_{si}——定子内表面直径。

定子内表面单位长度上所流过的电流值,即定子表面的线负荷可以表示为

$$A_{\mathrm{L}} = \frac{d \cdot J_{\mathrm{m}}}{2} \tag{5.11}$$

根据对实心转子异步电机的研究,可以得到当 μ 为常数时,并考虑电流密度的轴向及切向分量时,定子内表面电流密度基波轴向分量的振幅可以表示为

$$J_{\mathrm{m}} = \frac{\sigma\omega D_{\mathrm{si}}B}{2\left[p + \frac{1}{p}\left(\frac{\pi D_{\mathrm{si}}}{2L_{\mathrm{ef}}}\right)\right]} \cdot \cos\left(\frac{\pi x}{L_{\mathrm{ef}}}\right) \tag{5.12}$$

式中　L_{ef}——定子轴向有效长度;

　　　x——距离定子坐标轴的轴向距离。

由式(5.11)、(5.12)可以分别得到在不考虑电流密度轴向分量及考虑轴向电流密度分量时的定子表面线负荷为

$$A_{\mathrm{L}} = \sqrt{\frac{\sigma\omega}{2\mu}} \cdot \frac{BD_{\mathrm{si}}}{2p} \tag{5.13}$$

$$A_{\mathrm{L}} = \frac{BD_{\mathrm{si}}}{\left[p + \frac{1}{p}\left(\frac{\pi D_{\mathrm{si}}}{2L_{\mathrm{ef}}}\right)\right]} \cdot \sqrt{\frac{\sigma\omega}{2\mu}} \cdot \cos\left(\frac{\pi x}{L_{\mathrm{ef}}}\right) \tag{5.14}$$

在不考虑电流密度轴向分量时,定子上所产生的热功率可以表示为

$$P_{\mathrm{Z}} = A_{\mathrm{L}}^2 \frac{L_{\mathrm{ef}}\pi D_{\mathrm{si}}}{\sigma d} = \frac{1}{4\sigma} \cdot L_{\mathrm{ef}}\pi D_{\mathrm{si}} d \cdot J_{\mathrm{m}}^2 \tag{5.15}$$

$$P_Z = \frac{\pi^2 B^2 D_{si}^3 L_{ef} n_r}{480} \sqrt{\frac{\pi n_r \sigma}{15 \mu p}} \tag{5.16}$$

在考虑电流密度轴向分量时,定子上所产生的热功率可以表示为

$$P_Z = \frac{\pi^2 B^2 D_{si}^3 L_{ef} n_r p}{480} \sqrt{\frac{\pi n_r \sigma p}{15 \mu}} \frac{1}{\left[p + \frac{1}{p} \left(\frac{\pi D_{si}}{2 L_{ef}} \right) \right]^2} \tag{5.17}$$

5.2.2 透入深度对热功率设计的影响

由 4.3.4 节可知,换能器的热功率主要是定子涡流热功率和笼型铜条中的电流热功率。这两种热功率的形成原因是一致的:通过导体的磁场随时间变化时,导体中就会产生感应电势,从而产生涡流或者电流,形成焦耳热,即换能器的涡流热功率和电流热功率。根据电磁感应定律,感应电势 E 的大小与穿过导体回路磁通量 Φ 的变化率成正比,即

$$E = -\frac{\mathrm{d}\Phi}{\mathrm{d}t} \tag{5.18}$$

根据焦耳定律,感应电势在电导率为 σ 的材料中产生的焦耳热 P 应为

$$P = \sigma E^2 \tag{5.19}$$

由式(5.19)可知:在感应电势一定的情况下,焦耳热与导体材料的电导率成正比。在换能器中,铁芯材料的电导率较低,铜的电导率较高,因此在相同磁通的情况下,铜条中的热功率密度应高于铁芯中的;但由于铜条的磁导率又远低于铁芯材料,铜条中感应电势的产生依赖于周围的铁芯材料使其形成磁通回路,而磁通回路受到透入深度的影响,在不同的转速范围内会呈现不同的规律。

因此,透入深度是换能器热功率设计中重要的参数之一。首先,由于透入深度之外的定子区域电流密度非常微弱,因此透入深度是确定换能器定子厚度的重要依据。当定子厚度高于透入深度时,超过的那部分定子厚度并不贡献热功率,会造成材料的浪费,降低换能器的热功率密度。在设计时,可根据换能器的转速范围求得透入深度的范围,根据透入深度的范围初步确定定子厚度尺寸。其次,透入深度反映了换能器定子磁通的渗入情况,透入深度越大,意味着磁通也透入得越深,可以在定子上的相应位置布置铜材料,以使磁通和铜材料交链后得到更大的热功率。最后,由于透入深度在低速区和高速区有截然不同的特性,因此在设计时,一定要结合换能器的转速范围进行合理的设计。

5.3 换能器结构参数的选取

5.3.1 定子热功率的解析表达式

根据 3.5 节式(3.125)和式(3.126),进入定子的坡印亭能量可以表示为

$$P_s = -\frac{8 n_r^{\frac{3}{2}} p^{\frac{5}{2}} \tau^5 J_0^2}{15 \sqrt{30} L_{ef} \pi^{\frac{9}{2}} \mathrm{e}^{2\delta(\frac{\pi}{\tau})}} \cdot$$

$$\sqrt{\frac{\sigma}{\mu}} \sum_{q=1,3,\cdots} \left[\mathrm{j}\pi^2 q^2 + \pi^2 q^2 \left(\frac{\pi}{\tau}\right) + \mathrm{j} \left(\frac{\pi L_{ef}}{\tau}\right)^2 - \left(\frac{\pi}{\tau}\right)^3 L_{ef}^2 \right] \left(\frac{1}{q} - \frac{1}{q+2}\right)^2 \tag{5.20}$$

考虑到换能器中热功率集中在定子侧,认为进入定子能量的有功部分即为定子的热功率,取式(5.20)级数的前两项展开得

$$\mathrm{Re}[P_s] = -\frac{8 n_r^{\frac{3}{2}} p^{\frac{5}{2}} \tau^4 J_0^2}{15 \sqrt{30} L_{ef} \pi^{\frac{3}{2}} \mathrm{e}^{2\delta\left(\frac{\pi}{\tau}\right)}} \sqrt{\frac{\sigma}{\mu}} \left[\frac{104}{225}\left(\frac{L_{ef}}{\tau}\right)^2 - \frac{136}{225}\right] \tag{5.21}$$

将式(5.21)整理变为两项相乘的形式,其中第二项仅与各结构参数有关,即

$$\mathrm{Re}[P_s] = -\frac{8 n_r^{\frac{3}{2}} J_0^2 \sqrt{\frac{\sigma}{\mu}}}{15 \sqrt{30} \pi^{\frac{3}{2}}} \cdot \frac{104 p^{\frac{5}{2}} \tau^2 L^2 - 136 p^{\frac{5}{2}} \tau^4}{225 \mathrm{e}^{2\delta\left(\frac{\pi}{\tau}\right)} L} \tag{5.22}$$

当定子内径 D_{si} 一定时,极距 τ 和极数 p 有以下的关系,即

$$2p\tau = \pi D_{si} \tag{5.23}$$

令

$$A_L = \frac{8 n_r^{\frac{3}{2}} J_0^2 \sqrt{\frac{\sigma}{\mu}}}{15 \sqrt{30} \pi^{\frac{3}{2}}} \tag{5.24}$$

联立式(5.23)和式(5.24)可得

$$\mathrm{Re}[P_s] = -A_L \frac{26\pi^2 p^{\frac{1}{2}} D_{si}^2 L^2 - 8.5\pi^4 p^{-\frac{3}{2}} D_{si}^4}{225 L \mathrm{e}^{\frac{4p\delta}{D_{si}}}} \tag{5.25}$$

从式(5.24)和(5.25)可以看出,换能器定子热功率与换能器的结构参数(气隙长度 δ、铁芯长度 L_{ef}、极距 τ 和极对数 p)、材料(定子磁导率 μ 和电导率 σ)和运行状态(转速 n_r 和永磁体等效面电流 J_0)等都有关系。下面以一台具体的换能器为例,讨论各参数对定子热功率的影响,样机的参数见表5.1。

表 5.1　换能器结构参数

参　数	尺寸值
定子外径/mm	70
定子内径/mm	58
气隙长度/mm	0.3
极对数	9
轴向长度/mm	55

5.3.2　结构参数与热功率的关系

1. 极对数

从式(5.21)中可以看出,极数与定子热功率的关系较为复杂,同时存在指数和幂函数关系,而且指数的系数还与定子内径 D_{si} 和气隙长度 δ 有关,从解析表达式中得出二者之间的直接关系比较困难。采用数值的方法,以极对数 $p=9$ 时的热功率值为基值,分别改变定子内径和气隙长度,求得不同定子内径和气隙长度下极对数与定子热功率标幺值

P^*的关系曲线,如图5.3所示。

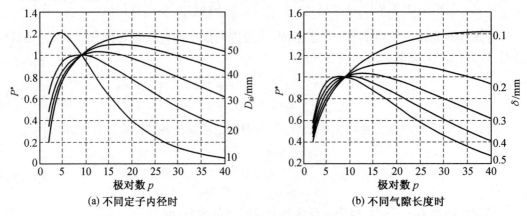

(a) 不同定子内径时　　　　　　　　(b) 不同气隙长度时

图5.3　极对数与定子热功率的关系曲线

从图5.3中可以看出,总体上,极数较少时,定子热功率随着极数的增多而增加,这是因为每极提供的磁通将随着极数的增加而增加;而当极数增加到一定数量后,热功率反而随着极数的进一步增加而下降,极数较多时,极弧系数会变得较小,相当于增加了等效气隙,进而造成热功率的下降。这种趋势在不同的定子内径和气隙长度下又略有不同:随着定子内径的增加,极数与热功率关系曲线的拐点向正向偏移;而随着气隙长度的增加,拐点会向负向偏移。实际设计换能器时,应综合考虑定子内径、气隙长度及永磁体用量带来的成本问题来选取合适的极数。

2. 气隙长度

从式(5.21)可以看出,换能器的定子热功率与气隙是一个以 e 为底的指数函数的关系,定子热功率随着气隙的增大而下降,但下降的快慢与指数里的系数 π/τ 有关,即与 p/D_{si} 有关。下面讨论不同极数与定子内径时,气隙长度与定子热功率标幺值的关系。以 $\delta=0.3$ mm 时的定子热功率为基值,极对数 p 分别为5,7,9 和 11 时,不同定子内径下定子热功率随气隙长度的变化曲线如图5.4所示。

从图中可以看出,定子热功率随着气隙的增大而减小,但过小的气隙会带来加工的困难,更加不利的是,过小的气隙会增加转子的发热,影响或降低永磁体的性能。当定子内径较大时,定子热功率随着气隙长度的增加而下降的趋势越来越缓,因此对于定子内径较大的换能器,可考虑选择较大的气隙长度。

3. 铁芯长度和定子内径

同样分别以定子内径 $D_{si}=30$ mm 和铁芯长度 $L=55$ mm 时的定子热功率为基值,算得铁芯长度和不同定子内径时的定子热功率标幺值,如图5.5和图5.6所示。

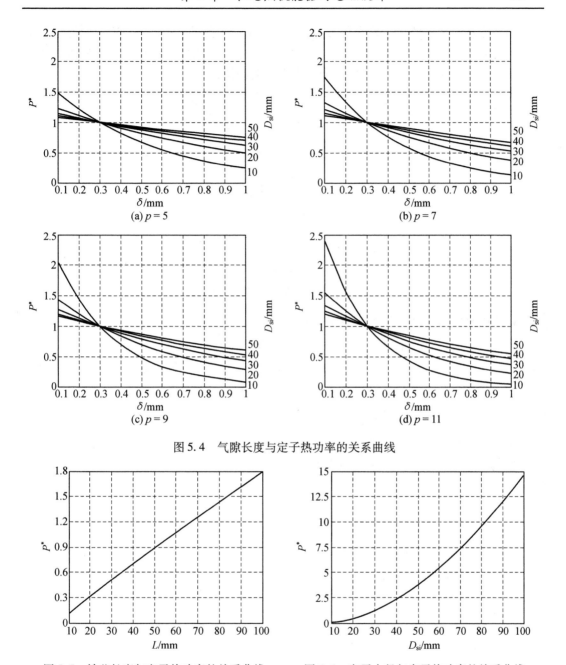

图 5.4　气隙长度与定子热功率的关系曲线

图 5.5　铁芯长度与定子热功率的关系曲线　　图 5.6　定子内径与定子热功率的关系曲线

　　热功率随着定子内径以幂函数的关系增加,随着铁芯长度线性增加。定子热功率表达式(5.21)中未出现定子外径,这是因为在建立机电热换能器的三维电磁场模型时,忽略了定子的磁饱和效应,这样定子铁芯内外径的差值,即铁芯厚度对定子功率是一个无关的量。实际上换能器的定子铁芯中会存在磁饱和效应,因此在换能器的设计中,若定子厚度设计得过薄,造成定子铁芯的磁饱和,将降低定子的热功率;若设计得过厚,虽不影响定子的热功率,但会降低机电热换能器的功率密度,造成材料的浪费。在设计时应根据气隙磁密和定子材料磁化曲线上的饱和点,选取合适的定子铁芯厚度。

当机电热换能器的定子铁芯厚度合理，不造成定子侧的饱和现象时，和传统电机类似，机电热换能器的定子热功率与定子内径平方与铁芯长度的乘积成正比，如图5.7所示。根据此线性关系，可由热功率初步确定换能器的体积。

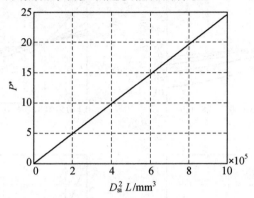

图5.7　机电热换能器体积与定子热功率的关系曲线

4. 换能器材料和运行状态对热功率的影响

设换能器运行时的永磁体工作点为b_{mN}，则有

$$\begin{cases} B_M = b_{mN}B_r \\ H_M = (1-b_{mN})H_c \end{cases} \tag{5.26}$$

式中　B_r——永磁材料的剩磁密度；

　　　H_c——永磁材料的矫顽力。

将式(5.26)代入等效面电流J_0的表达式(3.87)，而后代回式(5.24)，得到

$$A_L = \frac{8n_r^{\frac{3}{2}}}{15\sqrt{30}\,\pi^{\frac{3}{2}}}\sqrt{\frac{\sigma}{\mu}}\left[(2b_{mN}-1)H_c\right]^2 \tag{5.27}$$

式(5.27)反映了材料和运行状态对定子热功率的影响。由于永磁材料在换能器中所提供的磁通和磁势与换能器的材料和运行状态都有关，因此材料和运行状态对定子热功率的影响比较复杂，具体的关系将在后续用有限元法进行解析，在此仅定性地进行分析。

换能器运行时，不考虑漏磁通和饱和，其磁路关系为

$$(1-b_{mN})H_c = \Phi R + \varepsilon n_r^{\gamma} \tag{5.28}$$

式中　Φ——每极磁通；

　　　R——外磁路磁阻；

　　　εn_r^{γ}——考虑换能器旋转后在定子侧产生的涡流效应带来的"电枢反应"所产生的去磁磁势，ε和γ为系数。

从式(5.27)可以看出，定子材料的电导率越高，其热功率将越大。磁导率对热功率的影响比较复杂，定子热功率与磁导率的平方根成反比，但外磁路的磁阻与磁导率是倒数的关系。根据式(5.28)，在磁通不变的情况下，磁阻的线性增加会使永磁体工作点线性下降，式(5.27)换能器的热功率与永磁体工作点大约是平方增加的关系，因此换能器的

定子热功率大约与磁导率的平方根成正比。就是说拥有较高电导率和磁导率的材料是换能器定子铁芯材料的首选。但实际的材料中,铁磁材料一般磁导率较高,电导率较低,而铜的电导率较高,磁导率却很低。单独使用这两种材料,都无法得到较高的热功率。实际换能器中同时使用铁和铜作为定子材料,如何合理地分配二者的体积,确定二者的安放位置,以得到较大的热功率,是值得深入研究的问题,本章将会用有限元的方法研究此问题。

定子热功率与转速的 3/2 次方成正比。根据式(5.27),定子上涡流的电枢反应将造成永磁体工作点下降,永磁体工作点的下降将使定子热功率下降;而转速越高,电枢反应将越强。但电枢反应的去磁磁势是分布量,去磁磁势中的两个系数解析有较大的难度,因此用解析的方法研究定子热功率与转速的关系有一定的难度,用有限元的方法进行研究将会更加准确。

5.3.3　不同结构参数样机的热功率比较

热功率的测试方法请参照第 8 章相关内容。下面针对两种不同结构参数的机电热换能器热功率进行测试。两台样机材料均一样,定转子铁芯材料为 20 号钢,铜条材料为紫铜杆 Cu62,永磁材料为钕铁硼 N33UH,结构参数见表 5.2。测试时各部件温度均为 10 ℃。测试得到的两台机电热换能器的热功率/体积比如图 5.8 所示。与样机 2 相比,样机 1 缩小了外径和轴向长度,减小了气隙长度,增加了极对数,在材料不变的情况下,在全速域范围内提升了热功率/体积比。

表 5.2　换能器样机参数

参　　数	闭口槽样机 1	闭口槽样机 2
定子外径/mm	70	120
定子内径/mm	58	69
铜条数量	12	13
铜条直径/mm	3	3
槽宽/mm	—	—
槽高/mm	—	—
气隙长度/mm	0.3	0.5
极对数	9	6
永磁体充磁方向长度/mm	4	4
永磁体宽度/mm	10	11
轴向长度/mm	55	120

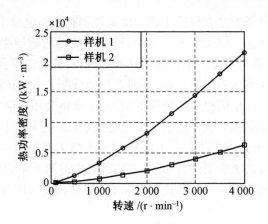

图 5.8　不同结构参数的机电热换能器热功率/体积比

5.4　换能器定子结构的选取

　　本节将研究不同定子结构下,换能器热功率密度随转速的变化规律。因为定子的结构比较复杂,故采用二维时步有限元法对热功率进行计算。在分析过程中,假定换能器各部件的温度均为 10 ℃,为方便比较热功率密度,保持换能器的定子内外圆直径、气隙长度和转子结构、尺寸一定,换能器的基本参数见表 5.3。其中定转子铁芯材料均为 20 号钢,永磁材料为 N33UH。

表 5.3　换能器参数

参　数	尺寸值
定子外径/mm	70
定子内径/mm	58
气隙长度/mm	0.3
转子外径/mm	57.4
极对数	9
永磁体磁化方向厚度/mm	3
永磁体宽度/mm	10
轴向长度/mm	55

5.4.1　无槽和闭口槽结构的热功率分析

　　若换能器定子铁芯仅用实心钢,称之为无槽结构换能器。在换能器定子铁芯中开孔后嵌入若干铜导条,并使用短路环,使铜条在端部短接,这种类似于电机中闭口槽的结构,称之为闭口槽换能器。图 5.9 为其基本结构。

　　图 5.10 所示为铜条数目为 12,铜条直径分别为 2 mm,3 mm,4 mm,与无槽结构的换能器热功率数值的比较。从图中可以看出,嵌入铜条后,换能器的整机热功率在低速区和高速区呈现不同的趋势:在低速区,闭口槽结构的换能器热功率略高于无槽结构的,而在高速区,闭口槽结构的热功率反而低于无槽结构。低速时,随着铜条直径的增加,整机热

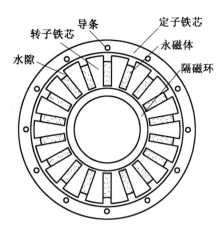

图 5.9　闭口槽换能器结构

功率上升,但随着转速的增加,到了高速区,整机热功率随着铜条直径的增加反而降低。计算了不同铜条数量下换能器热功率的变化情况,与铜条粗细的变化趋势类似,在低速区,随着铜条数目的增加,整机热功率上升,高速区整机热功率随着铜条数目的增加反而降低。这两种高低速区不同的变化规律分界线在 1 500 r/min 左右,接近图 5.2 中透入深度与转速变化的拐点位置。

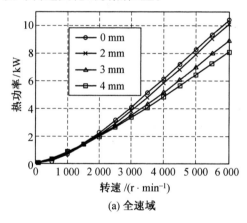

(a) 全速域

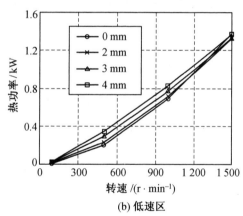

(b) 低速区

图 5.10　不同铜条直径时热功率比较

　　图 5.11 所示为不同转速下闭口槽结构换能器的磁力线分布。当转速较低时,磁通透入深度足够,能通过换能器的"轭部"完全与笼型铜条交链,由于铜的电导率高于铁,此时铜条的体积越大,单位体积产生的热功率将越大,因此低速时铜条直径越大,换能器整机的热功率越高。

　　随着转速的提高,定子涡流产生的去磁磁势不断增加,使磁通的透入深度越来越低,进而与笼型导条交链的磁通也越来越少。此时由于铜条下方的槽口处磁通趋于饱和,铜条的存在增加了主磁路的磁阻,铜条的直径越大,主磁通将越低,因此高速时,铜条直径越大,换能器整机的热功率反而越低。铜条的数量对整机热功率的影响原因和铜条的直径类似。

　　可以看出,闭口槽结构换能器热功率密度与透入深度密切相关。只有铜条布置在磁

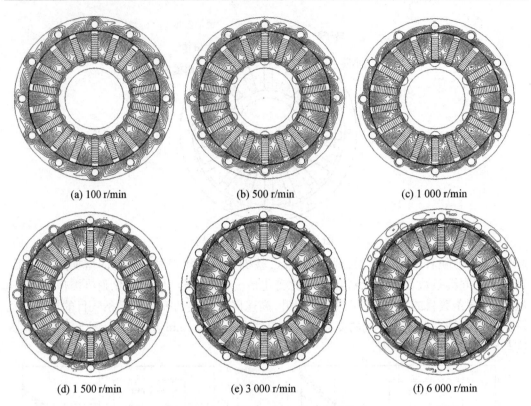

(a) 100 r/min　　　　　　(b) 500 r/min　　　　　　(c) 1 000 r/min

(d) 1 500 r/min　　　　　(e) 3 000 r/min　　　　　(f) 6 000 r/min

图 5.11　不同转速下闭口槽磁力线分布

通能透入的铁芯范围内,才能有效地提高整机的热功率密度。因此,在设计闭口槽换能器时,应先根据换能器的转速范围计算透入深度,当换能器转速较低时,磁通的透入深度足够,可在铁芯中透入深度范围内布置一定量的铜条,来增加整机的热功率;当换能器转速较高时,闭口槽结构换能器整机热功率反而不如无槽结构,此时应考虑使用其他结构来增加热功率密度。

5.4.2　开槽结构的热功率分析

如 5.4.1 节所述,透入深度大时,与铜条交链的磁通足够多,才能发挥出铜电导率高的优势来增加整机热功率密度。因此考虑在定子上采用开槽结构,增大换能器切向磁通路径的磁阻,来提高定子磁通的透入深度,从而加大热功率密度。开槽结构分为开口槽和半开口槽两种,其转子结构和闭口槽一样,定子结构和槽型尺寸如图 5.12 和图 5.13 所示。

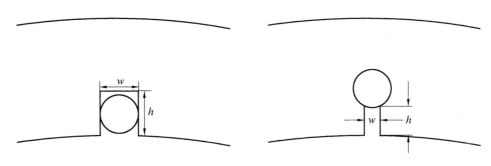

图 5.12　开口槽结构示意图　　　　　　　　图 5.13　半开口槽结构示意图

开口槽结构在定子内圆开槽,铜条放置于槽内,并紧贴定子内圆安放,因此槽的宽度 w 和高度 h 均不能小于铜条的直径,这种结构类似于传统电机中的开口槽结构。半开口槽结构同样在定子内圆开槽,但槽的宽度 w 小于铜条的直径,为了放置铜条,在槽的顶端开与铜条大小相同的圆孔,将铜条放置于孔内,将定子内圆到铜条之间的最短距离称为半开口槽的槽高 h,这种结构类似于传统电机中的半开口槽结构。

图 5.14 给出了三种槽型结构换能器热功率的比较。三种槽型结构尺寸一致,铜条的直径均为 3 mm,数量为 12 个。其中开口槽的槽宽和槽高均为 3 mm,半开口槽的槽宽和槽高均为 1 mm。

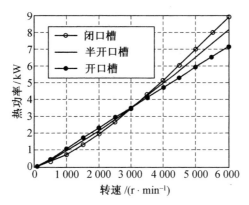

图 5.14　不同槽型结构热功率比较

从图 5.14 可以看出:在低速区,开槽结构的换能器热功率要高于闭口槽结构,其中开口槽结构的热功率最大,半开口槽结构的次之;在高速区,闭口槽结构的换能器热功率最大,半开口槽结构次之,开口槽结构最小。低速时,定子铁芯中磁通的透入深度大,而且开槽结构增加了“齿部”的切向磁阻,使开槽结构的换能器较之闭口槽结构能有更多的磁通通过“轭部”与笼型铜条交链,此时开槽结构整机的热功率要比闭口槽结构的大。由于开口槽结构比半开口槽结构的“齿部”切向磁阻更大,因此有更多的磁通通过“轭部”与笼型铜条交链,从而导致开口槽结构的热功率要大于半开口槽结构的。高速时,定子铁芯中磁通的透入深度非常小,已无法通过“轭部”与笼型铜条发生交链,此时开槽反而相当于加大了等效气隙的长度,造成磁密下降,因此开槽结构的换能器热功率反而小于闭口槽结构的。而开口槽结构槽口比半开口槽结构的宽,因此其等效气隙也更大,故而在高速时开口槽结构的热功率最低。因此在实际设计时,如果换能器工作在低速区,可使用开口槽或半开口槽结构来增加整机的热功率密度;但若换能器工作在高速区,则适宜采用无槽或闭口槽结构。

图 5.15 所示为开口槽结构换能器不同槽数时,热功率随转速的变化规律。与闭口槽结构换能器改变铜条数目时的变化规律类似,低速时,槽数较多的换能器热功率略大,高速时槽数较少的热功率较大。其原因也与闭口槽换能器一样。

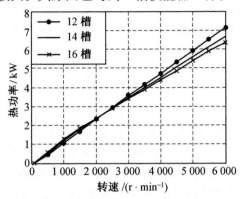

图 5.15　开口槽结构不同槽数时热功率比较

下面讨论在铜条直径和数量不变的情况下,改变开口槽结构的槽高和槽宽,开口槽结构换能器热功率的变化情况。

图 5.16 表示了槽宽分别为 3 mm,4 mm,5 mm 和 6 mm 时开口槽结构换能器的热功率。可以看出,在整个速度范围内,增加槽宽都使得热功率下降,可见,当槽口宽与铜条直径相同时,已经最大限度地增加了低速时磁通在铁芯内的透入深度,在此基础上再增加槽宽,反而增加了等效气隙,造成热功率的下降。

图 5.17 表示了槽深分别为 3 mm,4 mm 和 5 mm 时开口槽换能器的整机热功率,从图中可以看出,改变槽深对整机热功率几乎没有影响,因为只要"轭部"的厚度足够,不使磁通在轭部饱和,那么改变槽深几乎对磁路的磁阻没有影响,也就对热功率没有影响。因此在设计时,保证"轭部"磁通不饱和的前提下,适当增加槽深,一是能够在不减少整机热功率的情况下减轻整机质量,从而提高了热功率/质量比;二是能够增加换热面积,有利于换热。

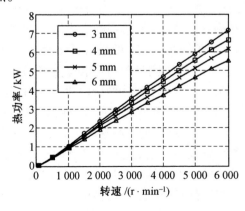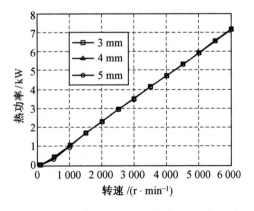

图 5.16　开口槽结构不同槽宽时热功率比较　　图 5.17　开口槽结构不同槽深时热功率比较

同样,保持半开口槽结构换能器的铜条直径不变,改变其槽宽和槽高,研究其整机热功率的变化情况。槽宽分别为 0.5 mm,1 mm 和 1.5 mm 时半开口槽换能器的整机热功率如图 5.18 所示,从图中可以看出,在低速时,改变槽宽对热功率几乎没有影响,高速时,随着槽宽的加大,热功率有所下降。

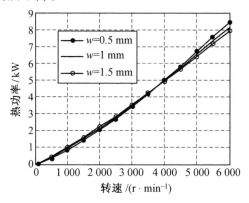

图 5.18　半开口槽不同槽宽时热功率比较

槽深分别为 0.25 mm,0.5 mm,0.75 mm 和 1 mm 时半开口槽换能器的整机热功率如图 5.19 所示,从图中可以看出,在高速时改变槽深对热功率几乎没有影响,低速时,随着槽深的加大,热功率略有上升。总体看来,改变槽深和槽宽对半开口槽换能器的热功率影响都不大,具体设计时,应结合谐波及换热等其他因素来确定槽宽和槽深。

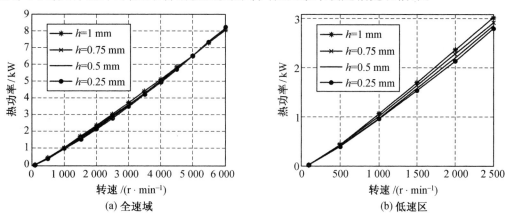

(a) 全速域　　　　　　　　　　　　　　(b) 低速区

图 5.19　半开口槽不同槽深时热功率比较

5.4.3　铜套结构的热功率分析

开槽结构的设计思路是通过开槽加大铁芯中磁通的透入深度,使更多的磁通与铜条交链,来增加整机的热功率密度。换一个角度考虑,既然磁通在铁芯中的透入深度是有限的,可以考虑将铜全部布置在铁芯内表面,像一个“铜套”镶在定子内圆处,这样一方面磁通在全转速范围内都会与铜发生交链,可有效地利用铜的高电导率;另一方面,由于铜是非导磁材料,这样相当于增加了气隙长度,会造成气隙磁密下降,使得热功率下降。下面具体研究铜套的厚度对热功率的影响。铜套结构的换能器定子结构示意图如图 5.20 所示。

保持结构尺寸与表 5.3 中的闭口槽换能器一致,改变铜套厚度分别为 0.25 mm, 0.5 mm,0.75 mm 和 1 mm 时,换能器整机的热功率如图 5.21 所示。

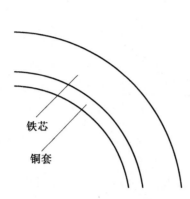

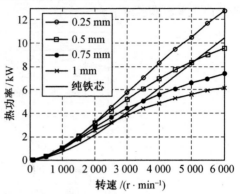

图 5.20　铜套结构示意图　　　　图 5.21　不同铜套厚度时的热功率比较

铜套的厚度越薄,热功率就会越大,且转速越高这种趋势越发明显。这是因为铜套的厚度越大,相当于气隙长度越大,这样换能器的磁通会下降,造成热功率下降。低速时,铁芯的透入深度足够磁通穿过铜套,而到了高速区,随着铁芯透入深度的减小,造成了饱和,一部分磁通已经无法通过铁芯而只能通过铜套闭合,这样加大了外磁路的切向磁阻,使得磁通进一步下降,而铜套越厚,此时外磁路的切向磁阻就会越大,从而热功率越低。

5.4.4　不同定子结构样机的热功率比较

为了验证换能器理论分析与有限元仿真结论,本节对开口槽和闭口槽的机电热换能器热功率进行了测试(具体测试方法详见第 8 章)。样机材料均一样,定转子铁芯材料为 20 号钢,铜条材料为紫铜 Cu62,永磁材料为钕铁硼 N33UH,结构参数见表 5.4。计算和测试时各部件温度均为 10 ℃。

表 5.4　换能器样机参数

参　数	开口槽	闭口槽
定子外径/mm	70	70
定子内径/mm	58	58
铜条数量	12	12
铜条直径/mm	3	3
槽宽/mm	3	—
槽高/mm	3	—
气隙长度/mm	0.3	0.3
极对数	9	9
永磁体充磁方向长度/mm	4	4
永磁体宽度/mm	10	10
轴向长度/mm	55	55

图 5.22 和 5.23 所示为闭口槽和开口槽样机热功率测试值和计算值的比较。低速时测试值与计算值较为吻合,高速时测试值低于计算值,这与高速时加速时间长、引起换能

器各部件发热导致热功率下降有关。图 5.24 比较了开口槽和闭口槽两种结构的热功率测试值,与前面仿真和理论分析的结果趋势一致,低速时开口槽的热功率要大于闭口槽的,高速时相反,这验证了前面分析的正确性。

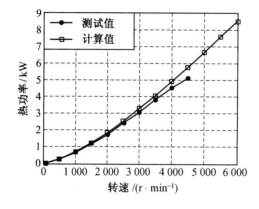
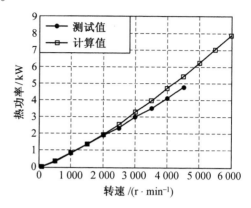

图 5.22　闭口槽样机热功率测试值与计算值比较　　图 5.23　开口槽样机热功率测试值与计算值比较

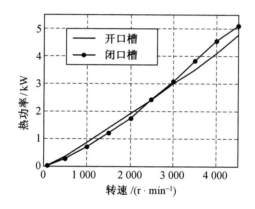

图 5.24　闭口槽与开口槽样机热功率测试值比较

5.5　换能器热功率分布规律

换能器热功率在定子侧主要是铁芯中的涡流热功率和笼型铜条中的短路电流热功率(或铜套中的涡流热功率)。简单来说,主要是定子侧铜和铁中的热功率,研究这两种热功率的比例能同时进一步给出提高热功率密度的方法,能揭示换能器定子侧热功率分布规律。转子和永磁体上的热功率虽然比定子侧的小,但永磁材料的温度对换能器热功率的影响较大,而转子和永磁体上的热功率会直接使永磁材料温度发生变化,因此有必要对其进行研究。

5.5.1　定子侧铜和铁中热功率的比例

图 5.25 比较了各转速下闭口槽、开口槽、半开口槽、铜套结构的换能器中,定子侧的铜和铁中热功率所占的比例。其中各结构的外形尺寸与转子参数表 5.1 中的一致,铜条

数均为12,直径为3 mm,铜套结构中铜套厚度为0.25 mm;开口槽结构中的槽高和槽深均为3 mm,半开口槽结构中槽高和槽深均为1 mm。从图中可以看出,闭口槽、开口槽和半开口槽结构中定子侧的铜和铁热功率比例随转速的变化规律类似,在低转速时,铜条电流热功率百分比较高,而随着转速的升高,定子涡流热功率所占的百分比迅速上升,原因如前文分析所述:随着转速的提高,磁通在定子中的透入深度不断降低,因此与导条交链磁通不断减少,造成铜条中的热功率比例下降,铁芯中的热功率比例升高。铜套结构中铜中热功率的比例始终高于铁芯中的,随着转速的上升,铜中热功率的比例缓慢上升,铁芯中的热功率缓慢下降。

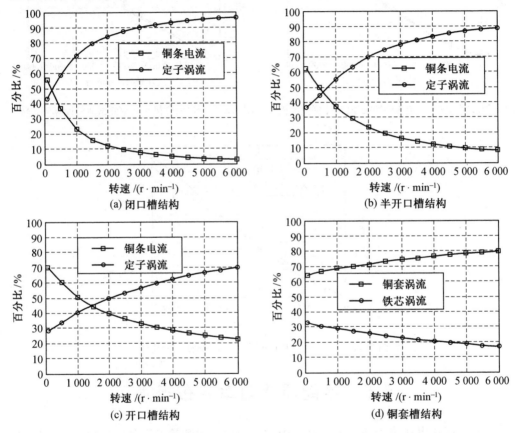

图5.25　各结构换能器定子侧铜和铁中热功率所占比例随转速变化曲线

5.5.2　定子铁芯中热功率的分布

为了进一步得到定子铁芯中涡流热功率的分布情况,以闭口槽结构的换能器为例,将定子由外向内均匀分为六个圆环区域,每个圆环厚1 mm。将圆环由定子外圆向内圆方向依次编为1到6号,如图5.26所示。各转速下定子各区域涡流热功率占定子涡流热功率的百分比如图5.27所示。

从图5.27中可以看出,定子涡流热功率集中在定子内圆,且随着转速的增加,这种现象越发明显。这也是由于透入深度随着转速的升高而降低造成的。

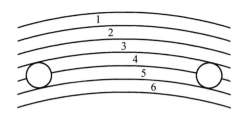

图 5.26　定子区域分层示意图

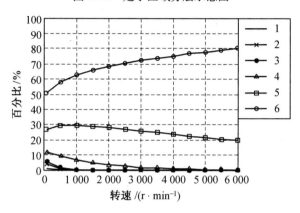

图 5.27　定子各层热功率占定子总热功率的百分比

5.5.3　转子和永磁体中的热功率

定转子齿槽效应和定子侧铜条内产生的二次电流都会在气隙中产生谐波,这些谐波会在转子铁芯(不包含永磁体)和永磁体上感应出谐波电势,从而产生一定的涡流热功率。图 5.28 和图 5.29 所示为不同结构下,换能器转子铁芯和永磁体上的热功率随转速的变化情况。

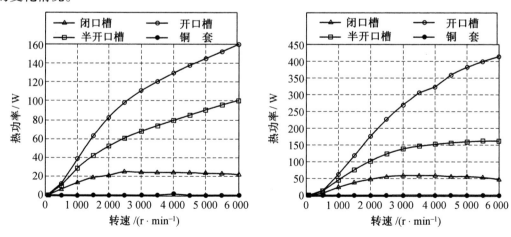

图 5.28　不同结构的转子铁芯热功率比较　　图 5.29　不同结构的永磁体热功率比较

同一转速下,开口槽结构中转子铁芯和永磁体上的热功率最大,半开口槽次之,闭口槽较小,而铜套结构中几乎为 0。转子铁芯和永磁体上的涡流主要由谐波磁通感生,谐波磁通来源于定转子的齿槽效应和定子侧短路铜条中的二次感应电流。铜套结构中没有这两类因素,因此其转子和永磁体热功率极低。闭口槽结构中只有二次感应电流产生的谐波磁通,因此闭口槽中的这两类热功率较低,而开槽结构中兼有这两类因素,其转子铁芯和永磁体热功率较大。转子铁芯和永磁体热功率在低转速时增长得较快,随着转速的增加,热功率增加越来越缓慢。在闭口槽结构中,到了高速区,转子铁芯和永磁体热功率随着转速的增加几乎不变。这是因为闭口槽结构高转速时,受透入深度不断降低的影响,磁通与铜条交链得越来越少,铜条中的电流不再增加,相应其产生的谐波磁通也不再增加,造成转子铁芯和永磁体的热功率也趋于饱和。

图 5.30 和图 5.31 所示为开口槽结构中,槽宽为 3 ~ 6 mm 和槽深为 3 ~ 5 mm 时,转子铁芯和永磁体热功率的变化规律。

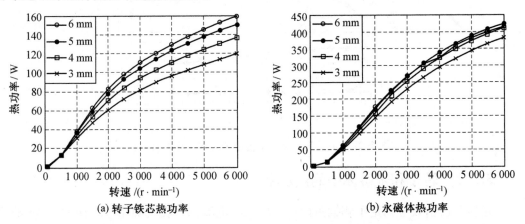

图 5.30　开口槽结构不同槽宽时热功率随转速变化情况

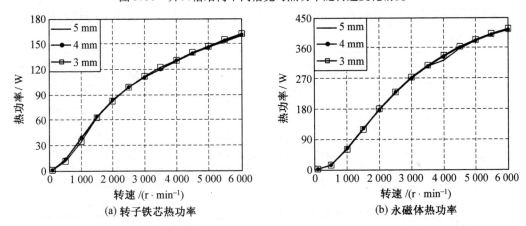

图 5.31　开口槽结构不同槽深时热功率随转速变化情况

随着槽的变宽,开口槽结构中的转子铁芯和永磁体热功率都有所上升,槽越宽,齿槽效应引起的谐波就会越大,从而转子铁芯和永磁体的热功率也会越大。而开口槽结构中转子铁芯和永磁体热功率随槽深几乎没有变化,因为这种结构中槽深的变化并不影响齿槽效应。

图 5.32 和图 5.33 所示为半开口槽结构中,槽宽为 0.25 ~ 1 mm 和槽深为 0.5 ~

1.5 mm 时,转子铁芯和永磁体热功率的变化规律。槽越宽、越深,转子和永磁体热功率就会越大。前者的变化规律和原因都与开口槽结构一样。对于半开口槽结构,当槽比较浅时,即铜条越接近气隙时,由于铜也是非导磁材料,这相当于在一定程度上增加了槽宽,加大了齿槽效应,从而引起转子铁芯和永磁体热功率的增加。

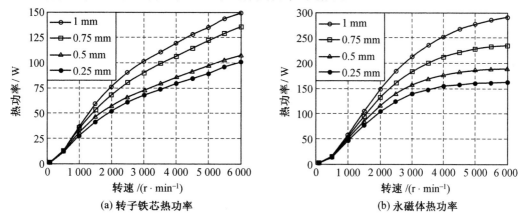

图 5.32　半开口槽结构不同槽宽时热功率随转速变化情况

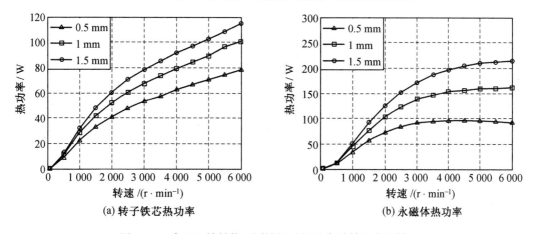

图 5.33　半开口槽结构不同槽深时热功率随转速变化情况

5.6　无槽机电热换能器电磁计算程序和算例

序号	名　称	公　式	单位	算例
一	额定数据和技术要求			
1	额定功率	P_N	kW	1
2	额定频率	f	Hz	175
3	极对数	p		7
4	额定转速	n_N	r/min	1 500
5	额定转矩	$T_N = -\dfrac{9.549 P_N \times 10^3}{n_N}$	N·m	−6.366

续表

序号	名　称	公　式	单位	算例
二	主要尺寸			
6	定子外径	D_{so}	mm	70
7	定子内径	D_{si}	mm	58
8	气隙长度	δ	mm	0.3
9	转子外径	$D_{ro} = D_{si} - 2\delta$	mm	57.4
10	定转子铁芯长	L_1 / L_2	mm	55/55
11	电枢计算长度	当定转子铁芯长度相等时 $L_{ef} = L_a + 2\delta$ 当定转子铁芯长度不等时 $L_{ef} = L_a + 3\delta$ 当 $(L_1 - L_2)/2\delta \approx 8$ $L_{ef} = L_a + 4\delta$ 当 $(L_1 - L_2)/2\delta \approx 14$ 式中:L_a 为 L_1 和 L_2 中较小者	mm mm mm mm	55.6
12	极距	$\tau = \dfrac{\pi D_{si}}{2p}$	mm	13.02
13	定转子铁芯材料			45#钢
14	定子铁芯质量	$m_{sfe} = \dfrac{1}{4}\rho_{fe}L_1\pi(D_{so}^2 - D_{si}^2)$ 式中:ρ_{fe} 为铁芯密度	kg g/cm³	0.517 7.8
15	转子磁路结构形式			内置径向
16	转子轴孔直径	D_{ri}	mm	7
17	衬套厚度	h_h	mm	1.5
18	定子铁芯电导率	σ_{Fe}	S/m	4.0×10^6
三	永磁体计算			
19	永磁体牌号			N35SH
20	计算剩磁密度	$B_r = \left[1 + (t-20)\dfrac{\alpha_{Br}}{100}\right]\left(1 - \dfrac{IL}{100}\right)B_{r20}$ 式中:B_{r20} 为 20 ℃时的剩磁密度;α_{Br} 为 B_r 的可逆温度系数;IL 为 B_r 的不可逆损失率;t 为预计工作温度	T T %K⁻¹ % ℃	1.09 1.17 −0.12 0 75
21	计算矫顽力	$H_c = \left[1 + (t-20)\dfrac{\alpha_{Br}}{100}\right]\left(1 - \dfrac{IL}{100}\right)H_{c20}$ 式中:H_{c20} 为 20 ℃时的计算矫顽力	kA/m	817.25 875
22	相对回复磁导率	$\mu_r = \dfrac{B_r}{\mu_0 H_c \times 10^3}$ 式中:$\mu_0 = 4\pi \times 10^{-7}$	H/m	1.064
23	磁化方向长度	h_M	mm	3

续表

序号	名　称	公　式	单位	算例
24	永磁体宽度	b_M	mm	10
25	永磁体轴向长度	L_M	mm	57
26	永磁体每极磁通的截面积	$A_m = 2 b_M L_M$	mm^2	1.14×10^3
27	永磁体总质量	$m_m = 2 p b_M h_M L_M \rho_m \times 10^{-3}$ 式中：ρ_m 为永磁体密度	kg g/cm^3	0.17 7.5
四	磁路计算			
28	极弧系数	$\alpha_p = \dfrac{b}{\tau}$ 式中：b 为电机极靴弧长 $b = \dfrac{\pi D_{r0}}{2\rho} - h_M$	mm	0.769
29	计算极弧系数	$\alpha_i = \dfrac{b + 2\delta}{\tau}$	mm	0.816
30	预估永磁体空载工作点	b'_{m0}		0.7
31	预估空载漏磁系数	σ'_0		1.1
32	预估空载磁通	$\Phi'_{\delta 0} = b'_{m0} B_r \dfrac{A_m}{\sigma'_0}$	Wb	7.91×10^{-4}
33	气隙电动势	$E = 2.22 \cdot \Phi'_{\delta 0} \cdot f$	V	0.31
34	定子铁芯磁导率	μ_{fe}	H/m	7.8×10^{-4}
35	定子透入深度	$d = \sqrt{\dfrac{240}{\pi p n_N \sigma_{fe} \mu_{fe}}} \times 10^3$	mm	1.53
36	每极定子等效电阻	$R_{sp} = \dfrac{2 p L_{ef}}{\pi D_{si} \sigma_{fe} d} \times 10^3$	Ω	6.98×10^{-4}
37	考虑饱和效应时电阻修正系数	K_{rs}		1.12
38	考虑涡流效应时电阻修正系数	K_{re}		0.85
39	考虑磁滞效应时电阻修正系数	K_{rh}		1.1
40	考虑端部效应时电阻修正系数	$K_l = 1 + \dfrac{D_{si}}{L_{ef}} \sin \dfrac{\pi}{2p}$		1.232
41	修正后定子等效电阻	$R'_{sp} = R_{sp} \cdot K_{rs} \cdot K_{re} \cdot K_{rh} \cdot K_l$	Ω	9.34×10^{-4}
42	每极定子等效电抗	$X_{sp} = \dfrac{2 p L_{ef}}{\pi D_{si} \sigma_{fe} d} \times 10^3$	Ω	6.98×10^{-4}
43	考虑饱和效应时电抗修正系数	K_{xs}		0.90
44	考虑涡流效应时电抗修正系数	K_{xe}		0.90
45	考虑磁滞效应时电抗修正系数	K_{xh}		0.89
46	考虑端部效应时电抗修正系数	$K_l = 1 + \dfrac{D_{si}}{L_{ef}} \sin \dfrac{\pi}{2p}$		1.232
47	修正后定子等效电抗	$X'_{sp} = X_{sp} \cdot K_{xs} \cdot K_{xe} \cdot K_{xh} \cdot K_l$	Ω	6.19×10^{-4}

续表

序号	名 称	公 式	单位	算例
48	定子等效阻抗角	$\varphi_2 = \arctan \dfrac{X'_{sp}}{R'_{sp}}$		33.6
49	定子电流有效值	$I_m = \dfrac{E}{\sqrt{R'^2_{sp} + X'^2_{sp}}}$	A	277
50	定子等效直轴电流	$I_d = I_m \cdot \sin \varphi_2$	A	153.3
51	定子等效交轴电流	$I_q = I_m \cdot \cos \varphi_2$	A	230.7
52	气隙磁密	$B_\delta = \dfrac{\Phi'_{\delta0}}{\alpha_i \cdot \tau \cdot L_{ef}} \times 10^6$	T	1.34
53	气隙磁位差	$F_\delta = \dfrac{2B_\delta \delta}{\mu_0} \times 10^{-3}$	A	640
54	定子轭厚度	$h_j = \dfrac{D_{so} - D_{si}}{2}$	mm	6
55	定子轭磁密	$B_j = \dfrac{\Phi'_{\delta0}}{2 \cdot L_1 \cdot h_j} \times 10^6$	T	1.20
56	定子轭磁场强度	$H_j = \dfrac{B_j}{\mu_{fe}}$	A/m	1 538
57	计算定子轭磁路长度	$L_j = \dfrac{\pi(D_{so} - h_j)}{4p}$	mm	7.181
58	定子轭磁位差	$F_j = 2C_1 H_j L_j \times 10^{-3}$ 式中：C_1 为定子轭部校正系数,查电 机手册,本例 C_1 取 0.7	A	15.46
59	极靴磁路长度	$L_p = b_M + 1.5$	mm	11.5
60	极靴磁密	$B_p = \dfrac{\sigma'_0 \cdot \Phi'_{\delta0}}{2 \cdot \alpha_p \cdot \tau \cdot L_2} \times 10^6$	T	0.79
61	极靴磁场强度	$H_p = \dfrac{B_p}{\mu_{fe}}$	A/m	1 013
62	极靴磁位差	$F_p = 2H_p L_p \times 10^{-3}$	A	23.3
63	总磁位差	$\sum F = F_\delta + F_j + F_p$	A	678.7
64	主磁导	$\Lambda_\delta = \dfrac{\Phi'_{\delta0}}{\sum F}$	H	1.17×10^{-6}
65	主磁导标幺值	$\lambda_\delta = \Lambda_\delta \cdot \dfrac{h_M}{\mu_r \cdot \mu_0 \cdot A_m} \times 10^3$		2.30
66	漏磁导标幺值	$\lambda_\sigma = (\sigma'_0 - 1) \cdot \lambda_\delta$		0.23
67	外磁路标幺值	$\lambda_n = \lambda_\delta + \lambda_\sigma$		2.53
68	空载工作点	$b_{m0} = \dfrac{\lambda_n}{1 + \lambda_n}$ $h_{m0} = \dfrac{1}{1 + \lambda_n}$		0.717 0.283

续表

序号	名　称	公　式	单位	算例
69	空载漏磁系数	$\sigma_0 = \dfrac{b_{m0}}{b_{m0} - h_{m0} \cdot \lambda_\sigma}$		1.1
70	空载气隙磁通	$\Phi_{\delta0} = (b_{m0} - h_{m0} \cdot \lambda_\sigma) \cdot B_r \cdot A_m \times 10^{-6}$	Wb	7.87×10^{-4}
		$\left\| \dfrac{\Phi_{\delta0} - \Phi'_{\delta0}}{\Phi_{\delta0}} \right\| \times 100\%$		0.5%
		$B_{\delta0} = \dfrac{\Phi_{\delta0}}{\alpha_p \cdot \tau \cdot L_{ef}} \times 10^6$		1.33
71	直轴反应磁动势	$F_{ad} = 0.45 I_d$	A	69.0
72	直轴反应磁动势标幺值	$f_{ad} = \dfrac{2 \cdot F_{ad}}{H_c \cdot h_M}$		0.056
73	永磁体负载工作点	$b_{mN} = \dfrac{\lambda_n \cdot \left(1 - \dfrac{f_{ad}}{\sigma_0}\right)}{1 + \lambda_n}$		0.68
		$h_{mN} = \dfrac{\lambda_n \cdot f_{ad} + 1}{1 + \lambda_n}$		0.323
74	额定负载气隙磁通	$\Phi_{\delta N} = (b_{mN} - h_{mN} \cdot \lambda_\sigma) \cdot B_r \cdot A_m \times 10^{-6}$	Wb	7.53×10^{-4}
75	负载气隙磁密	$B_{\delta N} = \dfrac{\Phi_{\delta N}}{\alpha_i \cdot \tau \cdot L_{ef}} \times 10^6$	T	1.27
76	定子热功率	$P_z = 2p E I_m \cos \varphi_2$	W	1 001

5.7　本章小结

　　本章定义了定子热功率透入深度的概念,它是换能器电磁设计的重要物理参数。通过计算透入深度可以初步确定换能器定子铜铁材料比例和分布、定子铁芯的厚度。本章给出了定子热功率的实用解析表达式,分析了极对数、气隙长度、材料等结构参数与热功率的关系,分析了开口槽、闭口槽、铜套结构中结构参数对换能器热功率的影响规律,给出了换能器热功率在各部件中的分布规律,这些为换能器的电磁设计提供了完整的依据和参照。本章最后给出了换热器热功率的设计流程和场路结合的实用计算程序,可以此进行换能器的电磁设计。

第6章　机电热换能器的热系统分析

6.1　引　　言

对传统电机来说,运行过程中产生的损耗将转化为热能并使装置各部分的温度升高。进行发热计算的目的一般是核算装置发热部件稳定运行时的温升是否超过允许极限值,这对电机的设计制造,以及由过热引起的故障检测与诊断都十分必要。

机电热换能器基于旋转电机损耗发热的机理,将输入的能量全部转化为可利用的热能,因此建立换能器的热系统模型,计算并分析其内部温升至关重要也十分必要。一方面,由前面各章分析可知换能器的性能与其温升有较大关系,尤其对于采用钕铁硼永磁材料的换能器,必须校核其正常工作时的转子温升以确保永磁体的可靠性;另一方面,计算内部温度分布直接关系到能否将产生的热能有效传递给传热媒质,为换能器水循环系统的设计提供依据。

电磁装置发热的数值计算方法有热路法、热网络法、有限元法和边界元法等。本章针对机电热换能器的不同换热结构,用不同的方法对其进行解析,并分析换能器结构参数对换热的影响。

6.2　空气隙机电热换能器的热系统分析

空气隙机电热换能器的换热结构与传统电机有类似之处,可以考虑用传统电机中常用的热路或热网络法进行分析。

通常,集中参数热网络模型的节点取决于结构的复杂性及计算精度,而节点反映关键部件的温升。根据前面章节对换能器电磁场的分析可知,换能器的热源主要分布于定子内层、定子鼠笼和定子齿部。转子上永磁体及转子铁芯的热功率虽然较小,但决定了转子与永磁体的温升,也需加以考虑。

6.2.1　集中参数热网络模型

1. 热网络模型

如图6.1所示建立空气隙机电热换能器的等效热网络模型。其中温度节点分别为:轴承温度节点(T_1),永磁体温度节点(T_2),定子内表面温度节点(T_3),导条温度节点(T_4),齿部温度节点(T_5),轭部温度节点(T_6),铜管及铁芯水路温度参考节点(T_0)。而节点间的热阻为:轴承与永磁体间热阻(R_1),永磁体与定子表面层间热阻(R_2),定子表面层与导条间热阻(R_3),定子表面层与定子齿间热阻(R_4),定子表面层与齿部水路间热阻

(R_5),导条与轭间热阻(R_6),定子齿部与轭部间热阻(R_7),定子齿部水路与轭部间热阻(R_8),定子齿部与导条间热阻(R_9),定子齿部与定子齿部水路间热阻(R_{10}),定子轭部与轭外水路间热阻(R_{11}),导条端部与外水路间热阻(R_{12}),定子表面与外水路间热阻(R_{13}),轴承与外水路间热阻(R_{14})。热源为:轴承磨损热功率(P_1),转子热功率(P_2),定子内表面层热功率(P_3),导条热功率(P_4),齿部热功率(P_5),轭部热功率(P_6)等。

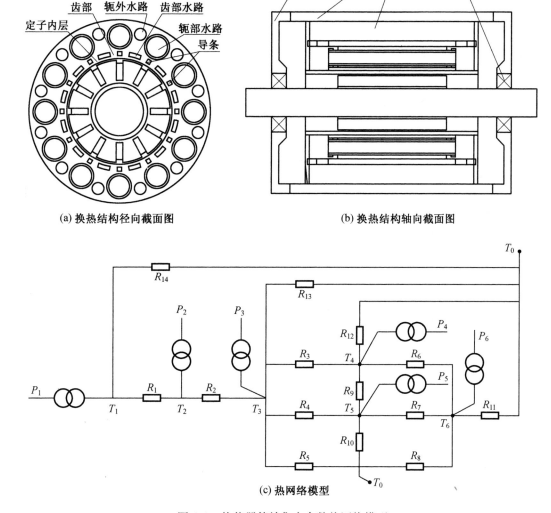

(a)换热结构径向截面图　　　　　　　　(b)换热结构轴向截面图

(c)热网络模型

图6.1　换能器等效集中参数热网络模型

2.热网络模型中单元参数的计算

（1）轴承热阻

球轴承内主要是通过滚珠与内圈和外圈接触来完成热传递。如果忽略密封圈与油脂的热导率,其热阻由轴承的物理尺寸及旋转速度决定。内部由于摩擦产生的损耗假定出现在滚珠上,一个轴承的热阻可以表示为

$$R_b = k_1(0.12 - k_2 D_b)(33 - k_3 \Omega_m D_b) \tag{6.1}$$

式中　k_1，k_2，k_3——经验常数，$k_1 = 0.45$ K/W，$k_2 = 1$ m^{-1}，$k_3 = 1$ s/m；

　　　D_b——轴承的平均直径；

　　　Ω_m——机械角频率。

（2）轴热阻

假定轴上温度分布均匀，沿轴向方向热阻为

$$R_{sh} = \frac{2l_b}{\pi D_{sh}^2 k_{sh}} \tag{6.2}$$

式中　l_b——轴承间距离；

　　　D_{sh}——轴直径；

　　　k_{sh}——轴热导率。

（3）转子热阻

假定永磁体产生的热功率及转子铁芯产生的热功率在永磁体节点上，轴向热阻忽略不计，隔磁套热阻可表示为

$$R_{rn} = \frac{\ln\left(\dfrac{r_{no}}{r_{ni}}\right)}{2\pi l_r k_{rn}} \tag{6.3}$$

式中　r_{no}——隔磁套外径；

　　　r_{ni}——隔磁套内径；

　　　l_r——转子轴向长度；

　　　k_{rn}——隔磁套热导率。

转子铁芯与永磁体热阻可以表示为

$$R_{rotor} = \frac{\ln\left(\dfrac{r_o}{r_i}\right)}{2p2\pi l_r\left[\theta_m k_{pm} + (1-\theta_m)k_{fe}\right]} \tag{6.4}$$

式中　θ_m——永磁体占整个转子的比例；

　　　r_o——转子外径；

　　　r_i——转子内径；

　　　k_{pm}——永磁体热导率；

　　　k_{fe}——铁芯热导率。

隔磁套与轴、转子间的接触热阻可以表示为

$$R_{contact} = \frac{\delta_{ni}}{A_{ni}k_{air}} + \frac{\delta_{no}}{A_{no}k_{air}} \tag{6.5}$$

式中　A_{ni}——隔磁套内表面面积；

　　　A_{no}——隔磁套外表面面积；

　　　k_{air}——空气热导率；

　　　δ_{ni}——隔磁套与轴间接触热阻等效气隙长度；

　　　δ_{no}——隔磁套与转子间接触热阻等效气隙长度。

因此，轴承与永磁体间热阻 R_1 可以表示为

$$R_1 = \frac{1}{2}R_{\text{rotor}} + R_{\text{contact}} + R_{\text{rn}} + \frac{1}{2}R_{\text{sh}} + \frac{1}{4}R_{\text{b}} \tag{6.6}$$

（4）气隙热阻

在气隙中以传导、对流及辐射方式进行热传递,热流中辐射所占的比例较小,简化计算中可以忽略。G. I. Taylor(泰勒)在研究两个同心相对旋转圆柱体的热传递时,得出当气隙的雷诺数 Re_{air} 小于一临界值 Re_1 时,气隙中是层流状态而且热传递完全是传导,当气隙的雷诺数 Re_{air} 大于另一更高的临界值 Re_2 时,气隙中变成湍流状态,而处于两个临界值中间时是层流和湍流的混合状态。

气隙的雷诺数可以表示为

$$Re_{\text{air}} = \frac{\delta_{\text{air}}\omega_{\text{r}}r_{\text{o}}}{\nu_{\text{air}}} \tag{6.7}$$

气隙雷诺数不同时,努塞尔数可以表示为

$$\begin{cases} Nu = 2 & (Re_{\text{air}} < Re_1) \\ Nu = 0.212 \times (T_{\text{a}})^{0.63} \times (Pr)^{0.27} & (Re_1 \leqslant Re_{\text{air}} < Re_2) \\ Nu = 0.386 \times (T_{\text{a}})^{0.5} \times (Pr)^{0.27} & (Re_{\text{air}} \geqslant Re_2) \end{cases} \tag{6.8}$$

式中　Re_1——层流临界雷诺数,$Re_1 = 41 \times \sqrt{r_{\text{o}}/\delta_{\text{air}}}$；

　　　Re_2——湍流临界雷诺数,$Re_2 = 100 \times \sqrt{r_{\text{o}}/\delta_{\text{air}}}$；

　　　δ_{air}——气隙长度；

　　　ω_{r}——转子角速度；

　　　ν_{air}——空气运动黏度；

　　　T_{a}——气隙泰勒数,$T_{\text{a}} = Re_{\text{air}} \times (\delta_{\text{air}}/r_{\text{o}})^{0.5}$；

　　　Pr——气隙普朗特数,$Pr = c_{\text{p}}\mu/k_{\text{air}}$。

因此,气隙热阻可以表示为

$$R_{\text{air}} = \frac{1}{h_{\text{air}}A_{\text{air}}} \tag{6.9}$$

式中　A_{air}——转子外表面面积；

　　　h_{air}——气隙换热系数,$h_{\text{air}} = Nu \cdot k_{\text{air}}/(2\delta_{\text{air}})$。

（5）定子热阻

由于定子上存在铁芯、笼型导条产生的热源及复杂的水路,因此将定子分成三个部分来计算其热阻:从定子内表面到笼型导条处是第一个部分,其热功率比较大;导条及导条周围的齿部水路为第二个部分;导条以上到定子外表面为第三个部分。

① 定子内表面层。定子内表面层是一同心环状,其径向热阻可以表示为

$$R_{\text{sl}} = \frac{\ln\left(\dfrac{r_{\text{si}} + h_{\text{sl}}}{r_{\text{si}}}\right)}{2\pi l_{\text{s}}k_{\text{s}}} \tag{6.10}$$

式中　r_{si}——定子内径；

　　　h_{sl}——定子内表面层高；

　　　l_{s}——定子铁芯长；

k_s——定子铁芯热导率。

则永磁体与定子表面层间热阻 R_2 可以表示为

$$R_2 = \frac{1}{2}R_{rotor} + R_{air} + \frac{1}{2}R_{sl} \tag{6.11}$$

②导条及齿部热阻。假定导条温度分布均匀,热功率集中在导条节点处,则一根导条横向、纵向热阻可以分别表示为

$$\begin{cases} R_{barx} = \dfrac{W_{bar}}{H_{bar}l_s k_{bar}} \\ R_{bary} = \dfrac{H_{bar}}{W_{bar}l_s k_{bar}} \end{cases} \tag{6.12}$$

式中　H_{bar}——导条高度;

　　　W_{bar}——导条宽;

　　　k_{bar}——导条热导率。

齿高为 H_{th}、齿宽为 W_{th} 的一个齿横向及纵向热阻可以表示为

$$\begin{cases} R_{thx} = \dfrac{W_{th}}{H_{th}l_s k_{fe}} \\ R_{thy} = \dfrac{H_{th}}{W_{th}l_s k_{fe}} \end{cases} \tag{6.13}$$

定子表面层与导条间热阻 R_3、定子表面层与定子齿间热阻 R_4、定子齿部与导条间热阻 R_9 可以分别表示为

$$R_3 = \frac{1}{2}R_{sl} + \frac{\frac{1}{2}R_{bary} + R_{sy}}{Q_s} \tag{6.14}$$

$$R_4 = \frac{1}{2}R_{sl} + \frac{1}{2}\frac{R_{thy}}{Q_t} \tag{6.15}$$

$$R_9 = \frac{1}{2}\frac{R_{barx}}{Q_s} + \frac{\frac{1}{2}R_{thx} + R_{sx}}{Q_t} \tag{6.16}$$

③ 齿部水路。齿部水路中,水流过时与周围部件既存在传导换热又存在对流换热,其换热系数受水路中水流动的方式影响很大,水的流动状态由其雷诺数决定。雷诺数计算式为

$$Re_{lp} = \frac{D_h v_w}{\nu_{water}} \tag{6.17}$$

式中　D_h——水路水力直径,$D_h = 4A_c/C_c$;

　　　A_c——水路截面积;

　　　C_c——截面周长;

　　　v_w——水路中水流速;

　　　ν_{water}——水运动黏度。

当雷诺数小于 2 300 时为层流状态,方管水路的努塞尔数可以表示为

$$Nu = 7.49 - 17.02 \times \left(\frac{H_{lp}}{W_{lp}}\right) + 22.43 \times \left(\frac{H_{lp}}{W_{lp}}\right)^2 - 9.94 \times \left(\frac{H_{lp}}{W_{lp}}\right)^3 + \frac{0.065 \times \left(\frac{D_h}{l_s}\right) Re_{lp} Pr_{lp}}{1 + 0.04 \times \left[\left(\frac{D_h}{l_s}\right) Re_{lp} Pr_{lp}\right]^{\frac{2}{3}}}$$

$$(6.18)$$

式中　H_{lp}——齿部水路高;

　　　W_{lp}——齿部水路宽;

　　　Pr_{lp}——水路普朗特数。

而当雷诺数大于 2 300 时为湍流,其努塞尔数可以表示为

$$Nu = \frac{0.125 \cdot f \times (Re_{lp} - 1\,000) \times Pr_{lp}}{1 + 12.7 \times (0.125 \cdot f)^{0.5} \times (Pr_{lp}^{\frac{2}{3}} - 1)} \tag{6.19}$$

式中　f——孔壁摩擦因数,$f = [1.82 \times \ln(Re_{lp}) - 1.64]^{-2}$。

齿部水路的热传递系数可以通过下式计算,即

$$h_{lp} = \frac{Nu \cdot k_{water}}{D_h} \tag{6.20}$$

因此,定子表面层与齿部水路间热阻 R_5、定子齿部与定子齿部水路间热阻 R_{10} 可以分别表示为

$$R_5 = \frac{1}{2} R_{sl} + \frac{1}{h_{lp} W_{lp} l_s Q_1} \tag{6.21}$$

$$R_{10} = \frac{1}{2} \frac{R_{thx}}{Q_t} + \frac{1}{2 h_{lp} H_{lp} l_s Q_1} \tag{6.22}$$

导条与轭间热阻 R_6、定子齿部与轭部间热阻 R_7、定子齿部水路与轭部间热阻 R_8 可以分别表示为

$$R_6 = \frac{1}{2Q_s} R_{bary} + \frac{R_{sy}}{Q_s} \tag{6.23}$$

$$R_7 = \frac{1}{2} \frac{R_{thy}}{Q_t} \tag{6.24}$$

$$R_8 = \frac{1}{h_{lp} W_{lp} l_s Q_1} \tag{6.25}$$

④ 轭部水路。轭部水路与齿部水路相似,与周围部件既存在传导换热又存在对流换热,其雷诺数可以用式(6.17)计算,当雷诺数小于 2 300 时为层流状态,为圆管时其努塞尔数可以表示为

$$Nu_e = 3.66 + \frac{0.065 \times \left(\frac{D_{he}}{l_s}\right) Re_{lpe} Pr_{lpe}}{1 + 0.04 \times \left[\left(\frac{D_{he}}{l_s}\right) Re_{lpe} Pr_{lpe}\right]^{\frac{2}{3}}} \tag{6.26}$$

式中　D_{he}——圆管水力半径;

　　　Re_{lpe}——轭部水路雷诺数;

Pr_{lpe}——轭部水路普朗特数。

当雷诺数大于 2 300 时为湍流,其努塞尔数可以用式(6.19)计算,因此轭部水路的热传递系数为

$$h_{\mathrm{lpe}} = \frac{Nu_{\mathrm{e}} \cdot k_{\mathrm{water}}}{D_{\mathrm{h}}} \tag{6.27}$$

因此,定子轭部与轭外水路间热阻为

$$R_{11} = \frac{1}{h_{\mathrm{lpe1}} A_{\mathrm{le1}} Q_{\mathrm{le1}} + h_{\mathrm{lpe2}} A_{\mathrm{le2}} Q_{\mathrm{le2}}} \tag{6.28}$$

式中　h_{lpe1}——轭部水路 1 换热系数;
　　　h_{lpe2}——轭部水路 2 换热系数;
　　　A_{le1}——轭部水路 1 截面积;
　　　A_{le2}——轭部水路 2 截面积;
　　　Q_{le1}——轭部水路 1 并联数;
　　　Q_{le2}——轭部水路 2 并联数。

导条端部与外水路间热阻 R_{12}、定子表面与外水路间热阻 R_{13}、轴承与外水路间热阻 R_{14} 可以分别表示为

$$R_{12} = \frac{R_{\mathrm{barz}}}{2Q_{\mathrm{s}}} + R_{\mathrm{sc}} \tag{6.29}$$

$$R_{13} = \frac{1}{2} R_{\mathrm{slz}} + \frac{1}{2} R_{\mathrm{sls}} \tag{6.30}$$

$$R_{14} = \frac{1}{4} R_{\mathrm{b}} + \frac{1}{2} R_{\mathrm{cap}} + \frac{1}{2} R_{\mathrm{frame}} \tag{6.31}$$

式中　R_{barz}——导条轴向热阻;
　　　R_{sc}——短路环轴向热阻;
　　　R_{slz}——定子表面层轴向热阻;
　　　R_{sls}——端部密封圈径向热阻;
　　　R_{cap}——端盖热阻;
　　　R_{frame}——机壳热阻。

6.2.2　稳态热分析

1.稳态温升计算

含有 $n+1$ 个节点的热网络模型可以由 n 个耦合的方程表示。节点相对参考温度(冷却水温度为参考温度)的温升可以表示为

$$T = G^{-1}P \tag{6.32}$$

其中　T——各个节点的温升向量

$$T = \begin{bmatrix} T_1 \\ T_2 \\ \vdots \\ T_n \end{bmatrix} \tag{6.33}$$

　　　P——热功率向量,包含各个节点的热功率

$$P = \begin{bmatrix} P_1 \\ P_2 \\ \vdots \\ P_n \end{bmatrix} \tag{6.34}$$

由前面章节的介绍可以知道,换能器各部分的热功率,如转子热功率、定子内表面层热功率、导条热功率、齿部热功率、轭部热功率等都随着温度变化而改变,因而不能将其看作传统电机温升计算时各个节点损耗不变的情况,这就需要电磁场的计算与等效的集中参数热网络模型联合求解。但这一方法在实际运算时比较复杂,需要计算的工作量大。换能器各部分的热功率主要与其永磁体温度及其自身温度相关,即式(6.34)各个节点的热功率可以表示为温度的函数。因此为方便计算,可以先在一定温度范围内计算每部分热功率与温度变化的曲线,每个节点只需在不同的温度时查找相应曲线上所对应温度的热功率即可,即

$$P = \begin{bmatrix} P_1 \\ P_2(T_2) \\ \vdots \\ P_n(T_2, T_n) \end{bmatrix} \tag{6.35}$$

模型的各部分热阻值可按照 6.2.1 节的方法计算,形成热导矩阵

$$G = \begin{bmatrix} \sum_{i=1}^{n} \dfrac{1}{R_{1,i}} & -\dfrac{1}{R_{1,2}} & \cdots & -\dfrac{1}{R_{1,n}} \\ -\dfrac{1}{R_{2,1}} & \sum_{i=1}^{n} \dfrac{1}{R_{2,i}} & \cdots & -\dfrac{1}{R_{2,n}} \\ \vdots & \vdots & & \vdots \\ -\dfrac{1}{R_{n,1}} & -\dfrac{1}{R_{n,2}} & \cdots & \sum_{i=1}^{n} \dfrac{1}{R_{n,i}} \end{bmatrix} \tag{6.36}$$

将式(6.33)、(6.35)和式(6.36)应用于换能器的等效热网络模型,可以得到其等效的集中参数热网络方程为

$$\begin{cases} -\left(\dfrac{1}{R_{14}}+\dfrac{1}{R_1}\right)T_1 + \dfrac{1}{R_1}T_2 + P_1 = 0 \\[2mm] \dfrac{1}{R_1}T_1 - \left(\dfrac{1}{R_2}+\dfrac{1}{R_1}\right)T_2 + \dfrac{1}{R_2}T_3 + P_2(T_2) = 0 \\[2mm] \dfrac{1}{R_2}T_2 - \left(\dfrac{1}{R_2}+\dfrac{1}{R_{13}}+\dfrac{1}{R_3}+\dfrac{1}{R_4}+\dfrac{1}{R_5}\right)T_3 + \dfrac{1}{R_3}T_4 + \dfrac{1}{R_4}T_5 + P_3(T_3, T_2) = 0 \\[2mm] \dfrac{1}{R_3}T_3 - \left(\dfrac{1}{R_3}+\dfrac{1}{R_{12}}+\dfrac{1}{R_9}+\dfrac{1}{R_6}\right)T_4 + \dfrac{1}{R_9}T_5 + \dfrac{1}{R_6}T_6 + P_4(T_4, T_2) = 0 \\[2mm] \dfrac{1}{R_4}T_3 - \left(\dfrac{1}{R_4}+\dfrac{1}{R_7}+\dfrac{1}{R_9}+\dfrac{1}{R_{10}}\right)T_5 + \dfrac{1}{R_9}T_4 + \dfrac{1}{R_7}T_6 + P_5(T_5, T_2) = 0 \\[2mm] \dfrac{1}{R_6}T_4 + \dfrac{1}{R_7}T_5 - \left(\dfrac{1}{R_6}+\dfrac{1}{R_7}+\dfrac{1}{R_8}+\dfrac{1}{R_{11}}\right)T_6 + P_6(T_6, T_2) = 0 \end{cases} \tag{6.37}$$

表 6.1 给出了一台额定功率为 2.2 kW 的机电热换能器样机各部分热阻参数值,联

合迭代求解式(6.37)可以得到该样机额定工作时各节点的温升,如图6.2所示。其部分节点的测试温度见表6.2。

表 6.1　机电热换能器样机热阻参数

热　阻	实际值/$(K \cdot W^{-1})$
R_1	2.532 0
R_2	0.771 3
R_3	0.046 6
R_4	0.006 6
R_5	0.117 6
R_6	0.045 3
R_7	0.005 2
R_8	0.116 2
R_9	0.059 0
R_{10}	0.091 2
R_{11}	0.017 8
R_{12}	1.387 0
R_{13}	2.463 9
R_{14}	0.418 6

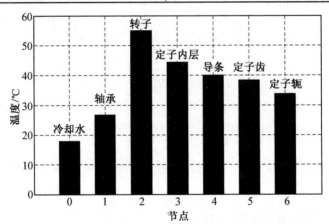

图 6.2　2.2 kW 机电热换能器样机额定运行时的计算温度

表 6.2　2.2 kW 机电热换能器额定运行时的温度计算值及测量值

节　点	测量值/℃	计算值/℃
冷却水	18	18
定子内表面层	50	45
定子齿部	46	40

2. 敏感性分析

敏感性分析是指在其他因素不变的情况下分析集中参数热网络模型中一个或者多个因素同时发生变化时,各部分温度受其影响的程度和敏感性程度。敏感性分析的目的在于:

①找出集中参数热网络模型中影响节点温升变化的敏感性因素,分析其变化的原因,为进一步的分析提供依据。

②研究因素变化引起的温度变化范围或其变化趋势,为关键部件如受温度限制的永磁体等采取保护措施。

③根据其判断热量流动方向,为热平衡设计提出合理方案。

（1）热阻对节点温度的影响

表6.3给出了集中参数热网络模型中的热阻值（$R_1 \sim R_{14}$）及其为原值的1/2、为原值的2倍时各节点的温升。

表6.3 热阻值为原值的1/2及为原值的2倍时各节点的温升

热阻变化	轴承(T_1) /℃	转子(T_2) /℃	定子内表面(T_3) /℃	导条(T_4) /℃	齿部(T_5) /℃	轭部(T_6) /℃
原值	8.9	37.2	26.5	22.1	20.4	15.7
1/2R_1	11.3	32.7	26.4	22.0	20.3	15.7
2R_1	7.0	40.7	26.6	22.2	20.4	15.8
1/2R_2	8.2	32.5	26.5	22.1	20.4	15.8
2R_2	9.9	44.1	26.5	22.1	20.3	15.7
1/2R_3	8.8	36.9	26.2	23.1	20.3	15.8
2R_3	8.9	37.4	26.8	21.2	20.4	15.7
1/2R_4	8.6	35.3	24.1	21.5	20.8	16.0
2R_4	9.3	40.4	30.6	23.2	19.6	15.3
1/2R_5	8.5	34.3	22.9	19.4	17.7	13.7
2R_5	9.1	39.0	28.8	23.8	22.0	17.0
1/2R_6	8.8	36.9	26.2	20.4	20.2	15.8
2R_6	8.9	37.4	26.8	23.7	20.5	15.7
1/2R_7	8.7	36.0	25.0	21.3	18.7	16.2
2R_7	9.1	39.1	28.9	23.4	23.1	14.9
1/2R_8	8.7	36.2	25.2	20.8	19.0	14.3
2R_8	8.9	37.8	27.3	22.9	21.1	16.6
1/2R_9	8.9	37.2	26.5	21.7	20.4	15.7
2R_9	8.9	37.2	26.5	22.4	20.3	15.7
1/2R_{10}	8.6	35.1	23.9	19.7	17.6	13.6
2R_{10}	9.1	38.5	28.2	23.7	22.1	17.1
1/2R_{11}	8.2	32.8	21.0	16.3	14.6	9.4
2R_{11}	9.6	42.7	33.4	29.4	27.7	23.7
1/2R_{12}	8.8	37.0	26.3	21.7	20.2	15.6
2R_{12}	8.9	37.3	26.6	22.3	20.5	15.8
1/2R_{13}	8.8	37.0	26.3	22.0	20.2	15.6
2R_{13}	8.9	37.3	26.6	22.4	20.4	15.8
1/2R_{14}	4.7	36.2	26.5	22.1	20.3	15.7
2R_{14}	15.9	38.9	26.6	22.0	20.2	15.6

从表6.3可以看出,由于整个系统中水路温度最低,而定子表面层与导条间热阻（R_3）,导条与轭间热阻（R_6）,定子齿部与轭部间热阻（R_7）,定子齿部与导条间热阻（R_9）,

导条端部与外水路间热阻(R_{12}),定子表面与外水路间热阻(R_{13}),这些热阻处于水路周围,因此它们之间热阻的变化对节点的温度变化影响较小。

下面主要讨论其余热阻对节点温度的影响。以表6.1中的热阻值为基值,图6.3分别给出了节点温度随比热阻R_1^*,R_2^*,R_4^*,R_5^*,R_8^*,R_{10}^*,R_{11}^*及R_{14}^*的变化关系曲线。其横坐标是比热阻值,其变化范围是0.5~2,表示热阻值从原热阻值的1/2变化到原热阻值的2倍。

从图6.3(a)可以看出,当轴承与永磁转子间热阻(R_1)增大时,永磁转子节点温度(T_2)上升,而轴承节点温度(T_1)下降。这是由于永磁转子上存在热源,若不考虑转子端部的热交换,永磁转子的热交换途径一是通过轴向传递到机壳,二是经过气隙与定子热交换。所以当R_1增大时,永磁转子热量向轴承方向热传递减少而使得T_1下降,T_2上升。图6.3(b)中节点温度T_2随着热阻R_2增大而升高,这是在其他条件不变的情况下的关系。实际上节点温度T_2与热阻R_2关系比较复杂,其与定转子间的温度相关,这点将在下节"节点热功率对各节点温度的影响"中分析。图6.3(d)、6.3(e)、6.3(f)、6.3(g)中热阻R_5,R_8,R_{10},R_{11}对节点温度的影响情况相似,它们反映的都是与冷却水之间换热的等效热阻,其与流体的速度及水路形状相关,因此当等效的热阻增大时,除T_1外其他节点温度将呈上升趋势。图6.3(h)中轴承与外水路之间的热阻R_{14}主要对轴承节点温度影响较大。

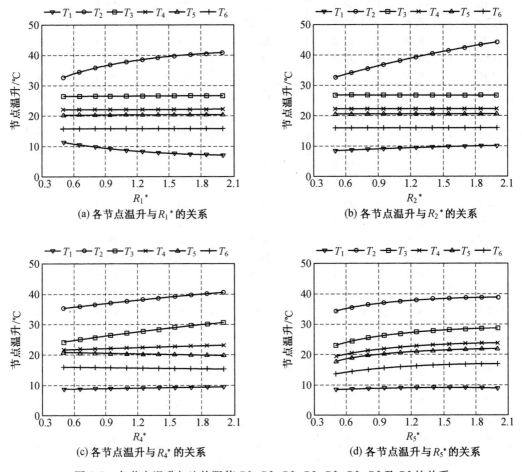

(a) 各节点温升与R_1^*的关系　　　　(b) 各节点温升与R_2^*的关系

(c) 各节点温升与R_4^*的关系　　　　(d) 各节点温升与R_5^*的关系

图6.3　各节点温升与比热阻值R_1^*,R_2^*,R_4^*,R_5^*,R_8^*,R_{10}^*,R_{11}^*及R_{14}^*的关系

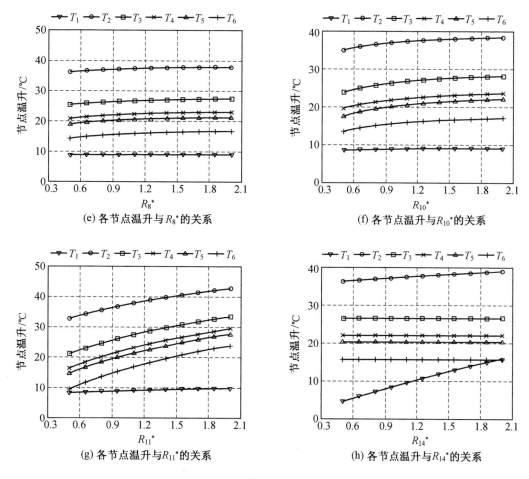

(e) 各节点温升与 R_8^* 的关系

(f) 各节点温升与 R_{10}^* 的关系

(g) 各节点温升与 R_{11}^* 的关系

(h) 各节点温升与 R_{14}^* 的关系

续图 6.3

（2）节点热功率对各节点温度的影响

热阻对节点温度产生的影响是通过改变节点间的热量传递实现的,而节点的热功率不仅会对该节点的温度产生直接的作用,还可能影响其他节点温度。图 6.4 所示为节点比功率 P_1^* ~ P_4^* 的变化与节点温度的关系曲线,其横坐标为对应的比功率值,表示与变化前功率的比值。

从图 6.4(a)各节点温度与 P_1^* 的关系可以看出,随着轴承节点的热功率增加,轴承温度和转子温度都随之增加。图 6.4(b)中转子节点热功率仅对转子节点的温度影响较大,从中也可以看出转子上散热是比较困难的,因此降低转子上的热功率是降低转子节点温度的有效途径。图 6.4(c)反映的是定子内表面层节点的热功率对各节点温度的影响,由于换能器热功率在定子内表面层占有较大比例,在图中也反映出该节点的热功率对各节点温度影响比较大,因此提高其与水路间的换热可以有效降低各节点的温度;另外,定子内表面层节点热功率对转子的温度影响也较大,因此需要阻止其向转子的热量传递以避免过高的转子温升。

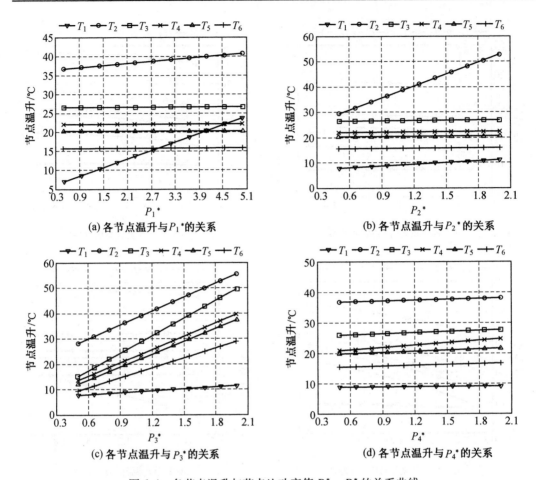

图 6.4　各节点温升与节点比功率值 $P_1^* \sim P_4^*$ 的关系曲线

（3）综合因素对转子节点温度的影响

换能器转子上由于钕铁硼永磁体的存在,使得转子的温度非常敏感,过高的转子温度会使换能器不能正常工作,因此分析各种因素对转子节点温度的影响非常重要。图 6.5 所示为转子节点温度与 P_2^*,P_3^* 及 R_2^* 的关系曲线。

从图 6.5(a)可以看出,当定子内表面层热功率(P_3)较小时,转子节点温度(T_2)随着转子节点热功率(P_2)及定转子间热阻(R_2)的增大而增大,这是因为此时转子的温度高于定子而使得转子的热量向定子传递,所以在这种情况下降低转子的热功率及定转子间热阻可以有效地降低转子温度;随着定子内表面层热功率(P_3)增加这种情况将变得不同。从图 6.5(b)、6.5(c)、6.5(d)可以看出,当定子内表面层热功率较高时,也就是说当定子表面层温度高于转子温度时,转子节点温度将随着定转子间热阻(R_2)的增大而降低。因而在这种情况下,加强定子内表面层与水路间的换热及增加定转子间热阻可以使转子温度降低。

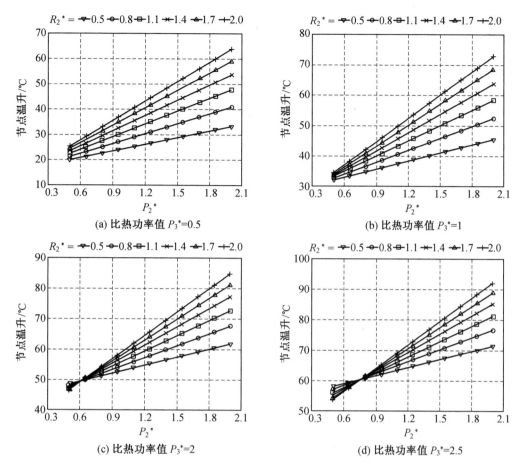

图 6.5　转子节点温升与 P_2^*，P_3^* 及 R_2^* 的关系曲线

6.3　水隙机电热换能器的热系统分析

　　分析水隙机电热换能器的热系统关键是对水隙处对流换热的研究。对流换热通常有两种分析方法：一种是以实验为基础的相似分析法；另一种是数学解析法。机电热换能器内部对流换热条件复杂，定转子热功率数值和分布、水隙和定转子结构尺寸、转速、流速等因素都会影响对流换热，实验法要研究清楚换能器中各因素对对流换热的影响，需要进行大量的实验和样机制造工作，工作量巨大，因此采用数学解析法进行研究比较适合。数学解析法中，直接对对流换热时的流体连续性微分方程、运动微分方程和能量微分方程求解十分困难，一般采用数值分析法，本节利用有限元法，对水隙机电热换能器内换热规律进行数值分析。

6.3.1 热功率–换热耦合算法

1. 二维换热模型的建立

由机电热换能器的热功率分析得知,换能器的热源主要集中在定子内表面,此外在转子表面也会有少量的转子和永磁体热功率,水流从水隙轴向流过,将热量带走,即存在轴向方向的热流;同时,热流还会沿着径向向定子外圆和转子内圆流动,因此机电热换能器的换热是一个三维问题。但用三维有限元法求解耗时较长,应考虑通过适当的假设和简化使其变为二维问题进行求解。

将换能器沿轴向剖开,根据对称性,取半个截面,得到二维温度–流体耦合场求解模型如图 6.6 所示,模型分为定子、转子和水隙三个区域。做以下假设:

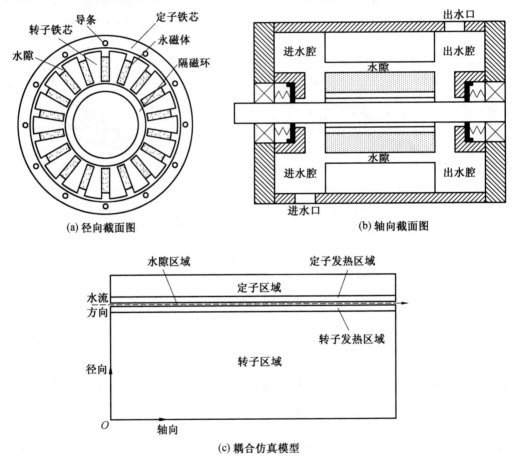

(a) 径向截面图　　　　　(b) 轴向截面图

(c) 耦合仿真模型

图 6.6　换能器换热结构示意及二维简化温度–流体耦合场仿真模型

①定子热功率和导条热功率均匀分布在定子内表面区域,区域的厚度由透入深度和导条的位置决定。

②转子热功率和永磁体热功率均匀分布在转子外表面区域,区域的厚度由透入深度决定。

③流速由外界给定,忽略转子旋转对流速及换热的影响。

④认为换能器仅通过水流与外界发生热交换,其余与外界的接触面均绝热。

2. 温度分布规律

利用表 6.4 中的样机尺寸,设入水口水温和定转子铁芯初始温度均为 283 K,流速为 0.5 m/s,定子侧热功率为 1 kW,透入深度为 10 mm,忽略转子侧的热功率。流体-温度场耦合分析得到的机电热换能器二维温度分布如图 6.7 所示。可以看出热量沿两个方向传递:一是沿着水流的方向即轴向,由于水流与定子内层的热源间发生对流换热,其温度逐渐升高;二是沿着径向,定子内层的热量一部分向定子外圆传递,另一部分穿过水隙向转子内圆传递。

表 6.4　换能器换热模型计算参数

参　　数	尺寸值
定子外径/mm	70
定子内径/mm	58
水隙长度/mm	0.3
极对数	9
轴向长度/mm	55

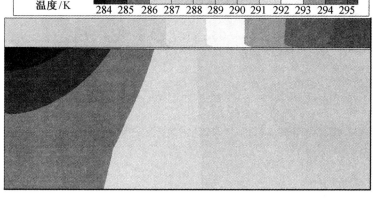

图 6.7　换能器二维温度分布图

为进一步说明温度的分布情况,选择不同的区域,分别沿轴向和径向观察换能器的温度分布。图 6.8 说明了温度沿轴向的分布情况,在水隙-定子和水隙-转子两个交界线上,温度沿着轴向线性增加,这与水流不断地与定子内圆进行换热有关。因为热功率集中在定子侧,故水隙与定子交界线上的温度始终高于转子交界线上的。温度沿径向的分布略微复杂,图 6.9 所示为不同轴向距离处,温度沿径向的分布规律。

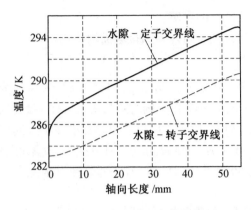

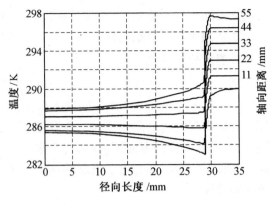

图6.8 温度沿轴向变化曲线　　　　图6.9 温度沿径向变化曲线

因为与定转子同时发生对流换热,水隙处温度变化剧烈。定子侧温度沿径向几乎不变,转子侧的温度分布沿着中轴线呈现对称性:在入口处,转子的温度沿径向逐渐下降,在水隙和转子交界线处出现温度最低点;随着轴线向出口处推移,水隙温度增长的速度高于转子,到中截面时转子温度沿轴向几乎不发生变化;到出口处时,转子的温度沿径向逐渐上升,上升和下降的趋势正好沿着中截面对称。

3. 热功率的核算

根据式(5.21),理想状态下换能器定子热功率的表达式为

$$\mathrm{Re}[P_\mathrm{s}] = -A_\mathrm{L} \frac{26\pi^2 p^{\frac{1}{2}} D_\mathrm{si}^2 L^2 - 8.5\pi^4 p^{-\frac{3}{2}} D_\mathrm{si}^4}{225 L e^{\frac{4\delta}{D_\mathrm{si}}}} \tag{6.38}$$

$$A_\mathrm{L} = \frac{8 n_\mathrm{r}^{\frac{3}{2}}}{15 \sqrt{30} \, \pi^{\frac{3}{2}}} \sqrt{\frac{\sigma}{\mu}} \left[(2 b_\mathrm{mN} - 1) H_\mathrm{c} \right]^2 \tag{6.39}$$

其中与温度关系密切的是式(6.39)中的铁芯电导率 σ 和永磁体矫顽力 H_c,永磁体矫顽力与温度的关系可表示为

$$H_\mathrm{c} = H_\mathrm{c0} \left[1 - \alpha_\mathrm{H} (t_1 - t_0) \right] \tag{6.40}$$

式中　α_H——矫顽力的温度系数。

为方便计算,换能器常用铁芯材料20号钢的电导率随温度变化曲线拟合成线性表达,即

$$\sigma = \sigma_0 \left[1 - \alpha_\mathrm{Fe} (t_1 - t_0) \right] \tag{6.41}$$

式中　α_Fe——20号钢电导率的温度系数。

以10 ℃为参考温度,当铁芯材料为20号钢、永磁体材料为N33UH时,其温度在0~100 ℃之间变化时热功率的变化率如图6.10所示。从图中可以看出,由于永磁体矫顽力的温度系数一般要高于铁芯材料,而且根据式(6.39),热功率与铁芯电导率的平方根成正比,与矫顽力的平方成正比,因此永磁

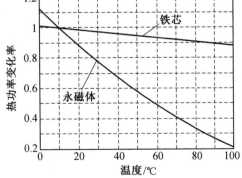

图6.10 热功率变化率随温度变化曲线

体温度对热功率的影响要远大于铁芯温度的影响。

4. 热功率-换热耦合算法

图 6.11 所示为换能器热功率-换热耦合算法流程图。

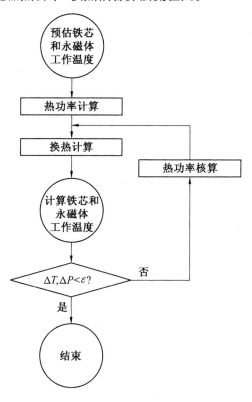

图 6.11 热功率-换热耦合算法流程图

在分析机电热换能器换热时,可以先根据经验或者已有样机的测试值假定换能器铁芯和永磁体的工作温度,以此温度值下的电导率和矫顽力去计算换能器的热功率;而后通过换热计算得到实际的铁芯和永磁体的工作温度,若实际工作温度和热功率与之前假定值的差值过大,则可利用式(6.38)~(6.41)对热功率进行核算;然后再用核算后的热功率进行换热计算,当两次迭代之间工作温度和热功率的残差 ΔT 和 ΔP 小于某一值 ε 时,即认为迭代收敛(本书以下的计算中,取 $\varepsilon = 1\%$)。这样,最后一次迭代计算得到的热功率和温度数值即为换能器实际工作时的热功率和温度值。

由于利用耦合场算得的温度是一个分布量,而热功率修正时是根据某一点的温度进行修正,因此需要研究定义铁芯和永磁体的温度,从图 6.8 和图 6.9 可以看出,定子铁芯的温度沿轴向线性增加,沿径向基本不变,因此可以取水隙-定子交界面处,沿轴向的中点作为铁芯的温度。转子温度沿轴向线性增加,沿径向对称分布,考虑到永磁体均匀分布在转子表面,因此同样可以选取水隙-转子交界面处,沿轴向的中点作为永磁体的温度。

沿用本节中的模型参数和换热条件,分别对入口流速为 0.1 m/s 和 0.5 m/s 时进行热功率-换热迭代计算,迭代的过程如图 6.12 和图 6.13 所示。从图中可以看出,收敛的快慢与初始假定的铁芯和永磁体温度密切相关,流速为 0.5 m/s 时换能器假定的初始温度与实际温度差值较之流速为 0.1 m/s 时要小,因此流速为 0.5 m/s 时迭代计算收敛速度要快于流速为 0.1 m/s 时。整个迭代过程只要进行一次初始热功率计算,而后利用式(6.38)~(6.41)对热功率进行核算即可;对于流体场和温度场计算,只需一次建模,而后改变各部分热功率值即可,因此整个迭代的过程计算量并不大。

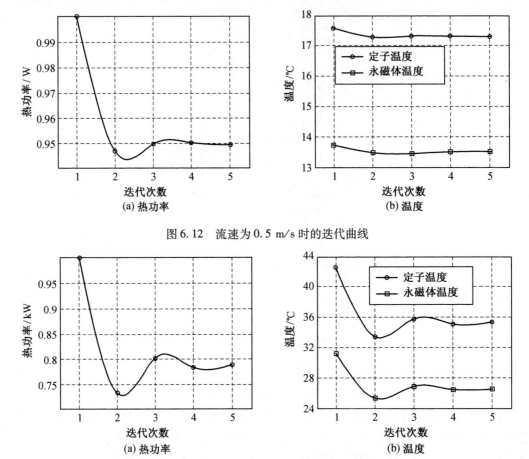

图 6.12　流速为 0.5 m/s 时的迭代曲线

图 6.13　流速为 0.1 m/s 时的迭代曲线

6.3.2　功率调整率

机电热换能器实际运行时,可以调节的是输入转速和水的流速。转速的变化将直接引起热功率的变化;流速的变化将导致换能器水隙处对流换热条件变化,造成其内部部件温度发生变化,进而引起热功率的变化。本节从研究换能器转速和流速变化时实际热功率和温度的变化过程入手,给出换能器功率调整率的定义。

1. 流速对温度分布的影响

沿用 6.3.1 节的模型和换热条件,图 6.14 所示为热功率为 1 kW,不同流速时温度在水隙和定转子交界线上沿轴向的分布情况。图 6.15 所示为不同流速时温度在入水口、出水口和中截面处沿径向的分布情况。可以看出,流速改变时,温度沿轴向和径向分布的规律仍然与 6.3.1 节中分析的一致。当流速过低时,会造成定转子温度急剧上升,而转子温度的大幅上升会造成永磁体磁性能的大幅下降,导致换能器热功率大幅下降。更加严重的是,当温度超过永磁材料的居里点时,会造成永磁材料的退磁,造成机电热换能器的损坏,因此设计时应该保证换能器内转子最高温度不能超过永磁材料的居里点温度。从换能器的温度分布看,换能器转子温度最高点在出水口侧靠近水隙的位置,换能器运行时,应根据此点的温度不能超过永磁材料居里点的原则,确定换能器流速的下限。

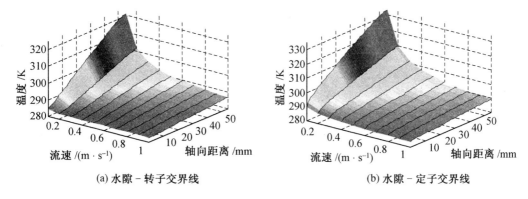

(a) 水隙 – 转子交界线　　　　　　　　(b) 水隙 – 定子交界线

图 6.14　不同流速时温度沿轴向的分布

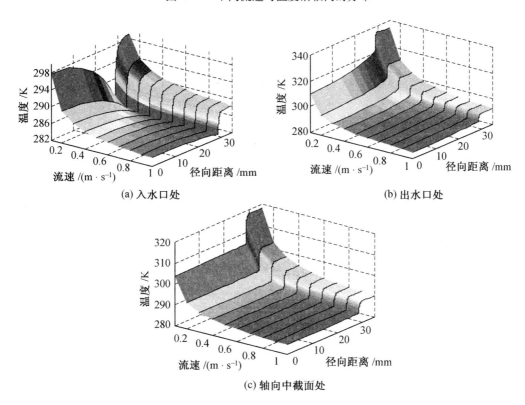

(a) 入水口处　　　　　　　　　　(b) 出水口处

(c) 轴向中截面处

图 6.15　不同流速时温度沿径向的分布

2. 功率调整率的定义

机电热换能器外端包裹保温层,这样理论上与外界不发生热交换。假设入水温度和流速都一直恒定,当换能器不运行即不产生热功率时,出、入水口水温应一致,其内部各部件的温度应等于水流的温度。定义换能器启动瞬间,即各部件温度和入口水温相等时的热功率为换能器的初始热功率 P_0,此热功率即是前述章节所分析的热功率。初始热功率与转速大体呈线性关系,因此在换能器换热规律的讨论中,初始热功率的变化即可认为是换能器转速的变化。机电热换能器运行后,保持转速和水流流速不变,水流与定转子对流换热,出水口水温和各部件温度都将逐渐升高,热功率也随之下降,直至稳态时各自温度和热功率不再发生变化。定义以一定流速和转速稳态运行时换能器的热功率为实际热功率 P_{real},定义实际热功率相对初始热功率下降的比率为换能器的功率调整率 Δp,用 Δp 来衡量换能器的换热性能,即

$$\Delta p = \frac{P_0 - P_{\text{real}}}{P_0} \tag{6.42}$$

由式(6.42)可见,功率调整率越低,换能器的实际热功率越接近初始热功率,证明换能器自身部件的发热越低,其换热性能也越好。

图 6.16 表示结构参数如表 6.4 中所示的机电热换能器,初始热功率为 1 ~ 10 kW,流速为 0.1 ~ 1 m/s 时,功率调整率的分布情况,图中等位线为换能器的功率调整率。

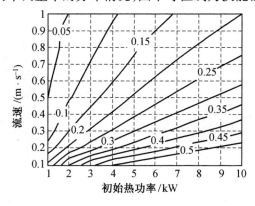

图 6.16　不同流速和初始热功率时换能器的功率调整率

从图 6.16 可以看出,流速越高,初始热功率即转速越低,功率调整率就越低。我们希望换能器在改变转速和流速来调节其输出功率的同时,能尽量保证较低的功率调整率。如何使换能器在更宽的流速和初始热功率范围内保持较低的功率调整率,将是换能器换热设计的核心环节,下节将具体讨论结构参数对换能器功率调整率的影响。

图 6.17 所示为不同流速和初始热功率时,机电热换能器定子和永磁体温度的变化情况。根据式(6.39) ~ (6.41),定子温度和永磁体温度直接关系着换能器的功率调整率。定子温度和永磁体温度越高,换能器的功率调整率就越高。尤其是永磁体温度对换能器的功率调整率影响较大,因此在换热设计中要设法降低定子和永磁体的温度,来降低换能器的功率调整率。

3. 实际热功率和水流温升的变化规律

机电热换能器稳态运行时的实际热功率可以通过 6.3.1 节的算法求得,而换能器运行时只通过水流与外界发生热交换,因此根据能量守恒定律,水流的温升 ΔT 可通过实际

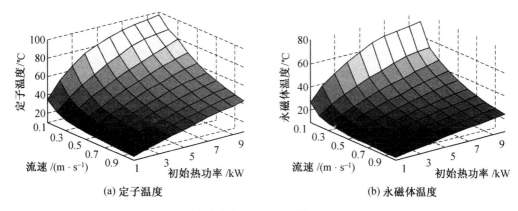

图 6.17　不同流速和初始热功率时换能器的温度变化

热功率 P_{real} 和流速 v 计算,即

$$\Delta T = \frac{P_{\text{real}}}{vS\rho c} \tag{6.43}$$

式中　　v——水流流速;

　　　　S——水隙截面积;

　　　　ρ——水的密度;

　　　　c——水的比热容。

　　机电热换能器实际运行中,可能要求控制输出能量即实际热功率,也可能要求控制输出水温。

　　图 6.18 所示为不同流速和初始热功率时换能器的实际热功率,反映了换能器的输出能量调节特性,图中等位线为换能器的实际热功率(单位:kW)。受功率调整率的影响,流速较高、初始热功率较低时,实际热功率接近初始热功率;流速较低、初始热功率较高时,实际热功率与初始热功率相差较大。在流速较高、初始热功率较低的区域,实际热功率随着流速基本不发生变化,可以形象地理解为输出能量特性曲线的"刚性"较好,换能器工作在这个区域,当外界条件变动引起水流流速变化时,换能器的输出能量不会发生大的变化。因此,当换能器应用于恒功率输出时,应尽量让其工作在这一区域。

　　图 6.19 所示为不同流速和初始热功率时机电热换能器水流的温升,反映了换能器水流温升的调节特性,图中等位线为换能器的水流温升(单位:℃)。可以看出,温升越低,换能器工作的区域就越大。温升幅度不同时,温升的变化呈现不同的调节特性:温升较低时,温升随着流速的变化较小,随着初始热功率的变化较大;而温升较高时,温升随着初始热功率的变化较小,随着流速的变化较大。根据此特性,当换能器需要输出不同的水流温升值时,应根据温升值的大小选择合适的初始热功率和流量。

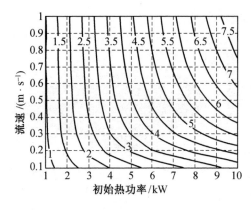

图 6.18　换能器输出能量调节特性曲线 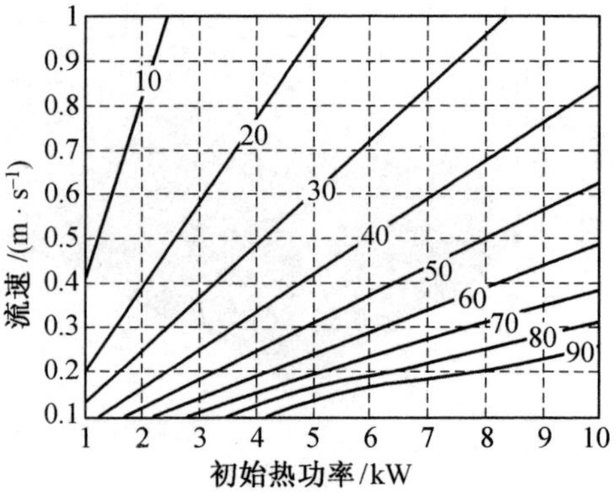　　　图 6.19　换能器水流温升调节特性曲线

6.3.3　相关参数对功率调整率的影响

6.3.2 节中提出了机电热换能器功率调整率的概念,如何在尽可能大的初始热功率和流速范围内使换能器保持较低的功率调整率,是换能器换热设计的研究目标。在换能器各部分材料都确定的情况下,铁芯长度和水隙长度等结构尺寸会影响功率调整率,作为热源,换能器热功率的分布也会影响功率调整率。本节将讨论这些因素对换能器功率调整率的影响。

1. 铁芯长度对功率调整率的影响

为便于比较,改变铁芯长度时应保持初始热功率不变,5.3.2 节讨论了初始热功率随铁芯长度和转子外径的变化情况,当铁芯长度与转子外径的乘积一定时,整机的热功率基本不变。按此推算出保持热功率不变,铁芯长度和转子外径的系列值见表 6.5。

表 6.5　换能器铁芯长度和转子外径系列值

铁芯长度/mm	转子外径/mm
35	36
45	31.7
55	28.7
65	26.4
75	24.6

图 6.20 所示为不同铁芯长度时,功率调整率的变化情况。从图 6.20 可以看出,在流速较高时,改变铁芯长度,功率调整率基本不变,但在流速较低时,铁芯长度较短时功率调整率较低。这意味着,保持体积基本不变的情况下,取较短的铁芯长度,即把换能器设计成扁平状可以扩大其低功率调整率区域。但同时又注意到,热功率与铁芯长度和转子外径平方的乘积成正比是在二维情况下得出的,没有考虑端部效应的影响。根据 3.5.2 节中端部效应的相关计算式,换能器越扁平,其端部效应会越严重,使其热功率降低。因此,取较短的铁芯长度虽然能扩大换能器低功率调整率区间,但其热功率密度也要受到影响,在实际设计时需要折中考虑。

图 6.21 所示为不同铁芯长度时换能器定子和永磁体温度的变化情况。可以看出,不

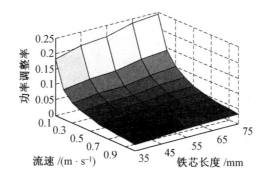

图6.20　不同铁芯长度时的功率调整率曲线

同流速时,定子温度随铁芯长度几乎不变;而在流速较低时,永磁体温度随着铁芯长度的增加而上升,也正是因为永磁体温度的升高使得功率调整率增加。

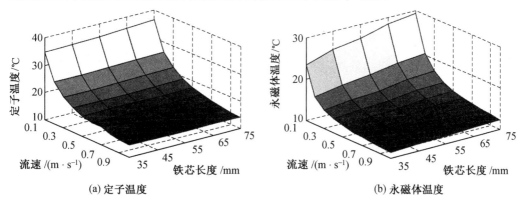

(a) 定子温度　　　　　　　　　　　　　(b) 永磁体温度

图6.21　不同铁芯长度时换能器的温度变化曲线

2. 水隙长度对功率调整率的影响

图 6.22 和图 6.23 分别表示初始热功率为 1 kW、不同水隙长度时,机电热换能器功率调整率和温度的变化情况。

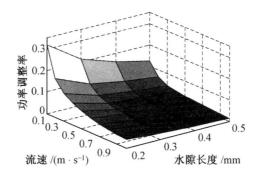

图6.22　不同水隙长度时换能器的功率调整率曲线

可以看出,流速较高时,随着水隙长度的增加,功率调整率略有降低,流速较低时这种现象更为明显。随着水隙长度的增加,定子温度和永磁体温度都在下降,显然,增大水隙能改善机电热换能器的换热,扩大低功率调整率的范围。第 5 章中的开口槽结构相对于

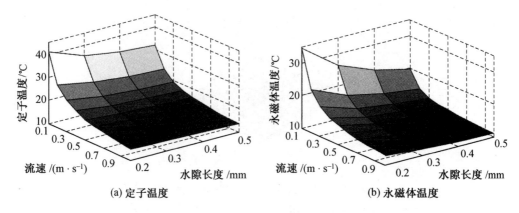

图 6.23　不同水隙长度时换能器的温度变化曲线

闭口槽结构而言,相当于增加了水隙的长度,因此在同样的转速和流速下,开口槽结构换能器的功率调整率应低于闭口槽结构的。

　　从输出热功率的角度考虑,当机电热换能器其他结构参数不变时,按式(6.38),初始热功率随着水隙的增加以指数规律下降,即当其他参数不变时,减小水隙有利于提高初始热功率。表 6.6 给出了表 6.4 所示参数的样机初始热功率为 1 kW 和 2 kW,当其水隙分别为 0.2 mm,0.3 mm,0.4 mm 和 0.5 mm 时,其初始热功率值的变化。按这些数值计算得出的不同流速下换能器的实际热功率数值如图 6.24 所示。

表 6.6　不同水隙长度时换能器的初始热功率数值

水隙长度/mm	初始热功率/kW	初始热功率/kW
0.2	1.064 8	2.129 6
0.3	1.000 0	2.000 0
0.4	0.939 1	1.878 2
0.5	0.881 9	1.763 8

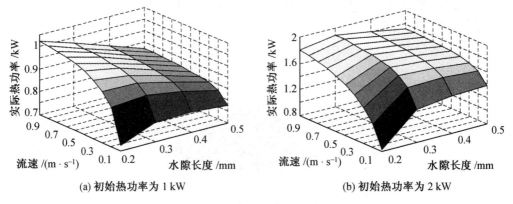

图 6.24　实际热功率随水隙长度的变化曲线

　　可以看出,水隙长度的减小虽然能增加初始热功率,但受到换热的影响,实际热功率却并不一定随着水隙长度的减小而增加。热功率密度增大和水隙长度的减小都会使功率调整率增加,流速一定时,随着水隙长度的减小实际热功率开始增加,到水隙长度减小到一定程度后,实际热功率反而会下降,这种现象在流速较低和热功率密度大的情况下更为明显。因此,在其他结构参数和流速一定的情况下,换能器的水隙长度存在一个最佳值,使得其输出热功率最大。实际设计换能器时,应综合考虑功率调整率和输出热功率的因素,选择最佳的水隙长度值。

3. 透入深度对功率调整率的影响

从第 5 章中的分析可以知道,换能器的初始热功率数值随着转速变化,其分布也随着转速变化。其他参数一定时,换能器的初始热功率随着转速的升高而增加,分布则按透入深度变化的规律,越来越趋于定子内表面。

图 6.25 所示为初始热功率为 1 kW 时,透入深度为 1 ~ 10 mm,流速为 0.1 ~ 1 m/s 时功率调整率的变化情况。可以看出,其他条件一定的情况下,在流速较高和透入深度较大时,透入深度的变化并不影响功率调整率。只有当透入深度很低,其数值接近水隙长度时,才会造成功率调整率的增加。因此在热功率设计时,为了提高功率调整率,应尽可能提高透入深度,保证透入深度远大于水隙长度。

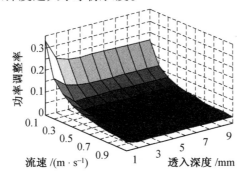

图 6.25　功率调整率随透入深度的变化曲线

图 6.26 所示为初始热功率为 1 kW 时,透入深度为 1 ~ 10 mm、流速为 0.1 ~ 1 m/s 时定子温度和永磁体温度的变化情况。从图中可以看出,透入深度过小会引起定子和永磁体温度的急剧升高,从而造成功率调整率增加。

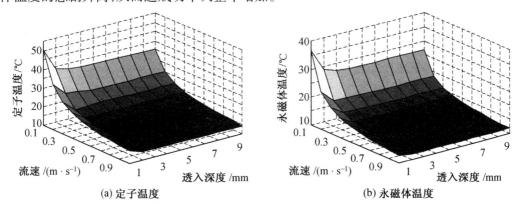

(a) 定子温度　　　　　　　　　　　　　　(b) 永磁体温度

图 6.26　温度随透入深度的变化曲线

4. 转子和永磁体热功率对功率调整率的影响

从第 5 章中的分析得知,闭口槽和开口槽结构的换能器在转子和永磁体上都会产生一定的热功率,下面具体讨论这部分热功率对换热的影响。5.5.3 节计算了不同结构时的转子侧热功率数值,表 6.7 表示三种结构定子侧功率为 1 kW 左右时的转子侧功率值。当换能器定子侧热功率为 1 kW 左右时,由于结构的不同,转子侧热功率的范围从几十瓦到一百瓦不等。

表 6.7　不同结构换能器定子和转子侧的热功率数值

结　构	定子侧热功率/W	转子侧热功率/W
闭口槽	919.866 5	38.815 5
开口槽	970.424 8	100.035 2
半开口槽	877.486 3	74.268 7

当定子侧热功率为 1 kW,流速为 0.1 m/s 和 0.5 m/s 时,转子热功率从 0 变化到 200 W,功率调整率和各部分温度变化如图 6.27 和图 6.28 所示。从图中可以看出,转子热功率在 0～200 W 之间变化时,功率调整率有所增加,但总体来看影响很小。可以认为,闭口槽、开口槽和半开口槽结构引起的转子和永磁体热功率对整机功率调整率影响不大,在热功率和换热设计时无须太多考虑这部分热功率对换热的影响。

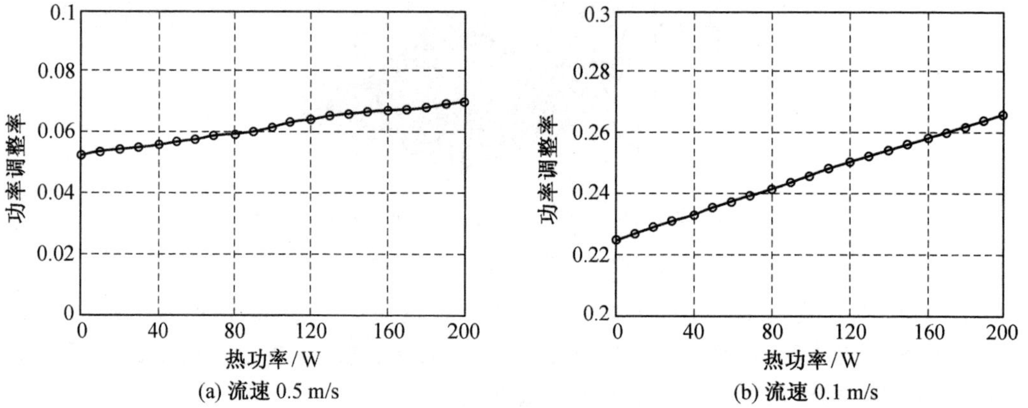

(a) 流速 0.5 m/s　　(b) 流速 0.1 m/s

图 6.27　功率调整率随转子侧热功率的变化曲线

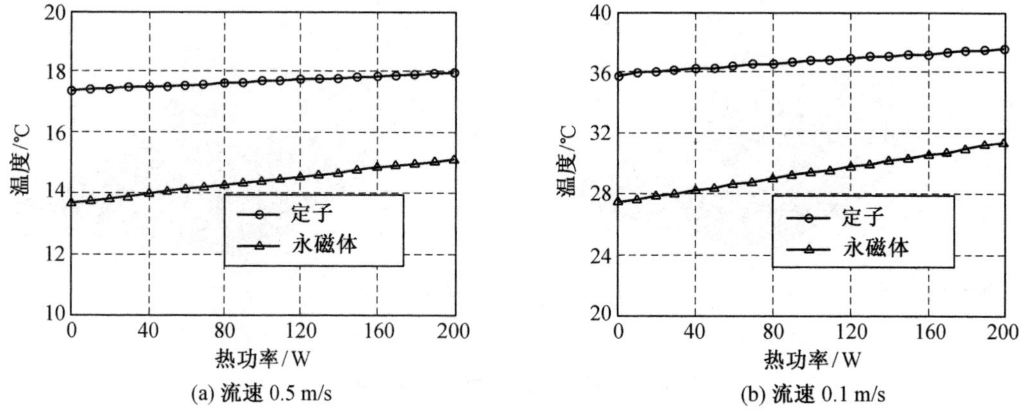

(a) 流速 0.5 m/s　　(b) 流速 0.1 m/s

图 6.28　温度随转子侧热功率的变化情况

6.4　本章小结

　　本章分别建立和推导了两种热系统分析方法的模型和计算方法,这两种分析方法适用于各种换热结构的机电热换能器。本章定义了换能器的功率调整率,用来衡量换能器的换热性能。换能器的功率调整率越低,表明换能器的换热性能越好。本章还计算了换能器的结构和运行参数对温度分布和换热性能的影响,为换能器的热系统设计提供了依据。

第7章 机电热换能器的旋转电磁效应

7.1 引　　言

机电热换能器除把输入的能量全部转换为热能外,经过循环系统的水媒质会受换能器内部旋转电磁场的作用,使其物理和化学性质发生一定的变化。实际应用中,机电热换能器会对循环系统管路中的水垢形成,以及管路中的金属腐蚀产生影响。通过对受磁场作用的纯水分子进行动力学模拟,得到磁场对水分子的氢键作用规律,以及磁场对氯化钠溶液电导率的影响规律。同时对循环系统管路中的水垢形成,以及管路中的金属腐蚀进行阐述,可以得到旋转电磁对抑垢和腐蚀的影响。

7.2 磁场对纯水和氯化钠溶液特性的影响

7.2.1 磁场对纯水作用的分子动力学模拟

1. 分子动力学概述及水分子势能函数

分子动力模拟(Molecular Dynamics Simulation, MD),是时下最广泛为人们所采用的计算庞大复杂系统的计算机分子模拟方法。分子动力学模拟,其基本原理是在一定系综及已知分子势能函数条件下,从计算分子间作用力入手,求解牛顿运动方程,得到体系中各分子微观状态随时间的变化。该技术已成功地用于研究晶格畸变、晶粒生长、拉压应力-应变关系、蠕变行为、高温变形行为、扩散、沉积、烧结、固结、纳米摩擦、原子操纵、微流体和微传热等方面。

径向分布函数(Radial Distribution Function, RDF)可以用来分析水分子的内部结构及其变化。径向分布函数的物理意义如图 7.1 所示。图中,黑球为流体系统中的一个分子,称其为"目标分子",与其中心的距离 $r{\rightarrow}r+\delta r$ 间的分子数目为 δN。定义径向分布函数 $g(r)$ 满足

$$\rho g(r)4\pi r^2 = \delta N \tag{7.1}$$

式中　ρ——系统的密度。

径向分布函数可以解释为系统的区域密度与平均密度的比值。目标分子的附近,区域密度不同于系统的平均密度,但与目标分子距离远时区域密度应与平均密度相同,即当 r 值达无穷大时径向分布函数的值应接近 1。

分子动力模拟计算径向分布函数的方法为

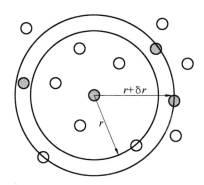

图 7.1　径向分布函数的物理意义

$$g(r) = \frac{1}{\rho 4\pi r^2} \frac{\sum\limits_{t=1}^{T} \sum\limits_{j=1}^{N} \delta N(r \to r + \delta r)}{N \times T} \tag{7.2}$$

式中　　N——分子的数目；

　　　　T——计算的时间(步数)；

　　　　δr——设定的距离差。

　　在分子动力学模拟中，最为重要的是势能函数的选择，其直接关系到结果的正确性。由于水的普遍存在及在研究电解质溶液理论中的重要性，许多学者相继提出了多种水分子的势能函数，其通式为

$$u(r) = \sum_i \sum_j \left\{ \frac{q_i q_j e^2}{r} + 4\varepsilon_{ij} \left[\left(\frac{\sigma_{ij}}{r} \right)^{12} - \left(\frac{\sigma_{ij}}{r} \right)^{6} \right] \right\} \tag{7.3}$$

　　式(7.3)中右边第一项为水分子间的电荷作用势能，第二项为 Lennard-Jones 势能，也称 LJ 势能，i 和 j 分别为两个水分子中的作用点，q 为电荷数，e 为单位电荷量，ε 和 σ 分别为水分子的能量参数与几何参数。常用于热力学研究及电解质溶液理论研究的是简单点电荷力场(Simple Point Charge, SPC)和可转移间分子势能(Transferable Intermolecular Potential, TIP)两种势能函数。

　　SPC 将水分子视为刚体分子，其键长与键角的值固定。此力场将水分子间的作用分为范德华作用与库仑作用，仅氧-氢原子间有范德华作用。水分子的每个原子均带有电荷，不论分子间或分子内原子间皆有库仑静电作用。SPC 势能函数的形式为

$$\begin{cases} u_{OO}(r_{OO}) = \dfrac{q_O q_O e^2}{r_{OO}} + \dfrac{A}{r_{OO}^{12}} - \dfrac{C}{r_{OO}^{6}} \\[3mm] u_{OH}(r_{OH}) = \dfrac{q_O q_H e^2}{r_{OH}} \\[3mm] u_{HH}(r_{HH}) = \dfrac{q_H q_H e^2}{r_{HH}} \end{cases} \tag{7.4}$$

　　TIP 是利用蒙地卡洛计算方法与精确的量子力学计算结果相比较推导出的。除各种热力学性质外，最重要的是比较水分子二聚体的结构。此力场将水分子视为刚体分子，即其键长键角的值固定，此种形式的力场因其形式简单，并且不用考虑分子中各种高频率的

振动,因此常与其他力场合并应用于生化系统的计算中。TIP 力场的形式为

$$u_{AB} = \sum_{a}^{A} \sum_{b}^{B} \left(\frac{q_a q_b e^2}{r_{ab}} + \frac{A_a A_b}{r_{ab}^{12}} - \frac{C_a C_b}{r_{ab}^6} \right) \tag{7.5}$$

式中 a,b 为不同水分子上的原子。为了使计算的径向分布函数与实验一致,Jergensen 将原先 TIP 力场中水分子的三个作用点改为四个作用点(TIPS2)。将第四作用点定为水分子的质心,而力场的形式与原来的 TIP 一致。之后,陆续发展出三作用点的 TIP3P 与四作用点的 TIP4P 力场。

常用于热力学研究及电解质溶液理论研究的是 SPC 和 TIP4P 势能函数,这类势能函数的优点是能够通过水分子中氢原子和氧原子间的径向分布函数区分氢键缔合的 OH 键和非氢键缔合的 OH 键,而磁场正是因为通过削弱水分子间的氢键作用来改变水的物理化学性能的。本节采用 TIP4P 势能函数,用分子动力模拟的方法来研究纯水经磁场作用后氢键的变化。

2. 磁场对纯水作用的分子动力学模拟

磁场对水作用的分子动力学模拟,采用分子动力学软件 Material Explorer 进行。水的分子动力模拟采用 NTV 系综,即恒粒子数、恒温、恒体积。模拟的分子数为 4 000 个水分子,随机地分布在正方体区域中;体系温度设定为 298 K,密度为 1 g/cm³,水分子视为刚性分子。计算步长为 1 fs,共计算 10 000 步。仿真得到纯水 O—H 原子间的径向分布函数如图 7.2 所示。图中出现了两个峰,其中第一峰为氢键峰,第二峰为非氢键峰。

沿着正方体的 Z 向给体系施加 0.5 T 的恒定磁场,得到磁化前后纯水 O—H 原子间径向分布函数氢键峰处的比较,如图 7.3 所示。从图中可以看出,磁化后水 O—H 原子间径向分布函数的氢键峰有所下降,证明磁场能部分破坏水分子间的氢键,使得水分子 O—H 原子间的分布趋于分散。磁场对水的作用,主要体现为破坏水分子的氢键,促使水分子由大分子簇变成小分子簇,从而使其物理和化学特性发生变化。

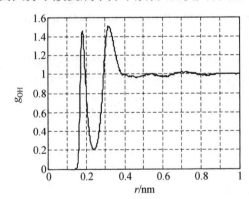
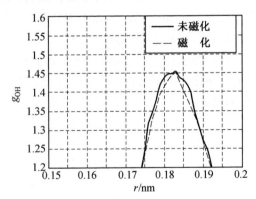

图 7.2　纯水的 O—H 径向分布函数　　　　图 7.3　纯水磁化前后径向分布函数的比较

改变外加磁场的强度,分别计算磁密为 0.1～1 T 时水 O—H 原子间的径向分布函数,通过径向分布函数积分得到水分子的氢键数。图 7.4 表示了磁场为 0.1～1 T 时分子动力模拟得到的水分子氢键数的变化。从图 7.4 中可以看出,水经过磁场作用后,因氢键部分断裂,氢键数有所下降。当磁密值较小时,氢键数随着磁密的增加而下降,当磁密达

到 0.3 T 左右时,随着磁密的增加,氢键数几乎不再发生变化。这说明恒定磁场对纯水的作用有饱和现象,并非磁场越强,磁化效果就越明显。

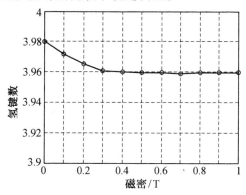

图 7.4　氢键数随磁密的变化曲线

7.2.2　磁场对氯化钠溶液电导率影响的实验研究

1. 实验装置及实验方法

（1）实验装置

通过对氯化钠(NaCl)溶液施加恒定和交变磁场作用,研究 NaCl 溶液的电导率变化,设计了如图 7.5 所示的磁场发生装置。该装置由一个 C 型的铁芯和两个串联在一起的线圈组成,为了抑制磁场交变时铁芯内的磁滞和涡流损耗,铁芯由 0.5 mm 厚的硅钢片叠片形成;铁芯厚度 b 为 64 mm,高度 h 为 32 mm,气隙 δ 宽度为 15 mm,如图 7.6 所示。两个线圈各 500 匝串联绕制于铁芯上,共计 1 000 匝。当线圈中通以一定频率和幅值的电流时,气隙处就会产生一定频率和幅值的磁场。

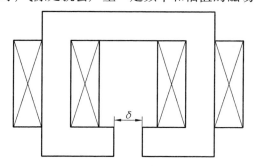
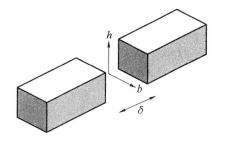

图 7.5　磁场发生装置示意图　　　　　图 7.6　气隙及铁芯尺寸示意图

实验时被测溶液将放置在气隙处受磁场作用,因此气隙处的磁场分布情况对实验至关重要。利用有限元方法对磁场发生装置的磁场进行分析。当线圈通以直流 1.5 A 电流时装置的磁通分布如图 7.7 所示,可以看出,气隙处的磁场分布并不是完全均匀的。为进一步分析气隙处的磁密分布,用高斯计对高度 h 和厚度 b 方向的磁密进行实际测试。当线圈通以 1.5 A 直流电时,沿厚度 b 和高度 h 方向有限元仿真和实测的磁密幅值如图 7.8 所示。可以看出,在气隙中心 40 mm×20 mm 范围内,磁场分布均匀;而气隙边缘部分受到漏磁、加工误差等因素影响,磁密值有所下降。实验时只要保证放置溶液的容器在气隙中心处 40 mm×20 mm 范围内,就可以保证溶液受到均匀磁场的作用。

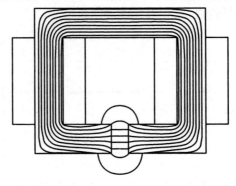

图 7.7　电流为直流 1.5 A 时磁场发生装置的磁通分布图

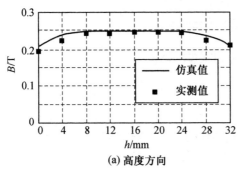

(a) 高度方向

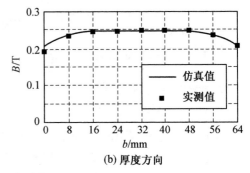

(b) 厚度方向

图 7.8　气隙磁密分布

（2）实验方法

分别测试 0.01 mol/L,0.1 mol/L,1 mol/L 的 NaCl 溶液在恒定和交变磁场作用下的电导率变化,磁场幅值的变化范围为 0~0.4 T。

用二次蒸馏水配置一定浓度的 NaCl 溶液。控制恒温水槽的水温在(25±0.1)℃,取 10 mL 溶液在恒温水槽中恒温水浴测试其电导率的初始值。将磁场发生装置的线圈与可编程电源连接,调节可编程电源的电流和频率来调节气隙磁场的磁密幅值和频率,并用高斯计测试气隙处的磁密。将溶液注入约 40 mm×20 mm×10 mm 的玻璃容器,将容器密封后放入电磁发生装置的气隙中心处磁化作用 1 h,取出后仍然放置于(25±0.1)℃的水浴条件下测试其电导率。磁化作用过程保持环境温度在(25±2)℃。实验过程中涉及的仪器和试剂见表 7.1。磁场对 NaCl 溶液电导率影响实验的照片如图 7.9 所示。

表 7.1　实验涉及的仪器和试剂

仪器或试剂名称	主要技术指标	生产厂家
电导率仪	精度 0.2%	上海精密科学仪器有限公司
可编程电源	电流精度±0.1 A 频率精度±0.1 Hz	致茂电子股份有限公司
高斯计	精度 2%	上海亨通磁电科技有限公司
恒温水槽	控温精度±0.1 ℃	上海一恒科技有限公司
NaCl	分析纯	天津耀华化学试剂公司
二次蒸馏水	电导率<2 μS/cm	——

(a) 磁场处理　　　　　　　　　　　　　　(b) 电导率测试

图 7.9　磁场对 NaCl 溶液电导率影响实验的照片

2. 电导率的变化

在测试各浓度 NaCl 溶液在磁场作用下的电导率变化之前,首先测试 0.01 mol/L NaCl 溶液在磁密幅值为 0.138 T、频率为 15 Hz 的磁场下作用 1 h 后的电导率变化,实验共重复进行八次,如图 7.10 所示。从图 7.10 中可以看出,磁化作用后的 NaCl 溶液电导率均有所上升,趋势一致,证明了该实验的可信度和重复性。

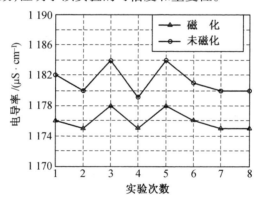

图 7.10　0.01 mol/L NaCl 溶液在磁场作用前后的电导率变化

为了研究恒定磁场对 NaCl 溶液电导率的影响,选取几点不同的磁密幅值分别测试磁场作用前后 NaCl 溶液电导率的变化;为与恒定磁场进行对比,选取与恒定磁场相同的幅值进行测试,交变磁场的频率为 15 Hz,磁场波形为正弦。为了保证实验的准确性,对每个点都进行反复测试。实验结果如图 7.11 和图 7.12 所示。图 7.11 所示为 NaCl 溶液在恒定磁场和交变磁场作用下电导率的变化,图 7.12 所示为在相同磁场作用下,不同浓度的 NaCl 溶液电导率的变化。

根据实验结果可以得出以下规律:

①在恒定和交变磁场作用下 NaCl 溶液的电导率均有所升高。NaCl 溶液的电导率升高意味着溶液活度的上升,反映了磁场对电解质溶液的作用。

②电导率随磁场幅值变化的趋势也基本相同,在磁密较低的时候电导率变化小,随着

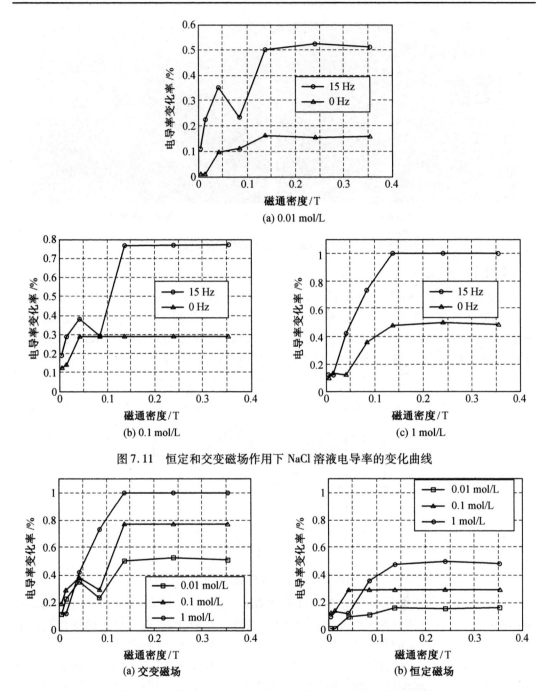

图 7.11 恒定和交变磁场作用下 NaCl 溶液电导率的变化曲线

图 7.12 不同浓度 NaCl 溶液受磁场作用后的电导率变化曲线

磁密的增加,电导率的变化增大,值得注意的是,当磁密增加到一定程度时,电导率的增加达到饱和状态,不再随着磁场的增加而增加。类似的,分子动力模拟磁场引起纯水氢键数的变化中也出现了饱和的现象,因此可以认为磁场在处理水和水溶液均存在着饱和现象。

③在交变磁场作用下,0.1 mol/L 和 0.01 mol/L 的 NaCl 溶液电导率变化率在磁密幅值为 0.1 T 附近出现了电导率变化率随着磁密的增加反而下降的情况,但在 1 mol/L NaCl

溶液的测试中未发现此现象。

④当磁密值较小时,电导率变化不明显,交变与恒定磁场作用的区别不大;随着磁密幅值的增加,交变磁场作用后的 NaCl 溶液电导率变化明显大于恒定磁场。

⑤在同一磁场作用下,高浓度的 NaCl 溶液的电导率变化率要大于低浓度的。

7.3　磁场对氯化钠溶液电导率的影响机理

本节先简要介绍电解质溶液电导率、离子氛理论及离子水化理论的相关知识,而后综合电磁学中的相关知识对影响机理进行分析。

7.3.1　电解质溶液的电导率

在电场作用下,电解质溶液中的正、负离子将分别向阴极和阳极方向运动,称为离子的电迁移。离子 i 的电迁移率 u_i 是离子在单位电场强度(1 V/m)下的迁移速度,即

$$u_i = \frac{v_i}{E} \tag{7.6}$$

式中　v_i——迁移速度;

　　　E——电场强度。

离子迁移数的定义为溶液中某种离子的导电量 Q_i 与溶液中通过的总电量 Q 之比,即

$$t_i = \frac{Q_i}{Q} \tag{7.7}$$

电导 G 与电导率 κ 的关系为

$$G = \kappa \frac{S}{l} \tag{7.8}$$

式中　S——导体的截面积;

　　　l——导体的长度。

电解质溶液的导电能力主要取决于溶液中离子的浓度和离子的电迁移率。

电解质溶液的摩尔电导率 Λ_m 定义为

$$\Lambda_m = \frac{\kappa}{c} \tag{7.9}$$

式中　c——电解质溶液物质的量浓度。

电解质溶液的摩尔电导率随浓度增大而下降,这是由于离子间作用随浓度的上升而上升的原因。

7.3.2　"离子氛"理论

荷兰化学家 Debye 和他的助手 Hückel 提出了微观电解质溶液的"离子氛"理论,又称离子互吸理论。该理论的基本假设是:①电解质是全部电离的;②离子是带电的硬球,它具有球形对称的电场,不产生极化;③离子间的相互作用力以库仑力为主,其他分子间的力可以忽略不计;④离子间相互作用产生的吸引力小于热运动动能,离子的分布是无序的;⑤溶剂水被认为是具有介电常数的连续介质,完全忽略了加入电解质后使溶液介电常数

发生的变化及水分子与离子间的水化作用。

基于以上假设,Debye 和 Hückel 提出了"离子氛"的物理模型(图7.13):由于异号离子相互吸引,一个阳离子(中心离子)周围有较多的阴离子,形成一种带负电的"离子氛";同样,一个阴离子(中心离子)周围有较多的阳离子,形成带正电的"离子氛"。中心离子不断运动,因此"离子氛"便不断被拆散,但又同时形成同一离子在某一时刻为"离子氛"的一员,在另一时刻又可能变为中心离子。由于"离子氛"的存在,中心离子受到"离子氛"的吸引,能量有所降低,导致离子的有效浓度比实际浓度小些。离子的有效浓度称之为活度,指离子在实际上作为完全独立的运动单位时所表现出来的浓度。

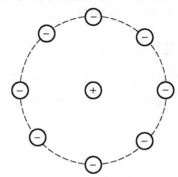

图 7.13 "离子氛"的物理模型示意图

7.3.3 离子水化理论

电解质溶液中,如果溶剂分子是极性分子,例如水分子,那么极性分子将与离子相互作用,产生离子-偶极能。

两个带相反电荷+q 和-q 的粒子中心相距 l 时,其偶极矩为

$$\mu = ql \tag{7.10}$$

如在偶极分子中心距离 r 处存在一个电荷为 $z_i e$ 的离子 i,此电荷与偶极分子中心的连线和偶极分子之间的夹角为 θ,如图7.14所示。

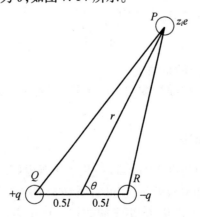

图 7.14 离子-偶极能模型示意图

按照库仑定律,它们之间的相互作用能为

$$u(r) = \frac{qz_ie}{4\pi\varepsilon_0 \overline{PQ}} - \frac{qz_ie}{4\pi\varepsilon_0 \overline{PR}} \tag{7.11}$$

$$\overline{PQ} = \sqrt{r^2 + rl\cos\theta + \frac{l^2}{4}} \tag{7.12}$$

$$\overline{PR} = \sqrt{r^2 - rl\cos\theta + \frac{l^2}{4}} \tag{7.13}$$

式中　ε_0——真空介电常数。

将式(7.12)和式(7.13)代入式(7.11)并泰勒展开,一般情况下 $r \gg l$,只取泰勒展开的前两项,得

$$u(r) = -\frac{qz_iel\cos\theta}{4\pi\varepsilon_0 r^2} \tag{7.14}$$

用 $\boldsymbol{r}$ 和 $\boldsymbol{\mu}_j$ 分别表示距离 r 和偶极矩 μ 的单位矢量,则有

$$u(r) = -\frac{z_ie\mu_j}{4\pi\varepsilon_0 r^2}(\boldsymbol{r} \cdot \boldsymbol{\mu}_j) \tag{7.15}$$

由式(7.15)可以看出,势能不仅与距离 r 有关,也与空间取向有关。由于分子的热运动,各种空间取向均可能出现,假定各种空间取向出现的概率服从 Boltzmann 分布,从而可求势能平均值。定义势能的系综平均值为

$$\langle u(r) \rangle = \frac{\int u(r)\mathrm{e}^{-\frac{u(r)}{kT}}\mathrm{d}\boldsymbol{r}}{\int \mathrm{e}^{-\frac{u(r)}{kT}}\mathrm{d}\boldsymbol{r}} \tag{7.16}$$

$$\mathrm{d}\boldsymbol{r} = \mathrm{d}x\mathrm{d}y\mathrm{d}z = r^2\sin\theta\mathrm{d}\theta\mathrm{d}r\mathrm{d}\phi \tag{7.17}$$

利用矢量积分定理,将式(7.17)代入式(7.16),积分得到离子-偶极分子作用能为

$$u_{\mathrm{ave}}(r) = -\frac{z_i^2 e^2 u_j^2}{3(4\pi\varepsilon_0)^2 r^4 kT} \tag{7.18}$$

式中　k——Boltzmann 常数;
　　　T——热力学温度。

由式(7.18)可以看出,不论离子带正电还是负电,$u_{\mathrm{ave}}(r)$ 恒为负值,所以离子和偶极分子之间的相互作用能为吸引能。电解质离子与水分子之间的作用能即属此类。受到离子-偶极能作用,一定数量的偶极分子在离子周围取向,使得可以自由移动的水分子减少。紧靠离子的一部分水分子能与离子一起移动,相应地增大了离子的体积。稍远的水分子也受到离子电场的影响,使水原有的结构部分地遭到破坏。通常将这种由于离子在水中出现而引起结构上的总变化称为离子水化。

7.3.4　外磁场对磁矩的作用

物质中原子核的自旋、电子的自旋和电子绕原子核的旋转都形成微观电流,每个微观电流都成为一个磁偶极子而具有一定的磁矩。对于产生的磁场而言,一个微电流环就相当于一个偶极子。只有在非常靠近电流环和偶极子的地方,两者才有些差别,因此可以把电解质溶液内部电子自旋和绕核旋转产生的磁场当作偶极子磁场来处理。在外磁场中,

偶极子会受到力和力矩的作用,如图 7.15 所示。

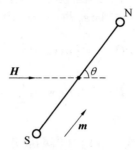

图 7.15　偶极子在外磁场中受的力矩示意图

设偶极子处于均匀的外磁场中,磁场强度为 H。偶极子的磁矩为 m,其方向与磁场方向的夹角为 θ,那么偶极子受到的力矩 L_m 为

$$L_m = \mu_0 m \times H \tag{7.19}$$

式中　μ_0——真空磁导率。

式(7.19)表明磁矩在外磁场作用下会受到力矩作用,该力矩促使磁矩向磁场的正向或逆向偏转。

对于绕核旋转的电子产生的磁矩,当存在外磁场时,运动的电子受到洛伦兹力的作用,洛伦兹力的方向为 $v \times B$ 的方向(v 为电子运动的方向)。对于与 B 的方向一致的磁矩,电子所受洛伦兹力的方向将沿旋转圆周运动的半径向外;于是向心力将比不存在磁场时要小些。当旋转圆周的半径不变时,运动速度将减小,因此洛伦兹力作用的效果是使与 B 方向相同的磁矩减小。而对与 B 方向相反的磁矩,洛伦兹力作用的效果是使磁矩增加。所以,洛伦兹力的总效果是在逆着外磁场的方向上产生磁矩,可以理解为电子绕核旋转的磁矩在外磁场作用下将向外磁场相反的方向偏转,而电子自旋的磁矩在外磁场作用下将转向外磁场方向。

7.3.5　影响机理

在电场作用下,中心离子和离子氛将向相反方向运动,运动时中心离子受到如下两力的作用:①电场对中心离子的作用力,这是离子电迁移的推动力;②中心离子运动时周围介质对其的摩擦力。

而当中心离子静止不动时,离子氛是球形对称的。但是在电场作用下中心离子迁移时,由于中心离子和离子氛将向着相反方向运动,因此中心离子不是在一个静止的介质中运动,其运动必然受到逆流的相反离子运动的影响。在水溶液中,离子是水化的,因此离子氛的运动也带动水分子运动,故中心离子是在逆流的水中运动,中心离子在运动时所受到的摩擦力就大于其在静止介质中运动时的摩擦力。此额外摩擦力被称为电泳力,这个作用即电泳效应(Electrophoretic Effect)。在运动时,中心离子和逆流运动的水分子相碰撞,损失部分动能,显然电泳效应的存在将导致离子电导率的下降。电泳效应与电解质浓度有关,当电解质浓度趋于 0 时,电泳效应也趋于零。

在磁场作用下,水分子内电子产生的磁矩会向着磁场方向或逆着磁场方向转向,从而使水分子的电子云发生极化,使离子水化层受到破坏。这样减弱了离子的水化作用,使中心离子在运动时的摩擦力减小,溶液的电导率升高。而当磁场较弱时,磁矩偏转不明显,这时电导率变化也不明显;随着磁场的增强,磁矩分子偏转加强,电导率也随之增加;而当磁场增加到一定程度,磁矩偏转到接近磁场正向和逆向时,再增加磁密,磁矩也不会再偏转,从而电导率也不再增加。

　　下面讨论交变磁场作用下,分子内部磁矩的变化。图7.16是交变磁场下分子磁矩偏转示意图。磁场频率在工频范围,不会引起分子的谐振。以磁矩向磁场方向偏转为例:设磁矩偏过的角度为 β,外磁场的磁场强度为 H。当外磁场强度从 0 开始增加时,磁矩转过的角度 β 也逐渐增大,如前所述,在磁场作用下,磁矩偏转的角度有一个极限值 β_0。这样,当磁场正向增大时,磁矩沿着0—1 曲线偏转到达饱和点 1,随后减小磁场,类似于铁磁性物质中的畴壁不可逆移动,受磁矩转向后相互作用力影响,磁矩的偏转将滞后于磁场的变化,这样,磁场减小至 0 时,磁矩的偏转角 β 并不为 0,而是保留一定的数值到达 2 点,要磁矩偏转角变为 0,即磁矩回到原来的位置3,需要加反向磁场。当反向磁场继续增加时,磁矩将偏转到负向饱和点 4。这样在交变磁场作用下,磁矩将沿着 1—2—3—4—1 曲线循环偏转。曲线包含的面积代表着偏转过程中磁场输入的能量,这部分能量将转化为水分子动能,水分子动能提高后,使得水分子运动加剧,加大了对离子水化层的破坏,进一步提高了溶液的电导率。这就是同样的磁密下,交变磁场作用时的 NaCl 溶液电导率比恒定磁场作用时变化率大的原因。

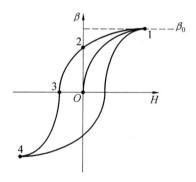

图 7.16　交变磁场下分子磁矩偏转示意图

　　另外,在交变磁场作用下,0.1 mol/L 和 0.01 mol/L 的 NaCl 溶液电导率变化率在磁密幅值为 0.1 T 附近出现了电导率随着磁密的增加反而下降的情况,但在 1 mol/L NaCl 溶液的测试中未发现此现象。从图7.12 中看出,0.1 T 附近正好是曲线趋向饱和的拐点位置,因此猜测这种现象可能与磁矩转向引起电导率变化的临界值有关。1 mol/L NaCl 溶液测试中未出现此现象,原因有待进一步研究。

　　电解质溶液的摩尔电导率随溶液浓度增大而下降,这是由于离子间作用随溶液浓度的上升而上升的原因。也即随着溶液浓度的提高,影响电导率的电泳效应会更加明显,而磁场作用恰恰可以削弱电泳效应。故对于浓度高的电解质溶液,由于其电泳效应强,在磁场作用后,电导率提升的空间也大。

7.4　旋转电磁效应抑垢实验及机理分析

7.4.1　实验条件及方案

1. 实验条件

（1）水质评价

为了评价和衡量水的质量，必须采用一系列的水质指标。由于水的用途不一样，对水质要求也不同，故采用的水质指标也不同，有时即使采用相同的水质指标，而评价和考查的侧重方面也会有所不同。

无机盐在水中溶解度受温度影响的变化规律分为三类：绝大多数盐的溶解度都是随温度升高而增加的；有些盐的溶解度受温度变化的影响不显著（如食盐）；也有些盐类的溶解度是随温度升高而下降的，如 $CaCO_3$，$CaSO_4$，$MgCO_3$ 等微溶和难溶盐，因此在受热过程中，这些盐特别容易形成水垢。

总溶解固体含量（Total Dissolved Solids，TDS）是水质控制的第一个重要指标。溶于水的总固体物质包括盐类和可溶性有机物，但后者在水中含量一般很低：实际上总溶固量就是水中溶解盐的数量，根据水中的总溶解固体含量的不同而将水质分为淡水、咸水、高咸水三类。

由于水中溶解的盐有导电能力，含盐量高导电力强，因此直接测定溶液的电导率即可换算出总溶解固体含量。电导率是一定体积溶液的电导，是溶液电阻率的倒数。对于同一类型淡水，在 pH＝5～9 范围，电导率与总溶解固体含量大致呈线性关系。电导率测定通常在 25 ℃恒温下进行，温度变化 1 ℃，电导率可有 2% 变化量，锅炉压力越高，要求控制电导率越低，即总溶解固体含量越低。

由于水中含有悬浮及胶体状态的微粒，使得原来无色透明的水产生浑浊现象，其浑浊的程度称为浑浊度。浑浊度是一种光学效应，用光线透过水层时受到阻碍的程度来表示水层对于光线散射和吸收的能力。它不仅与悬浮物的含量有关，而且还与水中杂质的成分、颗粒大小、形状及其表面的反射性能有关。控制浑浊度是工业水处理的一个重要内容，也是一项重要的水质指标。

一般从自然界得到的水都溶有一定的可溶性钙盐和镁盐，这种含可溶性钙盐、镁盐较多的水称为硬水。水的硬度是反映水中含钙盐、镁盐特性的一种质量指标，它表示能形成水垢的两种主要盐类，即钙盐和镁盐的总含量。通常水的硬度分级见表 7.2。根据钙盐、镁盐具体种类的不同，又分为暂时硬度和永久硬度。

暂时硬度表示水中重碳酸盐含量。因为这种盐类在水中一定温度下会分解生成碳酸钙（$CaCO_3$）和氢氧化镁（$Mg(OH)_2$）沉淀，使硬度消失，其反应为

$$Ca(HCO_3)_2 \rightarrow CaCO_3 \downarrow + H_2O + CO_2 \tag{7.20}$$

$$Mg(HCO_3)_2 \rightarrow Mg(OH)_2 \downarrow + 2CO_2 \tag{7.21}$$

永久硬度即非碳酸盐硬度，在温度变化时不会分解沉淀，它们在水中的存在相对来说比较长久。

根据水质硬度可以合理选择水处理方法,确定水处理成本,控制热循环系统少结或不结生水垢。

表 7.2　水的硬度分级

水　　质	硬度(以 $CaCO_3$ 计)/(mg · L^{-1})
很软的水	0 ~ 40
软水	40 ~ 80
较软的水	80 ~ 120
较硬的水	120 ~ 180
硬水	180 ~ 300
很硬的水	300 以上

(2) 实验水质

实验水样为北京十八里店地下水,水样指标见表 7.3。可以看出,原水样电导率和总溶解固体含量都很高;原水样的硬度高达 507.91 mg/L,超过了国家水质标准(450 mg/L)11.4%,根据水的硬度与水质的关系(表 7.2),该水样属于很硬的水。我国《生活用水卫生标准》中规定,水的总硬度不能过大。水质的硬度过大,饮用后对人体健康和日常生活都有一定影响。硬水问题也使工业上因设备和管线的维修和更换耗资数千万元。

表 7.3　水样指标

项　　目	原　水
电导率/(μs · cm^{-1})	1 222
总溶解固体/(mg · L^{-1})	612
pH 值	7.55
浊度(NTU)	0.50
硬度(以 $CaCO_3$ 计)/(mg · L^{-1})	507.91

(3) 运行问题

图 7.17 是蒸汽锅炉运行数个月管道与水泵的结垢情况。可以看出,管道内壁结垢现象严重,已沉积了一层厚厚的水垢,水泵结垢也非常严重,并且由于水垢的沉积已出现垢下腐蚀。其原因主要是原水的硬度太高,水中的 Ca^{2+}、Mg^{2+} 等形成硬度的成分含量高,受热后其溶解度降低,易于与 CO_3^{2-} 等阴离子结合形成水垢,并且未经处理的冷凝水作为锅炉补充水时,水中所含的大量 CO_3^{2-},Fe^{2+},Fe^{3+} 在锅炉传热面及管道中发生二次结垢及垢下腐蚀。管道内结垢,不仅降低热效率,而且会减小流通截面积,增大水的流动阻力,破坏正常的水循环,导致水冷壁管损坏,严重时还会完全堵塞管道,甚至造成爆管事故。

2. 实验方案

根据实际供热规模、温度要求,对热效率及运行成本进行有效匹配以达到能源优化利用。机电热换能器热循环系统流程如图 7.18 所示,其中,三组机电热换能器总致热功率为 40 kW,水流速度为 12.5 m^3/h,水箱容量为 6 000 L。给水模块通过检测水箱水位等运行物理量,在运行过程中自动调节,保证热循环系统稳定高效运行。温度控制器通过温度传感器测量水箱内水温,控制致热模块电源、出水泵电源以实现对系统连续性运行进行有效控制,控制温度为 55 ℃。

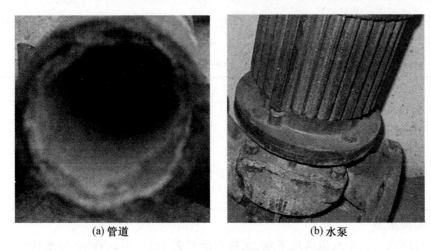

(a) 管道　　　　　　　　　　(b) 水泵

图 7.17　蒸汽锅炉运行情况

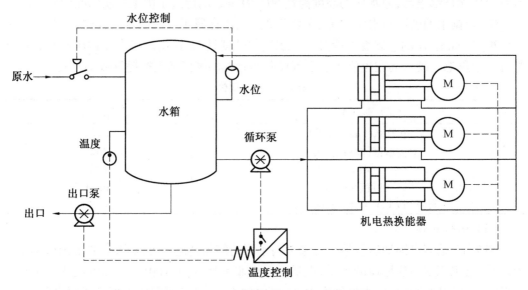

图 7.18　机电热换能器热循环系统流程图

　　为了与原有采用燃油锅炉的运行状况进行对比,机电热换能器热循环系统连续稳定运行两个月后,测定其水质变化,并分别采集热循环系统水箱壁、水箱底及管道内的水垢样进行观测。

7.4.2　水质变化

　　经过旋转电磁效应作用后,水的物理化学性质发生了明显变化,其中,电导率减小1.39%、TDS 减小 9.64%、pH 值减小 3.31%、浊度减小 58%、总硬度减小17.11%,见表7.4。长时间运行后,旋转电磁效应具有明显的降浊降硬作用。

表 7.4　水质指标处理前后变化

项　　目	原　　水	处理后	变化情况
电导率/($\mu s \cdot cm^{-1}$)	1 222	1 105	减 1.39%
总溶解固体/($mg \cdot L^{-1}$)	612	553	减 9.64%
pH 值	7.55	7.30	减 3.31%
浊度（NTU）	0.50	0.21	减 58%
硬度（以 $CaCO_3$ 计）/($mg \cdot L^{-1}$)	507.91	421.0	减 17.11%

7.4.3　水垢样厚度变化

在热交换系统中,不同部位的换热面上的传导温度不同,一般温度越高的换热面结垢量越多,所结生的水垢也就越厚。图 7.19 所示为燃油锅炉和机电热换能器热循环系统中的水垢样厚度对比。可以看出,与燃油锅炉中的水垢样相比,机电热换能器热循环系统中水箱壁、水箱底、管道的水垢样厚度明显减小。而且水箱壁仅有薄薄一层软垢,水箱底也是松散的水渣,仅冷热水管道交汇处水垢略厚。

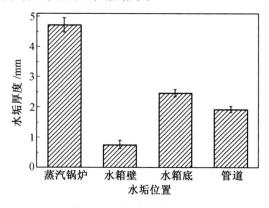

图 7.19　水垢样厚度对比

水垢是否会析出是由 $CaCO_3$ 在水中的饱和状态决定的,而 Ca^{2+} 的含量、CO_3^{2-} 的浓度及形成碳酸盐水垢的晶核结构,是决定水垢析出及其致密程度的主要因素。图 7.20 是燃油锅炉和旋转电磁热循环系统中水垢样的三维形貌。可以看出,蒸汽锅炉中结生的水垢样呈大块状,比较致密;而机电热换能器热循环系统中的水垢样则是疏松絮状、不定型的沉淀物。

图 7.21 是燃油锅炉中水垢样的断面特征。可以看出,水垢样的断面呈年轮状,而且明显分为五层,颜色深浅不一,致密程度也各不相同,说明燃油锅炉发生了很长时间水垢结生。而机电热换能器热循环系统中生成的沉淀物是黏附性差、流动性好的水渣,在水流作用下不容易在管壁上附着。

水垢和水渣生成的主要原因是钙和镁的某些盐类在水体系中的浓度超过了相应的溶解度,经过了一系列物理化学过程从水体系中析出。热循环系统水体系中的难溶物质,其相应离子的浓度一般都超过了其溶度积,处于过饱和溶液状态,虽然没有产生沉淀,一旦在锅炉水中或从锅炉水接触的金属表面有某种诱因,如有结晶核心形成、发生某种物理化学作用或局部金属表面条件有差异,就会有大量沉淀物析出。如果受热面比较粗糙,水体

(a) 蒸汽锅炉水垢样　　　　　(b) 机电热换能器系统水垢样

图 7.20　水垢样的三维形貌对比

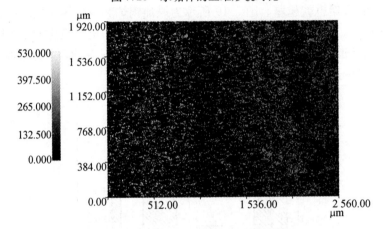

图 7.21　蒸汽锅炉水垢样的断面特征

系中难溶化合物的离子或微小的悬浮物容易聚积在较粗糙的表面处。当这些物质在金属表面附着后,先期沉积的附着物会对水体系中的离子或悬浮物起结晶核心作用,从而破坏了水体系中某些钙、镁等盐类的过饱和状态,使它们在这些区域能够很快析出,其沉积速度要比在其他部位快得多,其厚度也会在短时间内迅速增加。

7.4.4　水垢样成分比较

图 7.22 所示为燃油锅炉和旋转机电热换能器热循环系统中的水垢样的能谱分析。可以看出,水垢样的化学成分均主要含有 C,O,Ca 元素,都是碳酸盐型水垢。

图 7.23 所示为水垢样的主要元素成分含量对比(At% 为原子数百分含量)。可以看出,燃油锅炉中的水垢样相对旋转机电热换能器热循环系统中的水垢样,Ca 元素含量少,C,O 元素含量相差不大;旋转机电热换能器热循环系统中各部分水垢样的元素含量也不相同。

图 7.24 所示为燃油锅炉和机电热换能器热循环系统中水垢样的 XRD 图谱分析。可以看出,两种水垢样的物相成分中均含有霰石型、方解石型和球霰石型 $CaCO_3$,燃油锅炉中的水垢样还含有铁及其氧化物,但机电热换能器热循环系统中的水垢样主要是霰石型 $CaCO_3$。

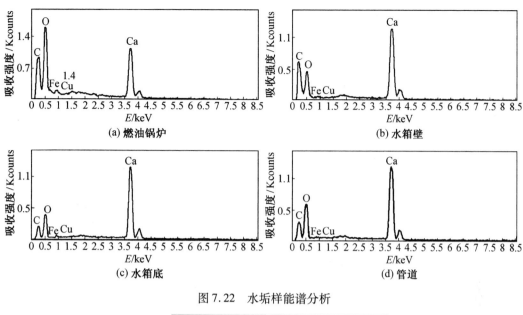

图 7.22 水垢样能谱分析

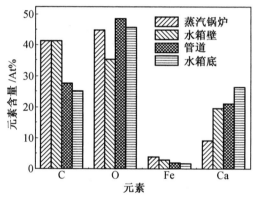

图 7.23 水垢样的主要元素成分对比

在自然界中，$CaCO_3$ 有四种同晶异构体，能量由高到低依次为胶状碳酸钙（Gal calcium carbonate）、球霰石（Vaterite）、霰石（Aragonite）、方解石（Calcite），其稳定性则依次增加。在 $CaCO_3$ 各种晶型中，方解石是热力学最稳定的，是霰石等晶型在水溶液中转变的最终产物。$CaCO_3$ 晶体在自然界中主要存在两种结构：方解石和霰石。其中，方解石一般在室温下（<30 ℃）形成，而霰石则一般在较高温度下（>30 ℃）形成。由前述水垢样的形貌观测可知，燃油锅炉中的水垢样呈年轮状，是长时间结生水垢造成的多层沉积，并且由于不同结生时期的条件不同，所生成的各层的物相成分也不相同。

热交换设备换热面上结生的水垢，其密度、厚度和化学组成是不均匀的，这种不均匀的污垢覆盖，造成了金属表面电化学不均匀性，很容易引发金属的垢下腐蚀损伤。Fe 随给水进入热循环系统，会沉积在管道上，铁垢的存在引起其沉积物下的垢下腐蚀。燃油锅炉中水垢样含有 Fe 的氧化物，表明了换热面金属已发生垢下腐蚀。垢下腐蚀可能是碱性腐蚀，也可能是酸性腐蚀，主要取决于给水中所含的物质及其 pH 值。垢下腐蚀到一定程

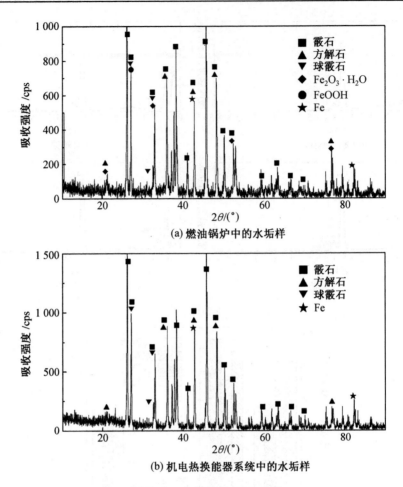

(a) 燃油锅炉中的水垢样

(b) 机电热换能器系统中的水垢样

图 7.24　水垢样的 XRD 图谱

度后,在铁或铜离子多的情况下,由于电位差把碳离子置换出来,会产生氢损害。

7.4.5　旋转电磁效应抑垢机理

水垢是以盐类化合物为主要组成的沉积物,它通常致密坚硬,牢固地附着在设备的通水管道壁上。旋转电磁效应导致水中氢键断裂成为更具活性的小分子缔合体系,使水的**渗透性增强**;同时,极性分子在磁场的作用下产生极化,沿着磁力线旋转进行定向排列,由于流体的黏度作用,使结晶体发生扭曲,进而断开,成为松散的小晶体悬浮物,如图 7.25 所示。水的浊度对已形成的老垢影响很大。老垢的沉淀结晶是由离子键结合而成的,表面电荷比较少,变形和断开的小晶体悬浮物由于水流动作用与老垢表面碰撞,使老垢离子键的结合力减弱,加上水流的摩擦力及热胀开裂而被剥离,老垢被水流带走,并在水流缓慢的区域沉积。

水媒质同时处于旋转永磁磁场和二次侧短路电流的场域中,受到磁场和电场的协同作用,还伴随有温度的影响。电磁力场、磁化作用及温度作用对 $CaCO_3$ 结晶过程的影响分析如下。

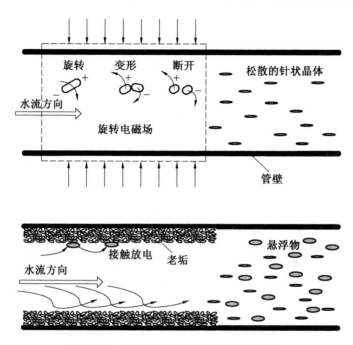

图 7.25　旋转电磁场的抑垢机理示意图

1. 电磁力场对 $CaCO_3$ 结晶过程的影响

电磁力场对水溶液的作用包括磁场对带电粒子的洛伦兹力作用和磁场对极性分子的取向作用,其中磁场对水溶液中带电粒子的洛伦兹力作用是最基本的作用,取向作用是洛伦兹力对极性分子施加作用的结果。

(1)电磁力场对带电粒子的洛伦兹力作用

磁场中带电粒子受到的洛伦兹力可以写为

$$F = qvB\sin \alpha \tag{7.22}$$

式中　q——带电粒子所带的电荷;在此等于 $2 \times 1.6 \times 10^{-19}$ C;

v——带电粒子的速度;

B——磁感应强度;

α——磁场方向和带电粒子的运动方向的夹角。

图 7.26 所示为带电粒子在磁场中的运动示意图,当水溶液流经磁场时,在磁场作用的区域内,水溶液中的 Ca^{2+} 和 CO_3^{2-} 等带电离子由于洛伦兹力的作用被束缚于磁力线附近,使得该处粒子的浓度高于无磁场作用的区域,并且水中的 Ca^{2+} 和 CO_3^{2-} 由于所带电荷相反,受到洛伦兹力的作用,运动方向要向相反方向偏离,增加了 Ca^{2+} 和 CO_3^{2-} 离子间的碰撞机会,使溶液中 $CaCO_3$ 晶粒的大量生成成为可能。从式(7.22)中可以看出,夹角垂直时洛伦兹力最大,磁感应强度和运动速度大对磁场作用效果有利。

在方解石和霰石晶体中,C—O 的平均距离是 0.125 nm,方解石的 Ca—O 的平均距离是 0.237 nm,霰石的 Ca—O 的平均距离是 0.252 nm。由于霰石的 Ca—O 的平均距离大于方解石,所以洛伦兹力的作用容易生成霰石。

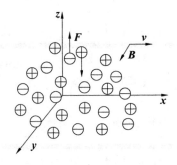

图 7.26　带电粒子在磁场中运动示意图

（2）电磁力场对极性分子的取向作用

由于 Ca^{2+} 和 CO_3^{2-} 等离子在溶液中都是以水合离子的形式存在,频繁的碰撞使得它们携带的水化膜部分甚至完全解体,从而改变了离子的水合状态,在生成 $CaCO_3$ 晶粒的同时也生成了许多单体水分子。单体水分子能较明显地表现出它的电偶极性,有利于磁场对水分子的取向作用。磁场对碰撞生成的单体水分子进行取向,从而将刚刚生成的 $CaCO_3$ 晶粒束缚在水分子群中,使得它们不能自由运动,运动的自由程度和彼此间的有效碰撞大为减少,这样阻碍了小晶粒相遇结合成为大晶粒。也就是说,取向作用通过加强 $CaCO_3$ 晶粒的水合,抑制了晶粒的长大。磁场对碰撞生成的单体水分子进行取向反映在溶液的介电常数上,表现为介电常数的增大。介电常数的增大减小了离子间的静电相互作用,对于 Ca^{2+} 和 CO_3^{2-} 离子,磁场作用对极性水分子的取向作用表现为抑制了 $CaCO_3$ 晶粒的生成和长大。

在磁场对水溶液作用的整个过程中,电磁力场对带电粒子的洛伦兹力作用和对极性分子的取向作用是相辅相成的。在生成 $CaCO_3$ 晶粒的同时,洛伦兹力作用为取向作用提供了单体水分子,而取向作用利用单体水分子的极性抑制了 $CaCO_3$ 晶粒的生成和长大。同时,电磁力场对水体中的颗粒施加磁引力,促进了颗粒絮凝,但其作用效果取决于水体性质及磁场参数。水中浊度胶体物质经磁场作用后,其胶核与周围的离子氛的电特性被改变,使胶体发生脱稳,胶体微粒相互凝集并拉动水中其他粒子共同沉淀,使水质澄清。

2. 磁化作用对 $CaCO_3$ 结晶过程的影响

$CaCO_3$ 结晶过程是由诸多因素决定的,包括过饱和度的形成、新相的生成、晶粒的生长等。由于结晶过程的复杂性,对它的结晶动力学描述有一定的困难。用以判断结晶过程的主要指标之一是溶液的浓度,因为溶液浓度随时间的变化在一定程度上反映了结晶动力学。结晶过程中溶液浓度的变化可以根据与溶解物质含量有关的物理性质如电导率及 TDS 的变化来进行跟踪。从表 7.4 中可以看出,电磁循环处理后,溶液的电导率及 TDS 下降。溶液的电导率及 TDS 的下降是因为水中正负离子生成 $CaCO_3$ 结晶析出,使导电能力减弱。

由于 CO_3^{2-} 离子是三角形结构,$CaCO_3$ 晶体结构属于 ABO_3 型化合物的第一类,从图 7.27 可以看出,在方解石和霰石的晶格内,C 都被三个 O 以平面的方式包围,平面状的 CO_3 群均垂直于 C-轴排列。方解石属于六方晶系棱面体,Ca 和 O 的配位数是 6,结构特别稳定,所以方解石呈块状。霰石属于斜方晶系,CO_3 络离子的重心和 Ca 的重心占据着正六方体构造的点位,Ca 被六个 CO_3 络离子所包围,Ca 和 O 配位数是 9,其构造呈石墨样的层状,所以霰石呈粉末状或淤泥状。霰石转变成方解石的温度为 368 ℃,是单变性变体。

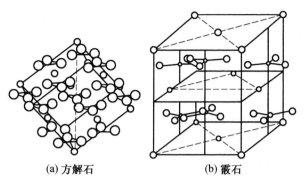

(a) 方解石　　　　　　　　(b) 霰石

图 7.27　方解石和霰石结构比较

鉴于离子的接触半径是随配位数增减而增减,霰石结构中阳离子配位数较大,适合于阳离子比较大的化合物。由于磁场对水体系的磁化作用,一方面,水中的氢键被破坏,水中缔合水分数的比例增加,水合钙离子 $[Ca(H_2O)_n]^{2+}$ 中的水分子数可以相应地增加,这就使 Ca^{2+} 的配位数增加,具备了 $CaCO_3$ 析出时有可能呈霰石结构的条件;另一方面,由于 Ca^{2+} 极化力的增加,化合物共价键性增加,共价键的方向性又限制了 Ca^{2+} 配位数的增大,即不利于霰石型 $CaCO_3$ 形成。

磁场是一种能量作用,它对水溶液作用后会影响 Ca^{2+} 和 CO_3^{2-} 生成 $CaCO_3$ 的条件。方解石和霰石的主要物理化学数据见表 7.5,可以看出,霰石的溶度积 K_{SP} 和标准生成自由能 ΔG_f° 都比方解石高。

表 7.5　方解石和霰石的主要物理化学数据

晶型	K_{SP}	$\Delta H_f^\circ/(kJ \cdot mol^{-1})$	$\Delta G_f^\circ/(kJ \cdot mol^{-1})$	$S^\circ/(kJ \cdot mol^{-1})$
方解石	4.5×10^{-9}	−1 207.68	−1 129.51	88.76
霰石	6.0×10^{-9}	−1 207.85	−1 128.47	34.81

分子析晶过程自由能 ΔG 与 $CaCO_3$ 的生成常数 K 的关系为

$$\Delta G = -RT\ln K \tag{7.23}$$

式中　　R——气体常数,为 8.314 J/mol·K;

　　　　T——绝对温度。

磁场作用使 $CaCO_3$ 的偶极矩增加,溶度积 K_{SP} 增加,即其生成常数 K 减少,则由式 (7.23) 可得出其 ΔG 增大。因为霰石型 $CaCO_3$ 的 K_{SP} 和 ΔG_f° 高于方解石型(表 7.5),所以磁场作用会使 $CaCO_3$ 的结晶过程趋向于产生霰石型 $CaCO_3$ 晶体。

3. 温度作用对 $CaCO_3$ 结晶过程的影响

物质的溶解度与温度有关。温度对不同物质溶解度的影响不同,大多数固体物质的溶解度随着温度的升高而增大。对于气态物质而言,当压强一定时,溶解度一般随温度的升高而减小;当温度不变时,随着压强的增大,气体的溶解度也增大。

旋转电磁效应产生的致热作用使水溶液温度升高,导致 CO_2 的溶解度下降,这样形成带负电的 $CaCO_3$ 胶粒的条件发生变化,其稳定性被破坏。存在过饱和溶液是晶体从液体中析出的必要条件,但 $CaCO_3$ 在水中的溶解度是随着温度升高而下降的。因此,胶体 $CaCO_3$ 离子虽然不稳定,但其固相 $CaCO_3$ 核具备了不仅不被溶解、反而长大的条件和趋势,形成结晶中心,由于温度升高与过饱和的条件首先在受热面附近区域达到,同时,新生的 $CaCO_3$ 晶体在原有固体表面上析出时所需的自由能低,在水中新生固相核需要的自由能高,因而,在不存在磁场作用的水体系中悬浮晶核数少,$CaCO_3$ 最易在加热面附近析出,并被吸附在加热面上。在磁场作用的水体系中悬浮的晶核数多,同时,温度升高有利于晶体的形核和长大,这样,在水体系中的 $CaCO_3$ 迅速形核长大,并随水流动被带走。

7.5　旋转电磁效应对金属流动腐蚀的影响

7.5.1　腐蚀试样及腐蚀介质

(1) 试样材料

Cu 具有优良的导电和导热性,以及良好的耐腐蚀和抗生物附着能力,因此被广泛应用于电气行业和热水系统。碳钢是用于热水系统的主要结构材料,因为它与工作介质相接触,能够形成一层由 Fe_2O_3 构成的保护膜,阻止进一步腐蚀。在机电热换能器热循环系统中,机电热换能器导管和导条的材料为紫铜,而结构材料为 45 号钢。故腐蚀实验试样材料采用紫铜和 45 号钢,腐蚀试样为标准挂片(尺寸为 50 mm×25 mm×2 mm),其化学成分见表 7.6 和表 7.7。

表 7.6　试样材料紫铜的化学成分　　　　　　　　Wt%(质量分数)

紫铜	铜 Cu	铁 Fe	铅 Pb	硫 S	氧 O	锡 Sn	砷 As	锑 Sb	镍 Ni	铋 Bi	锌 Zn
含量	99.9	0.005	0.005	0.005	0.06	0.002	0.002	0.002	0.002	0.002	0.005

表 7.7　试样材料 45 号钢的化学成分　　　　　　　　　　Wt%

45 号钢	碳 C	硅 Si	锰 Mn	硫 S	铬 Cr	铜 Cu	磷 P	镍 Ni
含量	0.23～0.48	0.21～0.36	0.55～0.74	0.028	0.25	≤0.14	≤0.055	≤0.30

(2) 腐蚀介质

腐蚀介质采用人工配置的海水。天然海水中的化学成分较多,主要有 NaCl,KCl,MgSO₄ 和 Fe,Li,I,Al,Br,Sr 等数十种,将这些化学物质按照一定的比例,充分混合在一起,即可制成人工海盐。将人工海盐按照一定的比例与水兑合,即可配成与天然海水较接近的人工海水。NaCl,MgSO₄,KCl 是按 3∶2∶1 的比例混合的,占人工海盐成分的 90%,另外 10% 由 20 种微量元素组成,国外产的人工海盐则由 40 种微量元素组成。人工海水的使用效果与人工海盐的质量密切相关。人工海盐的成分越齐全,比例越合理,配制的人工海水就越接近于天然海水,人工海水质量也越好。本节与下节采用的人工海水配方见表 7.8,盐度为 3.34%。

表 7.8　Mocledon 的人工海水配方(盐度 3.34%)

名　称	分子式	浓度/(g·L⁻¹)	名　称	分子式	浓度/(g·L⁻¹)
氯化钠	$NaCl$	26.726	硼酸	H_3BO_3	0.058
氯化镁	$MgCl_2$	2.26	硅酸钠	Na_2SiO_3	0.002 4
硫酸镁	$MgSO_4$	3.248	四聚硅酸二钠	$Na_2Si_4O_9$	0.001 5
氯化钙	$CaCl_2$	1.153	磷酸	H_3PO_4	0.002
碳酸氢钠	$NaHCO_3$	0.198	六氯化二铝	Al_2Cl_6	0.013
氯化钾	KCl	0.721	氨	NH_3	0.002
溴化钠	$NaBr$	0.058	硝酸锂	$LiNO_3$	0.001 3

人工海水配制水源主要是自来水,将自来水晾晒一周,待水中氯气挥发尽后使用。人工海盐的掺兑量,是按照海水的盐度来决定的。天然海水的盐度为 3.4%~3.5%,人工海水的盐度控制在 3.0%~3.3%,人工海水的盐度略低。海水的比重、海水的盐度与水温密切相关,只有水温恒定时,海水的比重和盐度才会稳定。配制人工海水时,先要测出水温,然后由图 7.28 中就可得到盐度,计算出海盐的使用数量。

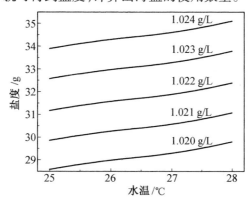

图 7.28　不同水温下的海水盐度和比重换算

刚配制的人工海水,水质不稳定,水色比较混浊,每隔 12 h 对水质进行一次测量,通过兑水或增加海盐的方法,将人工海水的比重维持在 1.022~1.023,等水色澄清、水质稳定后使用。

7.5.2　实验方法

(1)失重法

流动腐蚀速度的测定采用失重法。将处理好的试样平行悬挂于水箱中,每组三个试样。实验周期为 12 d。

试样表面腐蚀产物的去除采用电化学阴极除膜,然后用去离子水冲洗,丙酮除油干燥 24 h 后称重。

平均流动腐蚀速率的计算公式为

$$\bar{v} = (W_0 - W_t)/(S \times t) \tag{7.24}$$

式中　$\bar{v}$——平均流动腐蚀速率,g/(m²·h);

W_0——试样的初始质量，g；

W_t——实验后清除腐蚀产物后的试样质量，g；

S——试样暴露面积，m^2；

t——实验时间。

（2）实验流程

动态循环实验的具体实验流程见第 8 章图 8.9。机电热换能器的转速设定为 1 500 r/min，磁场强度为 0.2 T。水箱容积为 200 L，水流量为 0.5 m^3/h。实验中将配好的人工海水注入水箱，经水泵抽送入管道中，经机电热换能器作用，循环后又回到水箱。

7.5.3　旋转电磁效应对流动腐蚀的影响

1. 流动腐蚀速率

图 7.29 是 45 号钢和紫铜在旋转电磁热循环海水体系中的流动腐蚀速率。可以看出，随着流动腐蚀过程的持续进行，45 号钢的流动腐蚀速率开始迅速下降，而后略有增大。而紫铜的流动腐蚀速率开始迅速下降，而后趋于平缓。

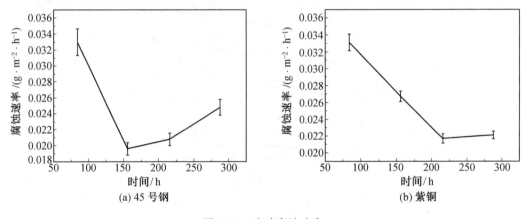

图 7.29　流动腐蚀速率

2. 表面腐蚀形貌

（1）45 号钢表面腐蚀形貌

图 7.30 是 45 号钢流动腐蚀过程中试样的二维表面形貌。可以看出，腐蚀 3 d 后，试样表面分布着大量的点蚀坑；腐蚀 6 d 后，试样表面形成一层松散的黑色腐蚀产物，虽然不再致密，但与基体结合还是比较牢固的，并且腐蚀产物有分层的痕迹，即分为比较致密的内层和较疏松的外层，主要是腐蚀产物层热胀开裂剥落形成的；腐蚀 9 d 后，试样表面腐蚀产物层疏松，但尚未完全脱落，裸露的基体部分生成的腐蚀产物继续开裂；腐蚀 12 d 后，试样表面腐蚀产物仍然分层。

图 7.31 是 45 号钢流动腐蚀过程中试样的三维表面形貌。可以看出，腐蚀 3 d 后，试样表面出现了大量的点蚀坑，而且，这些点坑的形状、分布很不规则，局部区域出现了较深的腐蚀坑，从图中也可以清楚地观察到点蚀坑的直径和深度；腐蚀 6 d 后，试样表面形貌较为平整，主要是由于腐蚀产物的堆积阻止了腐蚀的持续进行；腐蚀 9 d 后，试样表面部分非常平整，部分塌陷，说明试样表面腐蚀产物出现部分溶解，而且出现较深的点蚀坑；腐

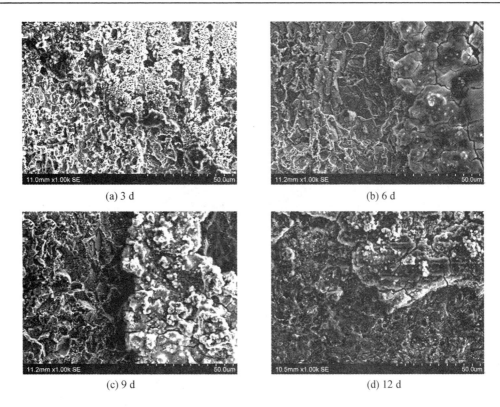

图 7.30　45 号钢腐蚀过程的二维表面形貌

图 7.31　45 号钢腐蚀过程的三维表面形貌

蚀 12 d 后,可以看出,随着腐蚀试样表面的溶解,基体出现比初期更深、分布更广的点蚀坑。而尚有腐蚀产物的部分依然相对平整,如图 7.32 所示,说明试样表面腐蚀发生的不均匀。

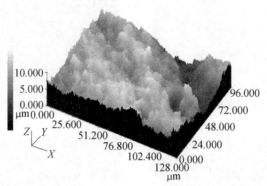

图 7.32　45 号钢腐蚀 12 d 脱落部分的三维形貌

图 7.33 是 45 号钢流动腐蚀过程表面点蚀深度。可以看出,随着腐蚀的进行,点蚀深度迅速增大,中间段略有减小。与腐蚀过程三维形貌对比,中间段点蚀深度减小主要与表面腐蚀产物膜的生成和溶解有关。

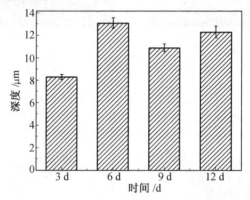

图 7.33　45 号钢腐蚀过程表面点蚀深度

通过以上对 45 号钢腐蚀过程的二维和三维表面形貌分析可以看出,45 号钢在旋转电磁热循环系统发生的是剥层腐蚀,其流动腐蚀历程经由"点蚀—腐蚀产物膜—表层脱落—基体点蚀"持续进行。

（2）紫铜表面腐蚀形貌

图 7.34 是紫铜流动腐蚀过程中试样的二维表面形貌。可以看出,腐蚀 3 d 后,试样发生了均匀腐蚀,试样表面较为平整;腐蚀 6 d 后,腐蚀产物沉积在试样表面,腐蚀产物的不断沉积形成保护膜,将腐蚀区域逐渐隔离开,腐蚀被抑制,但试样表面出现腐蚀产物的溶解,使溶液中侵蚀离子能够到达基体表面,试样出现了孔蚀;腐蚀 9 d 后,随着试样表面孔穴中的铜持续溶解,孔洞不断增大;腐蚀 12 d 后,随着腐蚀过程中孔洞的继续增大及表面溶解,表面孔洞连贯。

图 7.35 是紫铜流动腐蚀过程中试样的三维表面形貌。可以看出,腐蚀 3 d 后,试样

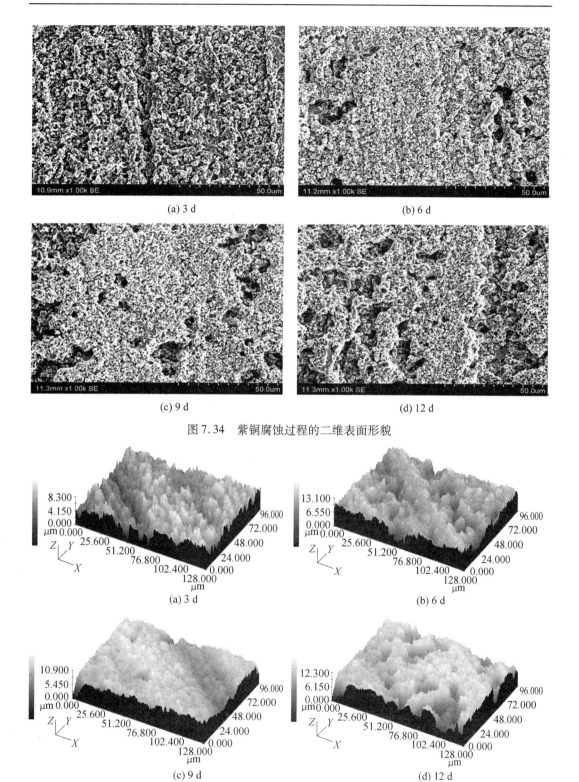

(a) 3 d

(b) 6 d

(c) 9 d

(d) 12 d

图 7.34 紫铜腐蚀过程的二维表面形貌

(a) 3 d

(b) 6 d

(c) 9 d

(d) 12 d

图 7.35 紫铜腐蚀过程的三维表面形貌

表面为分布均匀、较浅的点蚀坑;腐蚀 6 d 后,试样表面点蚀坑扩大、变深,伴随着试样表面腐蚀进行,点蚀坑逐渐加深;腐蚀 9 d 后,随着腐蚀产物的生成与沉积,试样表面较为平整,但点蚀坑随着腐蚀过程的进行继续变深;腐蚀 12 d 后,随着腐蚀过程的进行,表面腐蚀产物不断溶解后,点蚀坑更为深入。

　　图 7.36 是紫铜流动腐蚀过程表面点蚀深度。可以看出,随着腐蚀的进行,开始段点蚀深度基本不变,说明发生了均匀腐蚀,中间段后迅速增大,而后又减小。中间段点蚀深度迅速增大主要是表面腐蚀产物膜在部分区域生成,而部分区域的点蚀孔持续溶解。

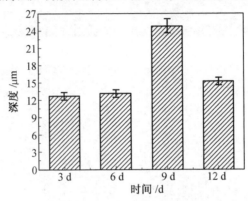

图 7.36　紫铜腐蚀过程表面点蚀深度

　　通过以上紫铜腐蚀过程的二维和三维表面形貌分析可以看出,紫铜在旋转电磁热循环系统发生的是孔蚀,其流动腐蚀历程经由"均匀点蚀—点蚀扩展—腐蚀产物膜—表面溶解—点蚀"持续进行。

3. 腐蚀产物成分

（1）45 号钢腐蚀产物成分

　　图 7.37 是 45 号钢流动腐蚀过程中表面腐蚀产物能谱分析。可以看出,试样表面腐蚀产物主要含 O 元素和 Fe 元素。随着腐蚀过程的进行,O 元素含量不断增加,而 Fe 元素含量则降低,如图 7.38 所示。随着试样表面腐蚀的持续进行,腐蚀产物由于热胀开裂而脱落。图 7.39 是 45 号钢试样表面脱落腐蚀产物能谱分析。可以看出,脱落产物成分主要也是含 O 和 Fe 元素。随着腐蚀的进行,产物成分基本没有变化,如图 7.40 所示。

　　图 7.41 是 45 号钢试样表面腐蚀产物的 XRD 图谱。可以看出,45 号钢热流动腐蚀产物主要是 Fe_2O_3,Fe_3O_4,$FeOOH$,$Fe(OH)_3$ 和 $FeCl_2 \cdot 4H_2O$。

　　试样表面存在两部分腐蚀产物,一部分为相对致密的 Fe_3O_4 层;另一部分形成的腐蚀产物与腐蚀条件紧密相关,通常是 $Fe(OH)_3$ 和 $FeOOH$ 等的混合物,其腐蚀过程如下:

阳极反应

$$Fe \rightarrow Fe^{2+} + 2e \tag{7.25}$$

$$Fe^{2+} \rightarrow Fe^{3+} + e \tag{7.26}$$

阴极反应

$$O_2 + 2H_2O \rightarrow 4OH^- - 4e \tag{7.27}$$

这是一对电化学共轭反应,总腐蚀速率受控于反应(7.27)。经过旋转电磁效应作用

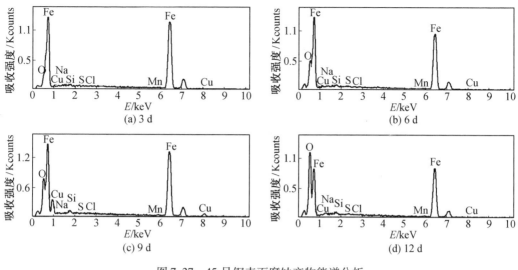

图 7.37　45 号钢表面腐蚀产物能谱分析

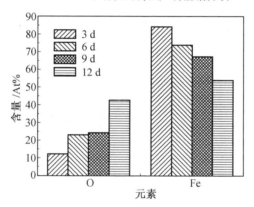

图 7.38　45 号钢表面腐蚀产物主要元素含量

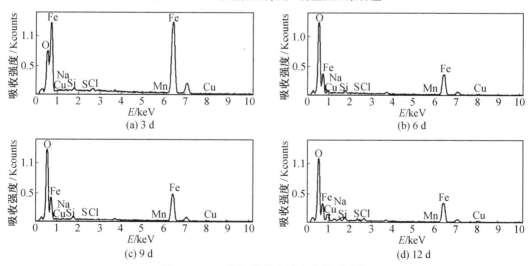

图 7.39　45 号钢脱落腐蚀产物能谱分析

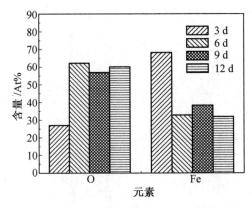

图 7.40 45 号钢脱落腐蚀产物主要元素含量

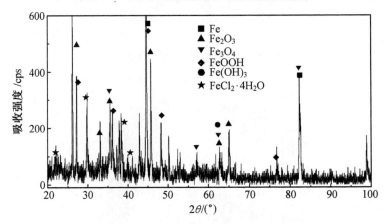

图 7.41 45 号钢表面腐蚀产物的 XRD 图谱

后,海水被活化,使反应(7.27)加快,有利于沉淀出 $Fe(OH)_2$,同时水中 Fe^{2+} 很容易被氧化而生成红色疏松的 $Fe(OH)_3$ 沉淀,并一起附着在试样表面。由于 $Fe(OH)_3$ 在试样表面的覆盖,使 O_2 接触试样基体困难,FeOOH 可能作为阴极去极化剂,其反应为

$$3Fe(OH)_3 + e \rightarrow Fe_3O_4 + 4H_2O + OH^- \tag{7.28}$$

$$3FeOOH + e \rightarrow Fe_3O_4 + H_2O + OH^- \tag{7.29}$$

局部区域会发生如下反应

$$Fe(OH)_2 + 2FeOOH \rightarrow Fe_3O_4 + 2H_2O \tag{7.30}$$

(2)紫铜腐蚀产物成分

图 7.42 是紫铜试样表面腐蚀产物能谱分析。可以看出,表面腐蚀产物主要含 O 元素和 Cu 元素。随着腐蚀过程的进行,O 元素和 Cu 元素的含量基本没有变化,如图 7.43 所示。

图 7.44 是紫铜试样表面腐蚀产物的 XRD 图谱。可以看出,紫铜热流动腐蚀产物主要是 Cu_2O 和 CuO。

紫铜在旋转电磁热循环系统中的流动腐蚀过程主要发生以下反应:

阳极

$$2Cu + H_2O \rightarrow Cu_2O + 2H^+ + 2e^- \tag{7.31}$$

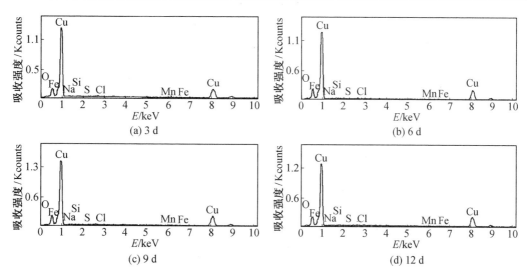

图 7.42　紫铜表面腐蚀产物能谱分析

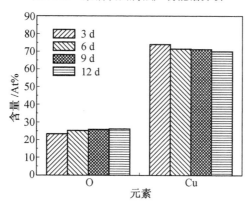

图 7.43　紫铜表面腐蚀产物主要元素含量

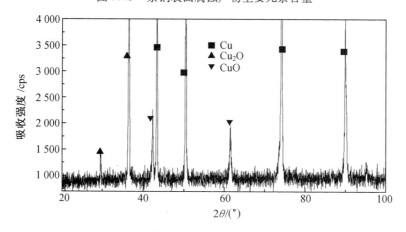

图 7.44　紫铜表面腐蚀产物的 XRD 图谱

阴极

$$O_2 + 2H_2O \rightarrow 4OH^-$$ 　　　　　　　　　　（7.32）

　　紫铜试样表面最初形成的 Cu_2O 氧化层被部分氧化成 CuO，氧化层主要由 Cu_2O 和 CuO 组成。海水中含有大量的 Cl^-，虽然氧化物晶格中的 O^{2-} 可能被 Cl^- 取代，但是由于旋转电磁效应对海水物化性质的影响，同时温度升高促使紫铜发生氧化反应的速度加快，最后的腐蚀产物还是铜的氧化物。

7.5.4　流动腐蚀过程

　　由 XRD 图谱分析表明，45 号钢和紫铜热流动腐蚀形成的表面腐蚀产物膜由不同的氧化物组成，这是由于它们的热力学稳定性不同所致，如图 7.45 所示。

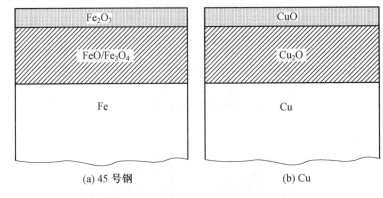

图 7.45　表面腐蚀产物结构示意图

　　金属氧化物是由金属元素与氧元素两种元素组成的氧化物。从结构上，氧化物可概括为离子导体型氧化物、半导体型氧化物和间隙化合物。其中，半导体型氧化物是非当量化合的离子晶体，晶体内可能存在过剩的阳离子或过剩的阴离子，在电场作用下，除离子迁移外，还有电子迁移。多数氧化物均属于半导体化合物。根据其中的过剩组分不同可分为两类：金属离子过剩型氧化物半导体（N 型）和金属离子不足型氧化物半导体（P型），其结构如图 7.46 所示。离子过剩型氧化物半导体，氧化物中过剩的金属离子处于晶格间隙，整体呈电中性，间隙中有相应的电子运动。随着氧压的增加，其间隙离子和准自由电子减少，电导率降低。金属离子不足型氧化物半导体，由于氧离子比金属离子大，过剩的氧离子不能在晶格间隙位置，而是占据着空位。整体而言半导体氧化物是电中性的。

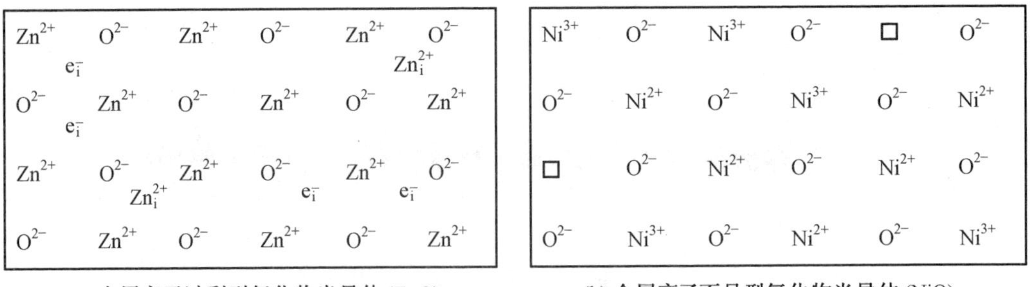

(a) 金属离子过剩型氧化物半导体 (ZnO)　　　　(b) 金属离子不足型氧化物半导体 (NiO)

图 7.46　半导体型氧化物

金属氧化时,在电势梯度或浓度梯度下,氧化层中的金属离子和电子将发生迁移或扩散。在 N 型氧化物半导体中,氧化物间隙金属离子和电子向外表面迁移,在氧化物–界面上与氧接触生成新氧化物层;在 P 型氧化物半导体中,氧离子、阳离子空位和电子空位都向内迁移,金属离子和电子则向外迁移,并在晶格内部形成新的氧化物层。

FeO 属于 P 型氧化物,具有高浓度的 Fe^{2+} 空位和电子空位。Fe^{2+} 和电子通过膜向外扩散(晶格缺陷向内表面扩散);Fe_2O_3 属于 N 型氧化物,晶格缺陷为 O^{2-} 空位和自由电子,O^{2-} 通过膜向内扩散(O^{2-} 空位向外界面扩散);Fe_3O_4 属于 P 型氧化物占优势,既有 Fe^{2+} 的扩散,又有 O^{2-} 的扩散,如图 7.47 所示。而 Cu_2O 属于金属离子不足型氧化物。

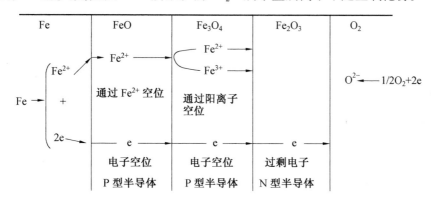

图 7.47　45 号钢表面腐蚀产物结构示意图

金属腐蚀过程中形成的表面腐蚀产物膜是否具有保护性,首先决定于膜的完整性。通常,氧化时所生成的金属氧化膜的体积 V_{OX} 比生成这些氧化膜的金属的体积 V_M 要大,此比值称为 P–B 比,以 r 表示

$$r = \frac{V_{OX}}{V_M} = \frac{M\rho_M}{nA\rho_{OX}} = \frac{M\rho_M}{m\rho_{OX}} \qquad (7.33)$$

式中　M——金属氧化物的相对分子质量;

A——金属的相对分子原子质量;

n——金属氧化物中金属的原子价;

m——形成氧化膜所消耗的金属质量,$m = nA$;

ρ_M 和 ρ_{OX}——金属和金属氧化物的密度。

一般的,当 $r > 1$ 时,氧化膜才是完整的。当 $r < 1$ 时,生成的氧化膜不能完全覆盖整个金属表面,形成的氧化膜疏松多孔,不能有效地将金属与介质隔离,氧化膜保护性很差。FeO 膜的 $r = 1.77$,Cu_2O 膜的 $r = 1.68$,这两类氧化膜均具有保护性。

热流动腐蚀过程中,在腐蚀产物与被腐蚀金属之间,在腐蚀产物的不同层以及在复杂混合物型中的不同相腐蚀产物之间,由于结构上存在着差异,表面氧化膜中存在内应力。形成应力的原因是多方面的,包括氧化膜成长产生的应力、相变应力,以及由于各相热膨胀系数不同,在冷热交变作用下会产生的热应力。内应力达到一定程度时,可以由膜的塑性变形、金属基体塑性变形,导致氧化膜与基体分离、氧化膜破裂等。比如在腐蚀产物膜塑性变形能力低或其与基体金属间附着力不牢时,内应力会使其发生开裂、剥落,从而使腐蚀加剧;金属转变为氧化物时,体积突然增大,最容易引起开裂和剥落。

7.6　旋转电磁效应对金属电化学腐蚀的影响

7.6.1　腐蚀试样及腐蚀介质

（1）腐蚀试样

电化学腐蚀试样材料为 45 号钢和紫铜,试样化学成分见表 7.6 和表 7.7。

（2）腐蚀介质

电化学腐蚀中所用的腐蚀介质为旋转电磁处理海水,其处理方法为人工海水经旋转电磁装置循环处理 12 d(磁场强度 0.2 T,温度(55±5)℃)。对比介质为原海水和 3.5% 的 NaCl 溶液(分析纯 NaCl 和去离子水配制)。

7.6.2　实验方法

电化学腐蚀实验采用上海辰华公司的 CHI604C 电化学分析仪。测试体系为经典三电极体系,研究电极(VE)为待测试样,辅助电极(CE)为镀铂钛网,参比电极(RE)为饱和甘汞电极(SCE)。利用三电极体系可同时测定通过研究电极的电流和电位,从而得到单个电极的极化曲线。极化曲线的扫描速度为 5 mV/s,电压变化范围为 –1.5 ~ 1.5 V,温度为(25±1)℃。

对腐蚀后的试样采用扫描电子显微镜观察其表面的腐蚀形貌,同时用电子能谱分析试样表面腐蚀产物的元素变化,采用 XRD 对试样表面腐蚀产物进行物相分析。

7.6.3　旋转电磁效应对电化学腐蚀的影响

1. 极化曲线

（1）电化学腐蚀速率

金属材料的极化曲线反映了该材料在腐蚀介质中的电化学行为,并可据此推算出其腐蚀速率。在电化学腐蚀中,金属的腐蚀是由阳极溶解造成的。根据法拉第定律,金属阳极每溶解 1 mol/L 的 1 价金属,通过的电量为 1 法拉第。若电流强度为 I,通电时间为 t,则通过的电量为 $I \cdot t$,阳极所溶解的金属量 Δm 为

$$\Delta m = \frac{AIt}{nF} \tag{7.34}$$

式中　A——金属的原子量;

　　　n——价数,即金属阳极反应方程式中的电子数;

　　　F——法拉第常数,即 $F = 96\ 500$ mol/L 电子。

对于均匀腐蚀来说,整个金属表面积 S 可看成阳极面积,故腐蚀电流 i_{corr} 可以表示为 I/S。

腐蚀速度 v_{corr} 与腐蚀电流 i_{corr} 间的关系为

$$v_{\text{corr}} = \frac{\Delta m}{St} = \frac{A}{nF} i_{\text{corr}} \qquad (7.35)$$

可见,腐蚀速度与腐蚀电流成正比,因此可用腐蚀电流 i_{corr} 来表征金属的电化学腐蚀速度。

图 7.48 分别是 45 号钢和紫铜在 3.5% NaCl 溶液、海水和旋转电磁处理海水三种溶液中所测得的极化曲线。腐蚀电极体系处于强阴极和强阳极极化区时,动力学规律符合以下塔菲尔(Tafel)关系:

阴极极化

$$i_{\text{C}} = i_{\text{corr}} \left[\exp(2.3\eta_{\text{C}}/b_{\text{C}}) - \exp(-2.3\eta_{\text{C}}/b_{\text{A}}) \right] \qquad (7.36)$$

阳极极化

$$i_{\text{A}} = i_{\text{corr}} \left[\exp(2.3\eta_{\text{A}}/b_{\text{A}}) - \exp(-2.3\eta_{\text{A}}/b_{\text{C}}) \right] \qquad (7.37)$$

式中　i_{A}——阳极极化电流;

i_{C}——阴极极化电流;

i_{corr}——腐蚀电流;

η_{A}——阳极过电位,$\eta_{\text{A}} = \varphi - \varphi_{\text{e}}$;

η_{C}——阴极过电位,$\eta_{\text{C}} = \varphi_{\text{e}} - \varphi$;

b_{A}——阳极极化曲线的塔菲尔常数;

b_{C}——阴极极化曲线的塔菲尔常数。

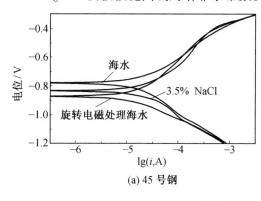

(a) 45 号钢

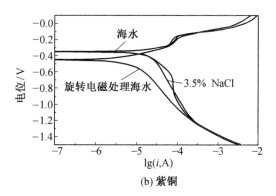

(b) 紫铜

图 7.48　极化曲线测试

根据塔菲尔直线外推法,就可以计算出 45 号钢和紫铜在 3.5% NaCl 溶液、海水和旋转电磁处理海水三种溶液中的腐蚀电位和腐蚀电流,见表 7.9 和表 7.10。

表 7.9　45 号钢在不同介质中的腐蚀电位和腐蚀电流

腐蚀介质	腐蚀电位/V	腐蚀电流/A	极化电阻/Ω
3.5% NaCl 溶液	−0.834	$2.429×10^{-5}$	2 002
海水	−0.780	$1.693×10^{-5}$	2 591
旋转电磁处理海水	−0.872	$1.411×10^{-5}$	2 862

表 7.10　紫铜在不同介质中的腐蚀电位和腐蚀电流

腐蚀介质	腐蚀电位/V	腐蚀电流/A	极化电阻/Ω
3.5% NaCl 溶液	−0.349	5.164×10^{-5}	1 922
海水	−0.353	3.415×10^{-5}	2 034
旋转电磁处理海水	−0.450	0.371×10^{-5}	9 597

　　由表 7.9 和 7.10 可以看出,45 号钢在人工海水中腐蚀速率最大,在 3.5% NaCl 溶液中次之,在旋转电磁处理海水中最小。紫铜在 3.5% NaCl 溶液中腐蚀速率最大,在海水中次之,在旋转电磁处理海水中最小。

　　(2) 缓蚀效率

　　缓蚀效率一般定义为

$$\eta = \frac{v - v'}{v} \tag{7.38}$$

式中　v——金属在未经缓蚀处理的腐蚀介质中的腐蚀速率;

　　　　v'——金属在经缓蚀处理后的介质中的腐蚀速率。在电化学中,一般将缓蚀效率表示为

$$\eta = \frac{I_{corr} - I'_{corr}}{I_{corr}} \tag{7.39}$$

式中　I_{corr}, I'_{corr}——分别为金属在未经和经缓蚀处理腐蚀介质中的腐蚀电流。

　　根据式(7.39)可以计算出常温时旋转电磁处理对 45 号钢和紫铜在海水中腐蚀的缓蚀效率分别为 16.66% 和 89.14%。

　　(3) 极化电阻

　　在以电极电位 E 为纵轴、以电流密度 I 为横轴的稳态极化曲线上,某一电位 E 下的斜率(dE/dI),称为该电位下的极化电阻。对于阳极反应和阴极反应都遵循塔菲尔关系的腐蚀金属电极的极化曲线方程式,围绕腐蚀电位按泰勒级数展开,并只取线性项而忽略高次项,得到

$$R_p = \frac{\Delta E}{\Delta I} = \frac{1}{I_{corr}} \cdot \frac{b_C b_A}{b_C + b_A} \tag{7.40}$$

　　式(7.40)是针对理想的情况,即仅具有一个阳极反应和一个阴极反应,且遵循塔菲尔规律的情况导出来的。实际上,绝大部分腐蚀体系中的阳极反应只是金属被氧化成金属的离子或形成金属的氧化物等,而没有其他阳极反应,因此上式对于绝大部分的电化学腐蚀过程都适用。对海水的旋转电磁处理使金属电极的极化内阻显著增大,但其中也包含了溶液电阻。

2. 表面形貌观察

　　(1) 45 号钢腐蚀表面形貌

　　图 7.49 是 45 号钢电化学腐蚀后的扫描电镜照片。可以看出,45 号钢试样在 3.5% NaCl 溶液中表面形成一层松散的黑色腐蚀产物;在海水和旋转电磁处理海水中,试样表面均有腐蚀产物层存在,即分为比较致密的内层和较疏松的外层,甚至某些局部区域裸露出基体。

(a) 3.5% NaCl 溶液

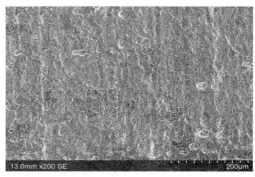

(b) 海水

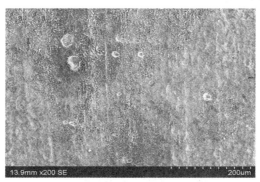

(c) 旋转电磁处理海水

图 7.49　45 号钢腐蚀表面形貌

（2）紫铜腐蚀表面形貌

图 7.50 是紫铜电化学腐蚀后的扫描电镜照片。可以看出,紫铜试样在 3.5% NaCl 溶液中发生均匀腐蚀,并有部分表层脱落;在海水中则出现明显的孔蚀坑,表面疏松,并裸露出基体;而在旋转电磁处理海水中的表面腐蚀产物覆盖均匀,比较致密。

3. 腐蚀产物成分

（1）45 号钢腐蚀产物成分

图 7.51 所示为 45 号钢试样表面腐蚀产物的能谱分析。可以看出,试样表面腐蚀产物主要含 Fe 元素和 O 元素。O 元素含量在旋转电磁处理海水中最多,在海水中次之,在 3.5% NaCl 溶液中最少,而 Fe 元素含量则相反,如图 7.52 所示。

图 7.53 所示为 45 号钢试样表面腐蚀产物的 XRD 图谱。可以看出,45 号钢在 3.5% NaCl 溶液中的表面腐蚀产物为 $FeCl_2 \cdot H_2O$,$Fe(OH)_3$,$FeOOH$;在海水中为 $FeCl_2 \cdot 4H_2O$,$Fe(OH)_3$,$FeOOH$;在旋转电磁处理海水中为 $FeOOH$,Fe_3O_4,$FeCl_3 \cdot 6H_2O$。

（2）紫铜腐蚀产物成分

图 7.54 所示为紫铜试样腐蚀后表面成分的能谱分析。可以看出,紫铜表面腐蚀产物主要含 Cu 元素、O 元素和 Cl 元素。紫铜在 3.5% NaCl 溶液中表面腐蚀产物的 Cu 元素、O 元素和 Cl 元素含量均较高,而紫铜在海水和旋转电磁处理海水中表面腐蚀产物则主要含有 Cu 元素和 Cl 元素,O 元素含量相对较少,如图 7.55 所示。

图 7.56 所示为紫铜试样表面腐蚀产物的 XRD 图谱。可以看出,紫铜在 3.5% NaCl

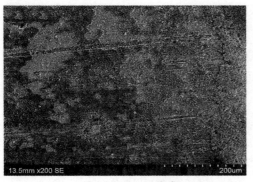 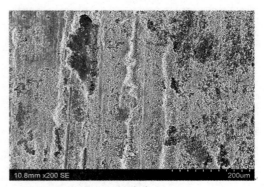

(a) 3.5% NaCl 溶液　　　　　　　　　　　　　　(b) 海水

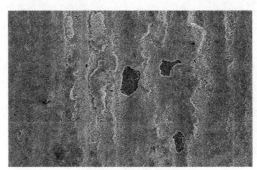

(c) 旋转电磁处理海水

图 7.50　紫铜腐蚀表面形貌

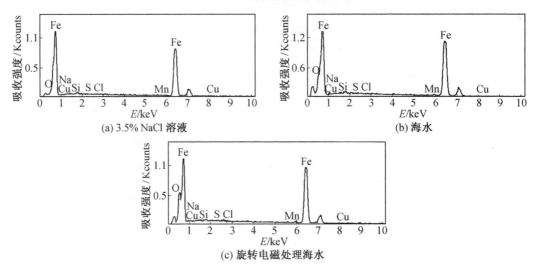

(a) 3.5% NaCl 溶液　　　　　　　　　　　　　　(b) 海水

(c) 旋转电磁处理海水

图 7.51　45 号钢腐蚀成分的能谱分析

溶液中的表面腐蚀产物为 $CuCl$ 和 $CuCl_2$；在海水中为 $CuCl$，$Cu_2Cl(OH)_3$ 和 $FeCl_3 \cdot 6H_2O$；在旋转电磁处理海水中为 Cu_2O 和 $CuCl_2$。

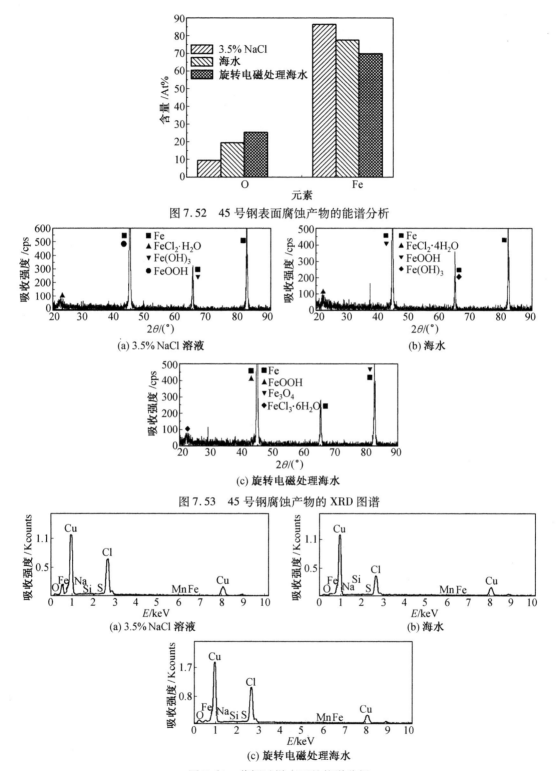

图 7.52 45 号钢表面腐蚀产物的能谱分析

(a) 3.5% NaCl 溶液

(b) 海水

(c) 旋转电磁处理海水

图 7.53 45 号钢腐蚀产物的 XRD 图谱

(a) 3.5% NaCl 溶液

(b) 海水

(c) 旋转电磁处理海水

图 7.54 紫铜试样表面的能谱分析

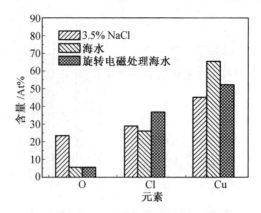

图 7.55　紫铜表面腐蚀产物的能谱分析

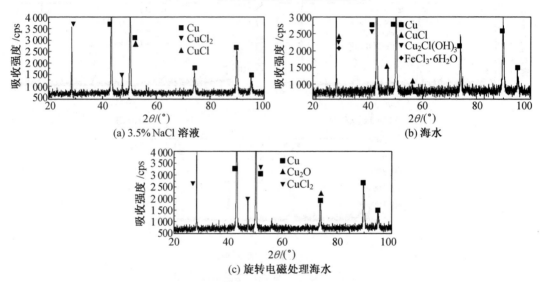

图 7.56　紫铜表面腐蚀产物的 XRD 图谱

7.6.4　电化学腐蚀机理

根据电化学腐蚀实验、表面形貌、能谱分析、XRD 及腐蚀电化学理论,可以得到 45 号钢和紫铜的电化学腐蚀机理。

1. 电化学腐蚀机理

在中性或碱性介质中,氢离子浓度往往比较低,所以析氢平衡电势也比较低。对 45 号钢和紫铜,其阳极溶解平衡电势又比较高,它们在中性或碱性介质中的腐蚀溶解的共轭反应是溶解氧的还原反应,即氧去极化反应促使了作为阳极的金属不断被腐蚀。

在中性或碱性溶液中氧的还原反应为

$$O_2 + 4e + 2H_2O \rightarrow 4OH^- \tag{7.41}$$

其平衡电势为

$$\varphi_{O_2} = \varphi^e + \frac{2.3RT}{4F} \lg\left[\frac{p_{O_2}}{OH^-}\right] \tag{7.42}$$

式中　$\varphi^e = 0.401$ V(SHE)；$p_{O_2} = 0.21 \times 10^5$ Pa。

这样可计算得到氧还原反应电势与 pH 值的关系如图 7.57 所示。

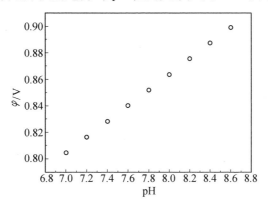

图 7.57　氧还原反应电势与 pH 值的关系

只要金属在溶液中的电势低于氧的还原电势,就可能发生吸氧腐蚀。吸氧腐蚀的阴极去极化剂是溶液中溶解的氧。随着腐蚀的进行,消耗掉的氧需要空气中的氧来补充。氧从空气中进入溶液并迁移到阴极表面发生还原反应的过程主要包括:氧穿过空气/溶液界面进入溶液;在溶液对流作用下,氧迁移到阴极表面附近;在扩散层范围内,氧在浓度梯度作用下扩散到阴极表面;在阴极表面氧分子发生还原反应,即氧的离子化反应,如图7.58所示。多数情况下,吸氧腐蚀被阴极氧的扩散控制。

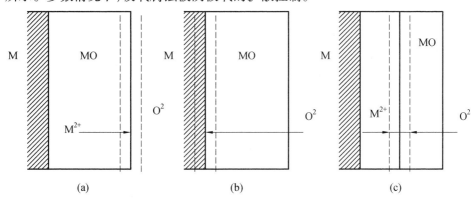

图 7.58　金属离子和氧的扩散示意图

旋转电磁效应改变了溶液的物理化学性质,尤其使溶液的溶解氧能力增强,并且使大分子缔合体系变成更具活性的小分子缔合体系,这样氧的扩散速度大大加快,金属的腐蚀速度可以由氧的阴极还原反应,即氧的离子化反应速度控制。该控制可能分成下列几个基本步骤,并且有实验证明大多数金属氧的还原反应过程中有中间产物 H_2O_2 或 HO_2^- 生成。

$$O_2 + e \rightarrow O_2^- \tag{7.43}$$

$$O_2^- + H_2O + e \rightarrow HO_2^- + OH^- \tag{7.44}$$

$$HO_2^- + H_2O + 2e \rightarrow 3OH^- \tag{7.45}$$

当氧离子化反应为控制步骤时,阴极过电势服从塔菲尔公式

$$\eta_{\partial'O_2} = a' + b' \lg i_C \tag{7.46}$$

式中　　a', b'——常数;

a'——单位电流密度下的氧过电势,它与电极材料、表面状态、溶液组成和温度有关;

b'——电极材料无关,25 ℃时约为 0.116 V。

金属上的氧离子化过电势都较高,多在 1 V 以上。

氧去极化过程的阴极极化曲线如图 7.59 所示,整个阴极极化曲线可分成两个区域:当阴极电流密度较小且供氧充分时,相当于极化曲线的 AB 段,说明阴极极化过程的速度主要决定于氧的离子化反应。当阴极电流密度增大,相当于 BCD 段,因氧的扩散速度有限,供氧受阻,会出现浓差极化。氧浓差过电势为

$$\eta_{C,O_2} = -\frac{2.3RT}{nF} \lg\left[1 - \frac{i_C}{i_L}\right] \tag{7.47}$$

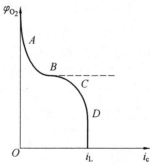

图 7.59　氧去极化过程的阴极极化曲线

这时阴极过程受氧的离子化反应和扩散共同控制,总的阴极过电势为

$$\eta_{O_2} = \eta_{a,O_2} + \eta_{c,O_2} = a' + b' \lg i_C - \frac{2.3RT}{nF} \lg\left[1 - \frac{i_C}{i_L}\right] \tag{7.48}$$

一旦形成连续的氧化膜,将金属和腐蚀介质隔开,金属腐蚀过程能否继续进行将取决于两个因素:一是界面反应速度,包括金属-氧化物及氧化物-气体两个界面上的反应速度;二是参加反应的物质通过氧化膜的扩散和迁移速度,包括浓度梯度作用下的扩散和电势梯度引起的迁移。实际上,这两个因素控制了继续腐蚀的整个过程。从金属腐蚀过程的分析可知,当表面的金属与氧开始作用,生成极薄的金属氧化膜时,起主导作用的是界面反应;随着氧化膜增厚,扩散过程(包括浓差扩散和电迁移扩散)将逐渐占据主导。

2.45 号钢的电化学腐蚀过程

45 号钢在 3.5% NaCl 溶液中发生的电极反应如下:

$$Fe \rightarrow Fe^{2+} + 2e \tag{7.49}$$

$$O_2 + 2H_2O \rightarrow 4OH^- - 4e \tag{7.50}$$

$$Fe^{2+} + 2OH^- \rightarrow Fe(OH)_2 \tag{7.51}$$

$$4Fe(OH)_2 + 2H_2O + O_2 \rightarrow 4Fe(OH)_3 \tag{7.52}$$

$$2Fe(OH)_3 \rightarrow Fe_2O_3 + 3H_2O \tag{7.53}$$

$$Fe_2O_3 + H_2O \rightarrow 2FeOOH \tag{7.54}$$

溶解氧的增加可以促进以上反应的进行,FeOOH 的生成更容易。Fe_3O_4 的生成主要通过以下过程:

$$8FeOOH + Fe \rightarrow 3Fe_3O_4 + 4H_2O \tag{7.55}$$

$$3Fe(OH)_3 + e \rightarrow Fe_3O_4 + OH^- + 4H_2O \tag{7.56}$$

$$Fe^{2+} + 8FeOOH + 2e \rightarrow 3Fe_3O_4 + 4H_2O \tag{7.57}$$

与 3.5% NaCl 溶液相比,原海水和磁化海水由多种元素组成,碳钢中合金元素的作用明显,会影响锈层中物相结构和种类,如 Cu 会推迟锈层结晶,P 会加速 Fe^{2+} 向 Fe^{3+} 的转化,并阻碍腐蚀产物的快速生长;合金元素及其化合物也会阻塞裂纹和缺陷等。

3. 紫铜的电化学腐蚀过程

紫铜在 3.5% NaCl 溶液中的腐蚀机理如下:

$$Cu + Cl^- \rightarrow CuCl_{(ads)} + e \tag{7.58}$$

$$CuCl_{(ads)} \rightarrow CuCl_{(film)} \tag{7.59}$$

$$CuCl + e \rightarrow Cu + Cl^- \tag{7.60}$$

$$CuCl_{(ads)} + Cl^- \rightarrow CuCl_2^- \tag{7.61}$$

$$CuCl_2^- \rightarrow Cu^{2+} + 2Cl^- + e \tag{7.62}$$

以上反应表明腐蚀产物的形成、沉积、形成保护膜的过程,随之表面溶解。

海水是多盐分的电解质体系,主要以氯化物为主。

$$4Cu + O_2 \rightarrow 2Cu_2O \tag{7.63}$$

$$2Cu_2O + O_2 + 2Cl^- + 4H_2O \rightarrow 2Cu_2(OH)_3Cl + 2OH^- \tag{7.64}$$

溶解氧的增加加速了表面氧化膜的形成。

$$O_2 + 4e + 2H_2O \rightarrow 4OH^- \tag{7.65}$$

$$Cu + OH^- \rightarrow Cu(OH)_{(ads)} + e \tag{7.66}$$

$$2Cu(OH)_{(ads)} \rightarrow Cu_2O + H_2O \tag{7.67}$$

$$2CuCl + H_2O \rightarrow Cu_2O + 2HCl \tag{7.68}$$

7.7　本章小结

分子动力模拟的结果表明,旋转电磁效应会使得纯水的部分氢键断裂,成为更具活性的小分子缔合体系。实验结果表明,磁场作用后 NaCl 溶液的电导率升高,而且交变磁场作用后的 NaCl 溶液电导率变化率要大于恒定磁场作用后的。极性分子在旋转磁场的作用下产生极化,沿着磁力线旋转进行定向排列,由于流体的黏度作用,使结晶体发生扭曲,进而断开,成为松散的小晶体悬浮物。因此旋转电磁场对水媒质有着抑垢、除垢的作用。旋转电磁效应改变了腐蚀介质的物理化学性质,尤其是溶解氧能力得到提高,有利于促进表面氧化膜的快速形成。因此旋转电磁效应对 45 号钢和紫铜具有缓蚀作用。

机电热换能器的旋转电磁效应能改变水媒质的物化特性,在实际应用中会产生活化、抑垢、除垢、缓蚀等有益的作用。

第8章 机电热换能器的测试技术

8.1 引 言

机电热换能器是一种特殊结构的电磁加热装置,目前对其技术性能指标的测试还没有国家标准可以参照。因此搭建完善的测试平台,对机电热换能器的性能参数进行测试,进而建立测试规范是非常重要的,也是必不可少的。对于机电热换能器而言,热功率及换热性能是衡量机电热换能器热能输出能力及热能转换效率的两个重要指标,本章主要阐述以上性能指标的测试技术,介绍测试原理、搭建测试平台并对测试结果进行分析。

8.2 换能器转矩及热功率特性的测试技术

8.2.1 转矩及热功率特性

机电热换能器的输入变量只有转速,故在结构参数一定的情况下,换能器所能产生的转矩或热功率只为输入变量转速的函数,即 $T = f(n)$ 或 $P = f(n)$。因此,其产生的转矩或热功率的大小直接由换能器的转速决定。机电热换能器的转矩和热功率随转速变化的特性分别称为换能器的转矩特性和热功率特性。一方面,这些特性为机电热换能器的运行状态提供了判定依据;另一方面,通过调节换能器的转速可以调节其转矩及热功率,进而调整换能器的运行状态。

机电热换能器的转矩-转速特性及热功率-转速特性可通过有限元方法计算求解获得。图 8.1 给出了一台额定功率为 2.2 kW 的机电热换能器在 0 ~ 4 000 r/min 转速范围内的转矩-转速特性及热功率-转速特性的计算曲线。

8.2.2 转矩及热功率的测试

机电热换能器的转矩及热功率特性的测试原理如图 8.2 所示。图中,拖动电机作为原动机拖动机电热换能器旋转,拖动电机由变频器控制以实现恒转速运行,也可通过变频器实现对电机转速的调节。拖动电机与换能器之间同轴安装的转速转矩传感器可以测试机电热换能器的输入转速和转矩,通过变频器控制拖动电机的运行状态可以测得不同转速下机电热换能器的转矩特性。由于机电热换能器将输入的能量全部转换为热功率,进而可以得到换能器的热功率。

图 8.3 所示为以一台 2.2 kW 机电热换能器样机为例构建的测试平台。

图 8.4 ~ 8.7 所示为几组转矩、转速及功率随时间变化的测试曲线。

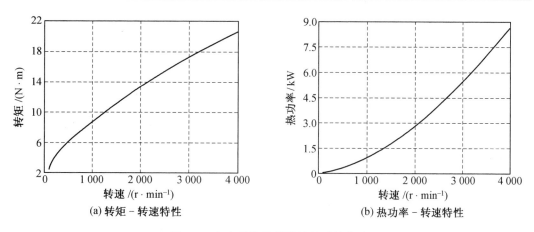

(a) 转矩 – 转速特性　　　　　　　　　　(b) 热功率 – 转速特性

图 8.1　机电热换能器特性的计算曲线

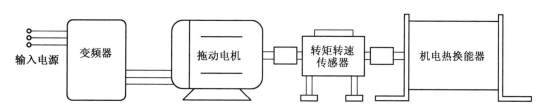

图 8.2　机电热换能器的转矩及热功率特性的测试原理框图

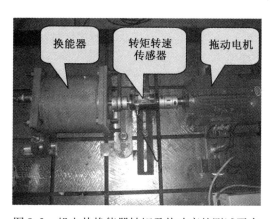

图 8.3　机电热换能器转矩及热功率的测试平台

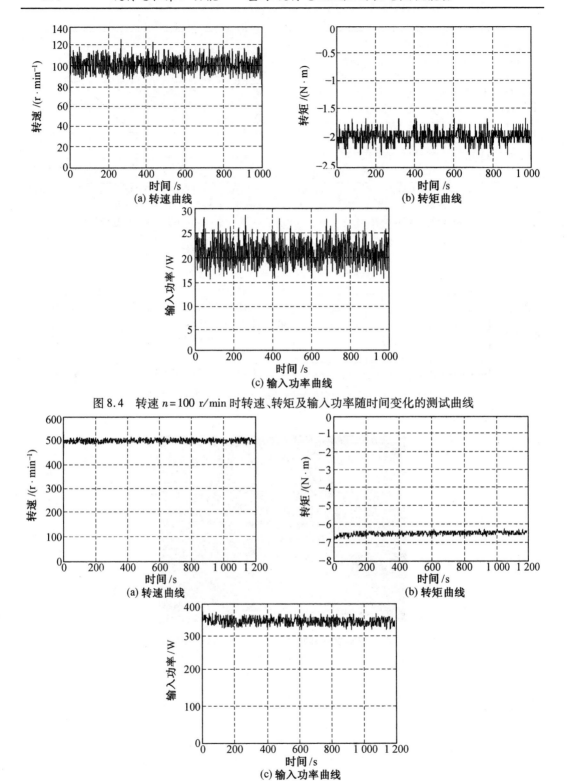

图 8.4 转速 $n = 100$ r/min 时转速、转矩及输入功率随时间变化的测试曲线

图 8.5 转速 $n = 500$ r/min 时转速、转矩及输入功率随时间变化的测试曲线

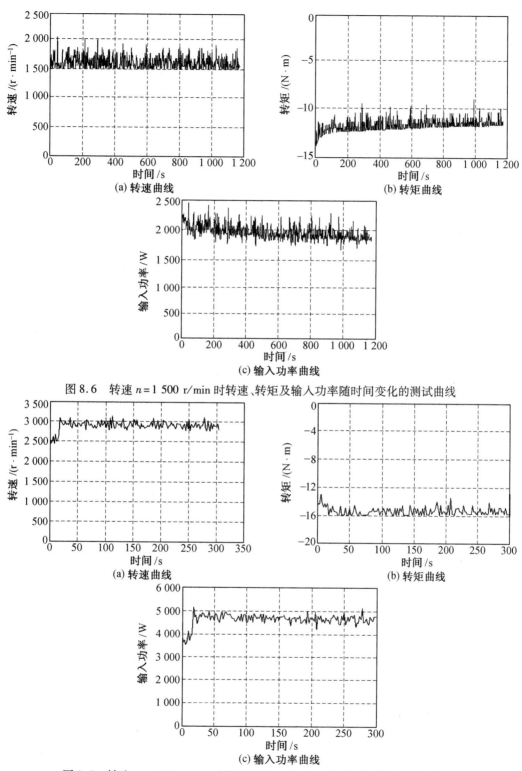

(a) 转速曲线　　　　　　　　　　　　(b) 转矩曲线

(c) 输入功率曲线

图 8.6　转速 $n=1\ 500$ r/min 时转速、转矩及输入功率随时间变化的测试曲线

(a) 转速曲线　　　　　　　　　　　　(b) 转矩曲线

(c) 输入功率曲线

图 8.7　转速 $n=3\ 000$ r/min 时转速、转矩及输入功率随时间变化的测试曲线

从图 8.4 ~ 8.7 的测试结果可以看出,换能器实际运行时,其瞬时转速、转矩及热功率都随时间发生变化,因此换能器在一定转速下的转矩及热功率应为一段时间的平均值。为了更好地反映换能器的转矩特性及热功率特性,各转速下的转矩、功率可由下面三个公式的平均值确定,其中转矩为负值表示换能器的转矩与转速方向相反:

$$\overline{n} = \frac{1}{t_2 - t_1} \sum_{t_1}^{t_2} n_t \tag{8.1}$$

$$\overline{T}_{en} = \frac{1}{t_2 - t_1} \sum_{t_1}^{t_2} T_{et} \tag{8.2}$$

$$\overline{P}_n = \frac{1}{t_2 - t_1} \sum_{t_1}^{t_2} p_t \tag{8.3}$$

式中　　n_t——t 时刻时换能器转速的瞬时值;

T_{et}——t 时刻时换能器转矩的瞬时值;

p_t——t 时刻时换能器热功率的瞬时值;

$\overline{n}$——$t_1 \sim t_2$ 时间内换能器转速的平均值;

$\overline{T}_{en}$——$t_1 \sim t_2$ 时间内换能器转矩的平均值;

$\overline{P}_n$——$t_1 \sim t_2$ 时间内换能器热功率的平均值。

机电热换能器的热功率与其自身各部件的温度有关,为了准确测试相应温度下的热功率,并与计算值进行比较,在测试时按如下步骤进行:

(1)在换能器内部多点分散埋置温度传感器用于监测内部各点的温度,在出入水口安装温度传感器用于监测出入水的温度。

(2)换能器外端包裹隔热层,保持机电热换能器静止,将恒温的水流通过换能器,当各部分温度都长时间不变化,且和换能器的入水和出水水温一致时,认为机电热换能器内部达到了热平衡,各部件温度与水流温度一致。

(3)换热器达到热平衡后用拖动电机拖动机电热换能器旋转,转速稳定后立刻停下。

由于拖动电机在变频器的控制下可在非常短的时间内达到转速稳定,可以认为换能器内部各部件的温度尚未发生变化,此时测得的热功率即为各部件温度与水流温度一致时的热功率。

图 8.8 所示为一台 2.2 kW 机电热换能器转矩–转速特性及热功率–转速特性的测试曲线。从图中可以看出换能器转矩与热功率的变化趋势,并与计算曲线进行了对比,两者的变化趋势是一致的。在低速时实验值与计算值两者相差不大,而在高速时实验值与计算值之间差值较大,这是由于高速时换能器加速需要的时间较长,造成各部件发热,导致实验值比计算值偏低。

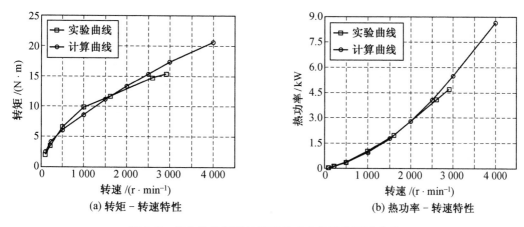

图 8.8　机电热换能器转矩及热功率特性的测试曲线

8.3　换能器换热性能的测试技术

8.3.1　测试系统的构成及原理

换能器换热测试系统由四部分构成:能量输入系统、水路系统、传感器系统和数据采集系统。

(1)能量输入系统

能量输入系统由变频器和拖动电机组成。拖动电机与换能器同轴安放,变频器控制拖动电机恒转速运行,这样电机可拖动换能器在不同转速下稳定运行。

(2)水路系统

水路系统由水泵和恒温水箱组成。水流注入恒温水箱后,通过控制水泵来控制水流以一定的流速通过换能器。

(3)传感器系统

传感器系统由转速转矩传感器、若干温度传感器和流量传感器组成。转速转矩传感器位于拖动电机和换能器之间,用来测试换能器的输入转速和转矩;在换能器的出入水口和换能器内部的监测点分别安放温度传感器,在出水口前安放流量传感器。

(4)数据采集系统

数据采集系统由数据采集卡和计算机组成。传感器测试的数据通过数据采集卡采集后输入计算机,通过相应程序处理后显示并储存于计算机中。

换热测试系统的示意图如图 8.9 所示,图 8.10 所示为构建的实验测试平台。

测试步骤如下:

①首先使换能器内部达到热平衡,其步骤同 8.2 节热功率的测试步骤,此时测得的热功率为换能器的初始热功率。

②再用拖动电机拖动换能器恒转速运行,测试并记录换能器的输入转速、输入转矩、输入功率、换能器的出入水温度及水路水流量。其中水路水流量 Q 可通过下式换算成气

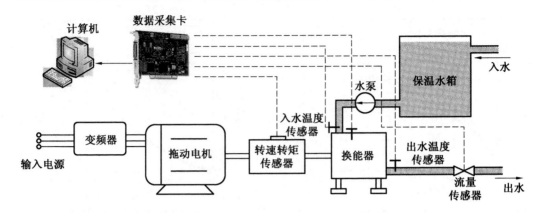

图 8.9　换能器换热测试系统示意图

图 8.10　换能器换热测试系统的实验平台

隙处的流速 l：

$$l = \frac{Q}{3\ 600S} = \frac{Q}{900\pi(D_{s1}^2 - D_{r2}^2)} \tag{8.4}$$

式中　S——气隙截面积；

　　　D_{s1}——定子内径；

　　　D_{r2}——转子外径。

在测试时，为了测试换能器的温度分布，在换能器定子铁芯内圆和外圆各取一点监测其温度，两点都位于换能器轴向中心处，定子铁芯内圆监测点 A 距离定子铁芯内圆 0.5 mm，定子铁芯外圆监测点 B 距离定子铁芯外圆 0.5 mm，这两点的位置关系如图 8.11 所示。

8.3.2　测试结果及分析

按着上节所提出的测试方法，对一台水隙换能器样机进行换热测试。当流量为 0.15 m³/h、转速为 1 500 r/min 时，闭口槽样机换热测试的流量曲线、进出水口和定子内外圆温度曲线、转矩曲线、转速曲线及功率曲线如图 8.12 所示。

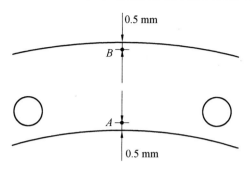

图 8.11　定子铁芯温度监测点示意图

　　从图 8.12 可以得出:随着换能器恒转速运行时间的增长,出口水温和定子内外圆温度开始升高,同时热功率和转矩都开始下降,而后当各处温度、转矩和热功率都趋于恒定时,换能器进入稳态运行状态。

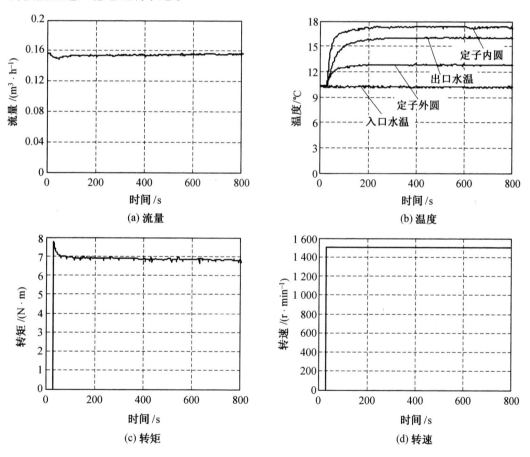

图 8.12　流量 0.15 m³/h、转速 1 500 r/min 时闭口槽机电热换能器换热性能的测试曲线

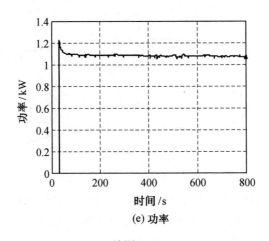

(e) 功率

续图 8.12

按照同样的测试方法,改变闭口槽样机的转速和水的流量,当流量分别为 0.1 m³/h 和 0.15 m³/h 时,转速为 500 r/min,1 000 r/min,1 500 r/min,2 000 r/min,2 500 r/min 及 3 000 r/min 时得到换能器换热性能的测试结果,并与仿真值进行比较,如图 8.13 和图 8.14 所示。测试时,取稳态运行的一段曲线求平均值,即可得到换能器稳态运行的各处温度值、实际热功率、实际转矩等数值,通过计算可以得到换能器的功率调整率、水流温升的数值。总体看来,测试值和仿真值较为接近,功率调整率随着转速即初始热功率的增加而增加,定子各点温度随着转速的增加而增加,测试结果与前面仿真分析的规律一致。

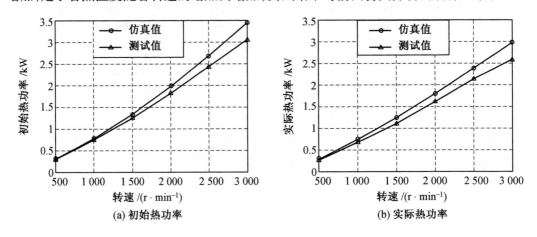

(a) 初始热功率　　　　　　　　　　　　(b) 实际热功率

图 8.13　流量为 0.1 m³/h 时换能器换热测试值与仿真值比较

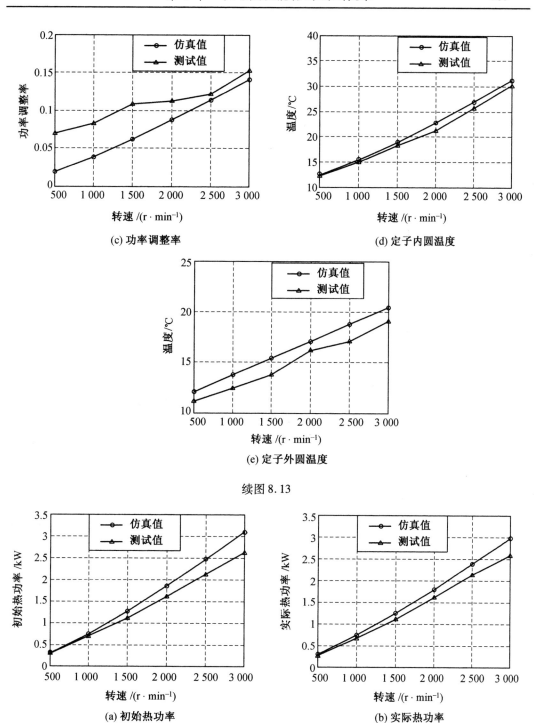

(c) 功率调整率　　　　　　　　　(d) 定子内圆温度

(e) 定子外圆温度

续图 8.13

(a) 初始热功率　　　　　　　　　(b) 实际热功率

图 8.14　流量为 0.15 m³/h 时换能器换热测试值与仿真值比较

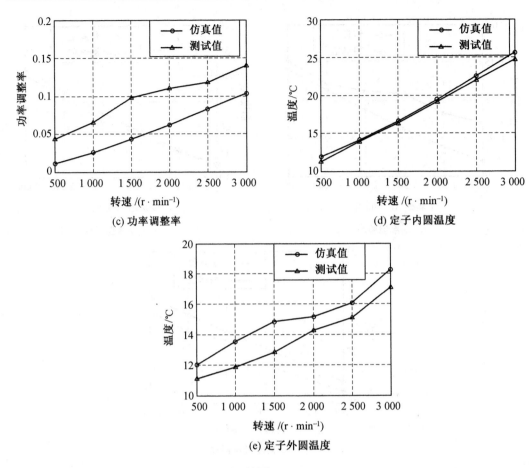

(c) 功率调整率   (d) 定子内圆温度

(e) 定子外圆温度

续图 8.14

定子内圆温度测试值与仿真值较为接近,而外圆则有一定的误差,这是因为测试时外圆虽然包裹保温层,但并未做到绝对的隔热,仍然会有部分热量从定子外圆耗散到外界空气中去,造成定子外圆温度的测试值比仿真值偏低。实验测得的功率调整率要略高于仿真值,这是因为仿真模型忽略掉了转速对换热的影响。将测试值与空气隙换热结构进行比较,见表8.1。从表中可以看出,在入水温度和平均流速一致、实际热功率水隙样机略高的情况下,水隙样机的定子外层和内层测试温度值均大大低于空气隙样机,证明了水隙换热结构更有利于换热。

表8.1 两种结构样机换热性能测试值的比较

比较项目	空气隙样机	水隙样机
实际热功率/kW	2.2	2.35
入水温度/℃	10	10
流量/(m³·h⁻¹)	0.1	0.1
定子外层温度/℃	24	17
定子内层温度/℃	50	26

8.4　本章小结

　　本章主要介绍了机电热换能器的测试技术,包括换能器转矩及热功率特性的测试技术,以及换能器换热性能的测试技术。阐述了测试原理、测试条件、测试系统构成及测试步骤,搭建了测试平台,并对两种不同结构的换能器换热性能进行了测试,验证了前述章节的理论分析。

第9章 机电热换能器系统

9.1 引 言

机电热换能器系统的输入部分是动力源部分,为换能器提供机械能。动力源的输入形式有多种,比如电机系统(将电能转换成机械能)、风机系统(将风能转换成机械能)、手摇系统(将人工手摇产生的能量转换为机械能)、内燃机及水轮机等,或者以上述各种能源的混合动力作为输入能源。机电热换能器可根据应用场合的不同灵活地采用不同的能源输入形式。

本章介绍机电热换能器在以下四种不同场合的应用,以便读者了解机电热换能器的应用范围,进一步加深对机电热换能器的认识。

①电磁自热器。
②风热转换器。
③无焰加热器。
④海水淡化器。

9.2 机电热换能器系统构成

机电热换能器系统主要由机电热换能器及动力源两部分组成。在系统结构上,可以采用两种形式:分体式结构和一体式结构。分体式结构对工作场合及能量输入形式要求灵活,换能器和动力输入系统可以分别进行设计或选取,根据能量输入形式选配组合。其缺点是系统体积和噪声均较大,动力系统的损耗没有充分有效利用;若系统的驱动能量来源固定,则可以设计为一体式结构,这样可以使结构更加紧凑,降低噪声,减少能量散失,有效提高热效率。

图9.1~9.3分别为以电能、风能及电能与风能混合能源为输入能源的分体式和一体式机电热换能器系统的结构简图。

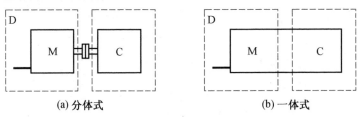

(a) 分体式   (b) 一体式

图9.1 以电能为输入能源的机电热换能器系统构成

D—动力输入系统;M—电机;C—机电热换能器

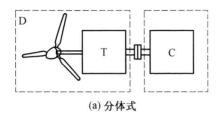 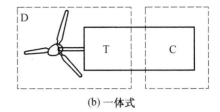

(a) 分体式　　　　　　　　　　　　　　(b) 一体式

图9.2　以风能为输入能源的机电热换能器系统构成

D—动力输入系统;T—传动装置;C—机电热换能器

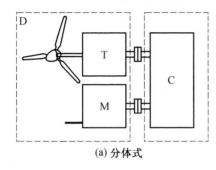 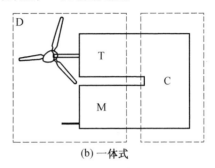

(a) 分体式　　　　　　　　　　　　　　(b) 一体式

图9.3　以电能和风能混合能源为输入能源的机电热换能器系统构成

D—动力输入系统;M—电机;T—传动装置;C—机电热换能器

9.3　电磁自热器

以电能为输入能源的机电热换能器系统,称为电磁自热器。

9.3.1　应用背景

电磁自热器不需要任何其他动力就能实现电能向热能的转换,并通过水介质传递热能,构成除燃煤、燃气、燃油、太阳能和电热锅炉外的新型热源。电磁自热器一方面具有结构紧凑、无污染、高效节能的特点,另一方面,可利用电磁自热器的旋转电磁效应,对水介质产生磁化和软化作用,具有除垢、防垢功能,可有效降低维修和运行成本。电磁自热器的应用领域主要包括:①分布式集中供暖;②单体建筑供暖;③分户供暖;④单室供暖;⑤洗浴热水系统;⑥家用即热式热水器。

9.3.2　基本结构和工作原理

电磁自热器的原理结构如图9.4所示。

图9.4(a)为卧式结构的电磁自热器,由感应电机定子部件、机电热换能器定子部件、转子部件,以及定、转子部件间的气隙21、端盖18、保温层2和外罩1组成。电机定子部件由电机机壳4、电机定子铁芯5、绕组7、外被3、电机引出线23组成,电机机壳4和外被3构成密封的电机水套。电机定子部件和机电热换能器定子部件用螺栓紧固,通过封水罩8连接电机水套和机电热换能器水套,形成水媒质通路。转子部件由轴13、电机转子

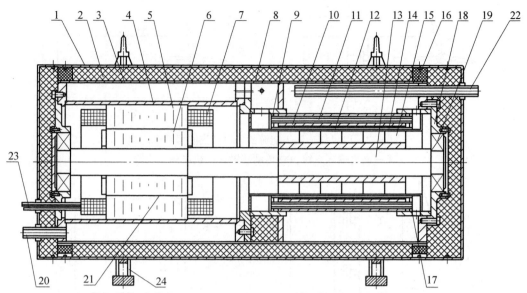

(a) 卧式结构

1—外罩;2—保温层;3—外被(1);4—电机机壳;5—电机定子铁芯;6—电机转子铁芯;7—绕组;8—封水罩;9—短路环;10—机电热换能器定子铁芯;11—导电管;12—导条;13—轴;14—机电热换能器转子铁芯;15—永磁体;16—外被(2);17—短路环;18—端盖; 19—轴承;20—进水口;21—气隙;22—出水口;23—电机引出线;24—底座

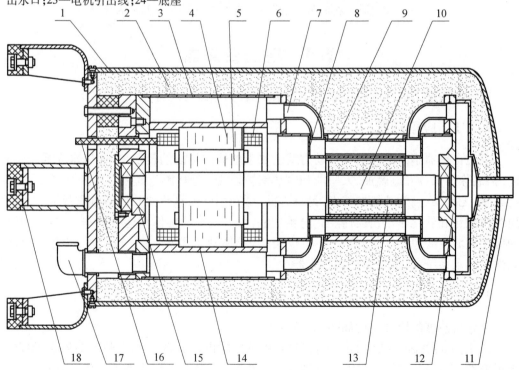

(b) 立式结构

1—外罩;2—保温层;3—外被;4—电机定子铁芯;5—电机转子铁芯;6—绕组;7—弯管;8—短路环;9—机电热换能器定子铁芯;10—轴;11—出水口;12—端盖;13—永磁体;14—电机机壳;15—轴承;16—引出线;17—入水口;18—底座

图9.4　电磁自热器的原理结构图

铁芯 6、换能器转子铁芯 14、若干永磁体 15 和轴承 19 组成,机电热换能器转子和电机转子同轴配置。转子部件由端盖 18 与定子部件紧固连接。两个定子部件外部设置保温层 2,保温层 2 外层由外罩 1 屏蔽。外罩与电磁自热器间用隔热橡胶块连接,外罩使用铁磁材料,除了起支撑作用外,还具有电磁屏蔽功能。电机使用传统的感应电机,电机的定子部件为传统结构,转子为通常的鼠笼转子,可使用单相或三相交流电源,具有自启动能力。不同的是电机采用水等流体冷却方式,利用循环的水等流体媒质冷却,其目的是将电机损耗的热能充分利用。合理配置同轴的机电热换能器负载及水冷系统,以避免驱动电机在极端运行条件下运行,防止槽绝缘在高温下的老化问题。当电机通电时转子部件旋转,机电热换能器按前述理论分析的原理获得热能,电机部分的损耗也转换为热能。利用循环泵,水等流体媒质从进水口 20 进入电机水套,经封水罩 8 进入机电热换能器内水路和外水路,由出水口 22 将发热体产生的热量带走。同理,由于所有热源均在保温层之内,理论上可认为外部动力输入的能量均有效转换为热能,形成新型的电磁自热器。

图 9.4(b)为立式结构的电磁自热器,其工作原理与卧式结构的工作原理相同。图 9.5 所示为两种结构形式的电磁自热器的实物及在北京海关朝阳口岸运行的现场照片。

(a) 卧式结构　　　　　　　　　(b) 立式结构

(c) 北京海关朝阳口岸运行现场

图 9.5　电磁自热器实物及现场应用照片

9.3.3　能耗评价

电磁自热器作为一种供热设备,除具有环保、安全等特点外,我们更关注其能源的节约与高效利用。本节对电磁自热器及两种电阻式电供热设备的耗能效果进行比较,以便对电磁自热器的能耗性能进行评价。

1. 能量计算方法

采用三相交流电源供电的电磁自热器的瞬时输入功率为

$$p(t) = u_a(t) \cdot i_a(t) + u_b(t) \cdot i_b(t) + u_c(t) \cdot i_c(t) \tag{9.1}$$

式中　　$u_a(t), u_b(t), u_c(t)$——电磁自热器输入三相电压的瞬时值；

$\quad\quad\quad$ $i_a(t), i_b(t), i_c(t)$——电磁自热器输入三相电流的瞬时值。

$t_1 \sim t_2$ 时间段内输入的电能为

$$W_{i1} = \int_{t_1}^{t_2} p(t)\,\mathrm{d}t \tag{9.2}$$

供试验的电阻式电供热设备采用单相供电，$t_1 \sim t_2$ 时间段内输入的电能为

$$W_{i2} = \int_{t_1}^{t_2} u(t) \cdot i(t)\,\mathrm{d}t \tag{9.3}$$

式中　　$u(t)$——电阻式电供热设备输入单相电压的瞬时值；

$\quad\quad\quad$ $i(t)$——电阻式电供热设备输入单相电流的瞬时值。

输出的热能为

$$W_o = \int_{t_1}^{t_2} \rho \cdot c_w \cdot q(t)(T_o(t) - T_i(t))\,\mathrm{d}t \tag{9.4}$$

式中　　ρ——水的密度；

$\quad\quad\quad$ c_w——水的比热容；

$\quad\quad\quad$ $q(t)$——流量瞬时值；

$\quad\quad\quad$ $T_i(t)$——入水口温度瞬时值；

$\quad\quad\quad$ $T_o(t)$——出水口温度瞬时值。

2. 能耗评价结果

图 9.6~9.8 所示分别为一台 5.5 kW 电磁自热器及两台不同型号的 4 kW 电阻式电供热设备能耗相关评价的实测曲线。

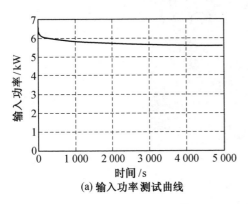

(a) 输入功率测试曲线

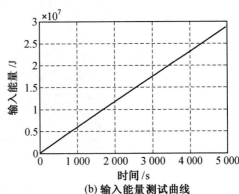

(b) 输入能量测试曲线

图 9.6　电磁自热器的能耗评价曲线

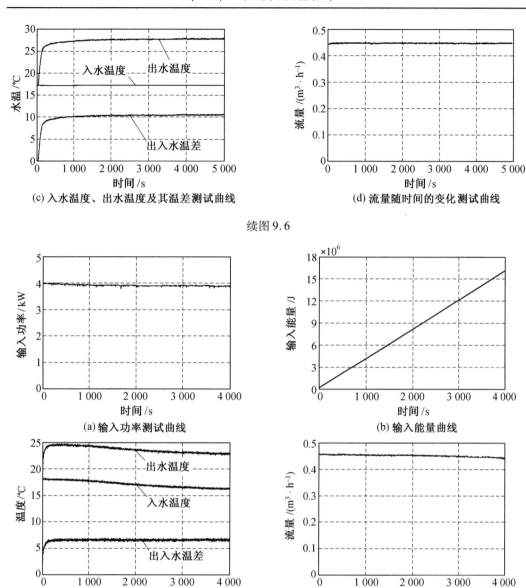

(c) 入水温度、出水温度及其温差测试曲线

(d) 流量随时间的变化测试曲线

续图 9.6

(a) 输入功率测试曲线

(b) 输入能量曲线

(c) 入水温度、出水温度及其温差测试曲线

(d) 流量随时间的变化测试曲线

图 9.7　电阻式电供热设备 1 的能耗评价曲线

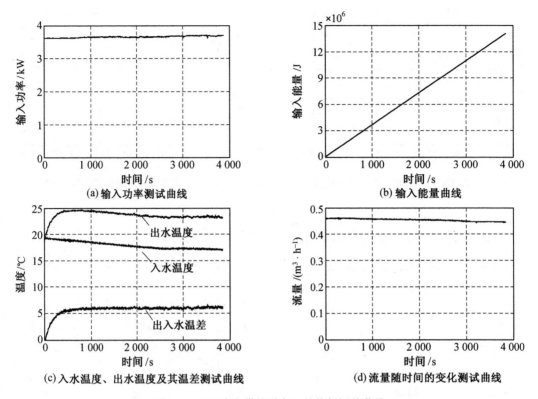

图9.8　电阻式电供热设备2的能耗评价曲线

表9.1所示为机电热换能器样机及其他两电热器的实验结果对比。表9.1表明:在输出热量相同的条件下,电磁自热器的能耗最低。

表9.1　相同输出热量条件下各测试样机输入能量比较

	电磁自热器	电阻式电供热设备1	电阻式电供热设备2
起始时间 t_1/s	2 240	1 255	850
终止时间 t_2/s	4 000	4 000	3 850
平均入水温度/℃	17.2	17.1	17.9
平均出水温度/℃	27.3	23.6	23.6
平均温升/℃	10.1	6.5	5.7
平均流量/($m^3 \cdot h^{-1}$)	0.446 7	0.444 6	0.452 6
输出热能/J^{-1}	9.462×10^6	9.460×10^6	9.463×10^6
输入电能/($kW \cdot h$)	2.8	3.1	3.0

为了进一步评价电磁自热器的能耗,对两种不同结构的电磁自热器与传统电热器在200 L容量条件下的能耗进行对比分析。其温升-能耗测试曲线如图9.9所示,其中,结构1为单气隙结构电磁自热器,结构2为双气隙结构电磁自热器。表9.2为电磁自热器与德国宝电采暖器及电热供暖炉在同等输出热量条件下的能耗值。对比结果表明,机电热换能器能耗低于电热器,而双气隙结构机电热换能器能耗低于单气隙结构机电热换能器。

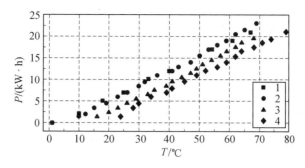

图 9.9　电磁自热器可行性样机与传统加热器能耗效果实测曲线

1—德国宝电采暖器;2—电热供热炉;3—单气隙结构电磁自热器;4—双气隙结构电磁自热器

表 9.2　相同输出热量条件下各电加热设备输出能量比较

	结构 1 电磁自热器	结构 2 电磁自热器	德国宝 电采暖器	电热供暖炉
平均流量/$(m^3 \cdot h^{-1})$	0.423	0.416	0.420	0.412
输出热量/J	7.303×10^6	7.303×10^6	7.303×10^6	7.303×10^6
耗电量/℃	2.531	2.509	2.584	2.583

9.3.4　阻垢、抑垢效果评价

当水媒质处于磁场中时,磁场会对水产生磁化及软化的效果。在电磁自热器中,水媒质流经电磁自热器时处于其产生的旋转磁场中,虽然其磁场较低(一般几百高斯到上千高斯),但是由于水一直处于循环磁化的状态下,水媒质性状会发生变化。图 9.10 为在北京海关朝阳口岸使用燃油锅炉和电磁自热器两种情况下管道内的水垢比较。可以看出,使用电磁自热器的管道水垢明显减少。

左:燃油锅炉管道　　　　右:电磁自热器管道

图 9.10　燃油锅炉和电磁自热器热水系统管道内水垢比较

为了进一步评价电磁自热器的阻垢和抑垢效果,对使用电磁自热器和燃油锅炉两种情况下的水垢垢样进行了电镜扫描,扫描结果如图 9.11 所示。

Element	Wt%	At%
CK	27.02	41.41
OK	39.04	44.92
FeL	12.08	03.98
CuL	02.06	00.60
CaK	19.81	09.10

(a) 原用燃油锅炉生成的管道垢样

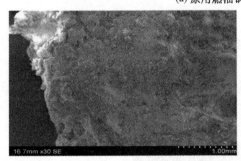

Element	Wt%	At%
CK	24.25	41.42
OK	27.67	35.48
FeL	07.97	02.93
CuL	01.81	00.59
CaK	38.28	19.59

(b) 使用电磁自热器后的水箱壁垢样

图 9.11　电磁自热器和燃油锅炉水垢垢样电镜扫描结果

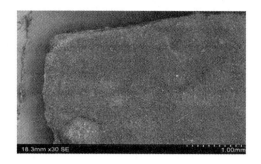

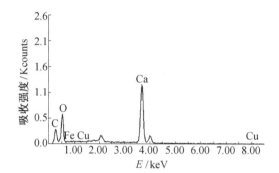

Element	Wt%	At%
CK	15.87	27.77
OK	36.97	48.58
FeL	05.27	01.98
CuL	40.28	21.13
CaK	01.62	00.54

(c) 使用电磁自热器后的水管道垢样

Element	Wt%	At%
CK	13.51	25.24
OK	32.61	45.74
FeL	04.34	01.74
CuL	47.28	26.47
CaK	02.26	00.80

(d) 使用电磁自热器后的水箱底沉淀物

续图 9.11

　　从扫描结果中可以看出,电磁自热器对碳酸钙晶体的形貌影响比较显著,在晶体边缘、间隙和结构排列上有较大差异。燃油锅炉的垢样结晶紧密呈柱状及粗针状,形状规则;而电磁自热器的垢样结晶松散,形状不规则,有针状颗粒,还出现了很多薄片状的晶粒,晶粒数目增加,粒径变小。由于电磁场的作用,在水中结晶析出的水垢成分的晶体颗粒被打破了原有的排列顺序,不再有规律的针状排列在设备或管道的器壁上,而是以颗粒状和絮状漂浮在水中。随着颗粒的增大,逐渐沉积在循环系统流速小的地方或是容器的底部,被排放出循环系统,从而达到防垢的作用。在完成防垢的同时,原有的陈旧水垢在温度变化时,由于和容器及管道的膨胀系数不同而龟裂、脱落,并且电磁场能使水分子及水垢成分分子的活性增强,运动加剧,水分子中产生大量的被激活的电子,使得陈旧水垢成分分子致密的连接被破坏,逐渐疏松、脱落,直至去除,从而达到除垢的效果。实验进一步表明电磁自热器具有阻垢和抑垢的作用。

　　从电磁自热器应用后的水垢垢样和水样的分析结果可以得出:电磁自热器具有除垢、抑垢效能。在保证电磁自热器发出热功率的同时,综合考虑多源因素作用下,如旋转电磁场的强度、旋转电磁场的频率、温度及流量等对水质的变化影响,研究及设计具有除垢、抑垢作用的电磁自热器将是一件有意义的工作,也是未来机电热换能器系统研究的一个方向。

9.4　风热转换器

以风能为输入能源的机电热换能器系统,称为风热转换器。

9.4.1　应用背景

　　能源和环境问题是当今的热点问题,风能作为一种洁净、无污染的可再生能源得到了广泛的应用。风热转换系统将风能转换为热能,可有效地提高能源利用率,改善能源结构。风能的利用形式多种多样,可转化换成机械能、电能、热能等。在转换为机械能方面,主要是风力提水装置。其主要优点是:装置实现容易、造价低、低风速工作性能较好、储能容易(储存于水的势能);不足之处是:装置的效率较低。在风能转换为电能方面,主要为风力发电机组。近几年来,对风电转换的研究较多,风力发电机组的装机容量也在逐渐提升。风电装置有很大的优点,主要是电能传输和转换都比较容易,而且转换效率较高,但是风电也有许多不足:电能储存较困难,风电装置较复杂且工作性能不好。在转换为热能方面,主要为风力致热。目前,国内对风力致热的研究不多,国外有关风力致热的较详细原理及技术报道也较少。但是风热在部分领域有着很大的优势:首先,风力致热的能量利用率高;其次,对风质要求低,风况变化的适应性强;最后,蓄能问题也便于解决。在我国进行风热的研究非常有必要。我国风能资源比较丰富,且主要分布于较偏远寒冷的"三北"地区(如内蒙古、新疆、东北等),这些地区能源的最终使用形式主要是热能,如采暖、加热、保温、烘干、家禽饲养及蔬菜大棚等。因此在这些地方使用风力致热最为有效。随着这些地区社会的发展和对热能需求的增长,开发风热转换技术非常必要,具有很好的发展前景。

本书提出的风热转换器主要由风力机、变速箱和机电热换能器构成,实现了风能—机械能—热能的直接转换。通过所需功率选择合适的叶片和安装角度并设计相应的机电热换能器结构与尺寸,选择合适的变速箱配比风力机与机电热换能器。该装置整体效率较高,结构设计合理,使用方便,可靠性高,不需要控制电路,只要有风即可实现风能到热能的转换,可以广泛应用于家用的加热或供暖系统。

9.4.2　基本结构和工作原理

风热转换器的基本原理示意图如图 9.12 所示。整个装置主要由风力机系统、变速机构和机电热换能器三部分组成。风力机将风能转换为机械能,改变风力机叶片直径和角度大小,可以实现不同等级的功率输出,满足机电热换能器的输出功率要求。改变变速机构的传动比,可以调节变速机构输出转速和转矩的大小,满足机电热换能器的转矩和热功率特性要求。

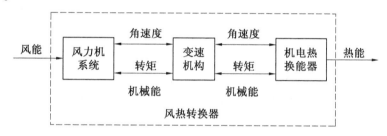

图 9.12　风热转换器的基本原理示意图

1. 风力机系统

在风热转换器中,风力机可选择水平轴结构风力机,也可以选择垂直轴结构风力机,其基本结构如图 9.13 所示。

(a) 水平轴风力机

(b) 垂直轴风力机

图 9.13　风力机基本结构

风热转换器的输出功率由风力机系统的输出功率决定。典型的风力机输出功率特性曲线如图 9.14 所示。图中给出了风力机的最佳风能利用曲线,在实际应用时,可以根据风速的不同,控制风力机的转速,使风力机沿该工作曲线运行,以达到最佳利用风能的目的。

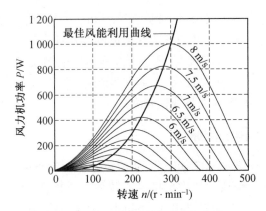

图 9.14　风力机输出功率特性曲线

2. 变速机构

变速机构可以选择齿轮变速、链轮变速、蜗杆变速等结构形式,如图 9.15 所示。

(a) 齿轮变速

(b) 链轮变速　　　　　　　　　　　　　　(c) 蜗杆变速

图 9.15　风热转换器的变速机构

通过变速机构,一方面可实现风力机与机电热换能器的转速和转矩匹配,使得风热转换器输出的热能最大;另一方面可实现风力机与机电热换能器的非同轴连接,使得系统的结构形式更灵活。

3. 锥形结构机电热换能器

风热转换器中的机电热换能器可用常规结构形式。但由于其固有的结构形式,只能通过改变外部动力的输入量来改变输出的热能,在低速时不能充分利用风能。为此,作者在图 1.15 原理结构的基础上,结合锥形电机的理论,提出了一种锥形结构的机电热换能器。可以利用锥形转子和气隙调节机构实现转子在轴向上的移动,使气隙磁场具有可调性,一方面扩展了机电热换能器的温度可调范围;另一方面通过转子部件与气隙调节机构相互作用,增大了低速时装置的气隙,减小其定位转矩,以利于低速下系统的启动,更利于在低转速下充分利用风能。图 9.16 所示为锥形转子结构的机电热换能器。

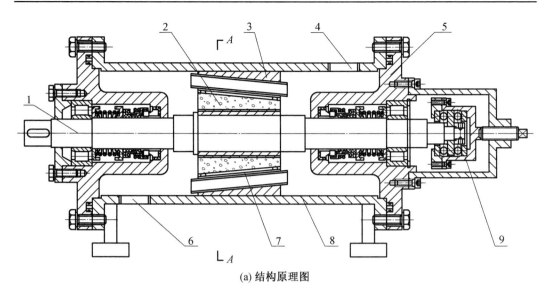

(a) 结构原理图

1—轴;2—永磁体;3—定子;4—出水口;5—端盖;
6—入水口;7—转子;8—机壳;9—机械结构

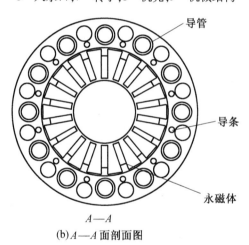

(b)A—A面剖面图

图 9.16 用于风热转换器的锥形转子结构的机电热换能器

锥形转子结构的机电热换能器转子外圆和定子内圆在轴向剖面呈锥形结构。转子铁芯外表面加工成与定子内圆锥角相同的锥面,锥度可通过铁芯的加工或永磁体的厚度来保证。气隙调节机构是由压力弹簧和可滑动压圈构成,通过轴与外部动力装置连接,利用锥形转子和气隙调节机构实现转子在轴向的移动,使气隙磁场具有可调性。

当动力输入系统带动转子部件旋转时,旋转永磁磁场通过气隙与定子部件交链,形成闭合磁回路,在定子铁芯中产生磁滞、涡流损耗,在笼型导电回路中产生感应电势生成的二次短路电流的电阻损耗等,以上损耗均变为热能,通过流体媒质内外通路,向外界提供热能。锥形转子在轴向运动时的示意图如图 9.17 所示。当风速较低时,利用气隙调节机构使转子与定子错开,如图中所示位置 A,此时锥形机电热换能器的气隙增加,定位力矩减小,其可以在低风速时正常启动;随着风速增加,转子在定子内沿轴向移动,当转子与定子对齐时,如图中所示位置 B,此时锥形机电热换能器气隙最小,可以最大限度上将输入能量转换成热能。此外,通过改变气隙的大小,还可以实现温度可调。

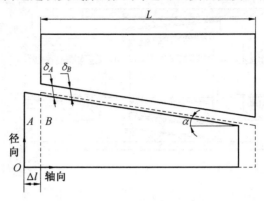

图 9.17　锥形转子轴向移动示意图

图 9.18 所示为锥形转子结构机电热换能器与风力机的匹配关系。图中给出了不同风速下风力机的功率特性曲线,曲线 1 为风力机最佳风能利用曲线,曲线 2、曲线 3、曲线 4 分别为锥形机电热换能器在轴向位移 $\Delta l = 0$ mm,1 mm,3 mm 时的功率特性曲线。

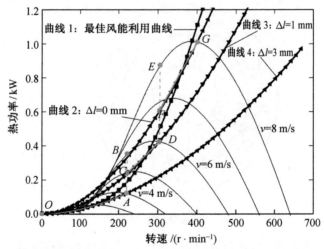

图 9.18　锥形机电热换能器与风力机的匹配

假定风力机启动风速为 4 m/s,风力机沿 $v = 4$ m/s 曲线运行,如果锥形机电热换能器轴向移动至定转子错开 3 mm 的位置,其可沿 $\Delta l = 3$ mm 曲线运行,从图 9.18 的曲线可以看出,风力机的输出功率大于机电热换能器的热功率,此状态下的机电热换能器可以启动,系统稳定于 A 点;当风速突然增加到 6 m/s 时,风力机的工作点由 A 点突变为 B 点,在该风速下,为了提高风能的利用率,将机电热换能器的轴向位移调节为 1 mm,机电热换能器的工作点由 A 点跳至 C 点,风力机的功率仍大于机电热换能器的功率,当风力机和机电热换能器的功率达到重新平衡时,系统稳定在 D 点运行;当风速增加到 8 m/s 时,控制机电热换能器的轴向位移调节为 0 mm,工作原理同上,最终系统稳定于 G 点上。从图 9.18 可以看出,当机电热换能器轴向位移始终为 0 mm 时,在风速 6 m/s 以下,机电热换能器的热功率曲线(曲线 $\Delta l = 0$)始终大于风力机的输出功率,说明机电热换能器在风速 6 m/s 以下是不能启动的。而锥形机电热换能器通过调节转子的轴向位移,整个运行过程中,机电热换能器的工作曲线由曲线 4 的 OA 段、曲线 3 的 CD 段和曲线 2 的 FG 段组成,因此在与风力机匹配时,锥形机电热换能器的运行方式可以扩大工作区域,提高风能的利用率。

9.5 无焰加热器

以人力为输入能源的机电热换能器系统,称为无焰加热器。

9.5.1 应用背景

单兵野战口粮是供部队在训练、演习及作战时单个士兵使用的军用制式食品,单兵野战口粮热食化是野战口粮发展的一大方向。实现单兵野战口粮热食化主要通过两条途径:一是通过化学反应放热来实现口粮的加热,这种方式不产生明火,又称"无火化学加热";另一种是通过固体燃料产生热量来实现口粮的加热,这种方式有明火产生。无火口粮加热器主要由化学反应剂和激活剂组成,平时化学反应剂和激活剂相互隔离,使用时通过一定的方式使二者接触,发生化学反应,并放出热量。热量以热传导和辐射的方式对口粮进行加热。具有代表性的化学反应剂主要有生石灰、铁、铝、镁等,激活剂主要是水和氧气。

热食化除军队外,野外作业、旅游等领域均有需求。目前国内外热食化主要还是依靠化学方法产生热量来加热食品,而化学方法易污染环境、携带保存要求严格、对水的依赖等弊端极大地制约了其发展。

无焰加热器是一种以人力为输入能源的机电热换能器系统,由人工手摇提供能量,利用磁滞、涡流和二次感应电流发热原理加热食品,同战士的饭盒组合在一起,可以重复使用,加热食品的速度和温度可随意控制,使用方便,结构简单、紧凑,可靠性高。

9.5.2 基本结构和工作原理

图 9.19 所示为一种结构形式的无焰加热器的结构示意图。此无焰加热器由保温筒、加热器和增速机构组成。保温筒由内外壁及填充在内外壁之间的保温材料构成,食品可放置在保温筒和加热器上板之间的空腔内加热。增速机构可以有多种形式,图示是四个直齿轮啮合实现增速,两个伞齿轮与摇把实现运动方向转向 90°。这样,通过手摇摇把,增速机构将输入转速提高,带动加热器发热,从而将保温筒内的食品加热。

图 9.20 所示为无焰加热器本体的装配图。由上定子部件、下定子部件、转子部件、轴承和机壳构成。定子部件由实心铁芯和绕组构成,其中绕组由铜线绕制,并首尾相接成短路状态;转子部件由转子铁芯、永磁体和轴构成,转子铁芯为实心结构,永磁体呈环形镶嵌在转子铁芯,相邻磁钢的 N,S 极交错排列,如图 9.21 所示,转子铁芯与定子铁芯同轴配置,中间形成轴向气隙。当外力作用使转子部件旋转,定子铁芯切割磁力线,在定子绕组中产生感应电势形成的短路电流以及定子铁芯中产生的磁滞和涡流产生热量,其式样实

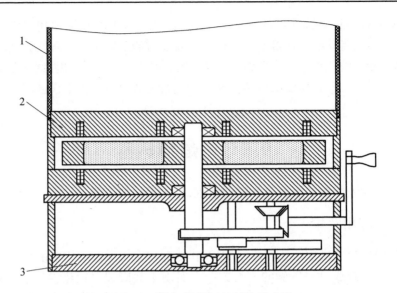

图 9.19　无焰加热器(一)结构示意图
1—保温筒;2—无焰加热器本体;3—增速机构

物照片如图 9.22 所示。

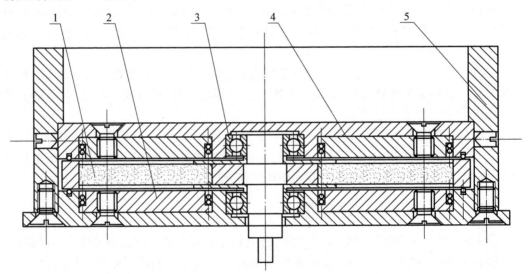

图 9.20　无焰加热器(一)装配图
1—转子部件;2—下定子部件;3—轴承;4—上定子部件;5—机壳

图 9.23 所示为为另一种结构形式的无焰加热器的装配图示意图。由定子部件、转子部件、轴承和机壳构成。定子部件由实心铁芯和绕组构成,其中绕组由双层短路导条叠加放置;转子部件由转子铁芯、永磁体、隔磁环和轴构成,转子铁芯为实心结构,相邻磁钢的 N,S 极交错排列,转子铁芯与定子铁芯同轴配置,中间形成径向、轴向气隙。从热功率分析的角度来看,该结构可以分为侧部定转子组成的类轴向电机结构和水平定转子组成的类盘式电机结构。侧转子磁钢充磁方式如图 9.24 所示,其式样实物照等如图 9.25 所示。

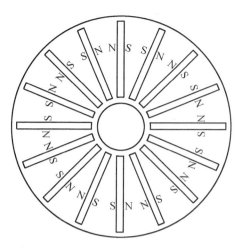

图 9.21　无焰加热器(一)转子磁钢充磁示意图

图 9.22　无焰加热器(一)式样实物照片

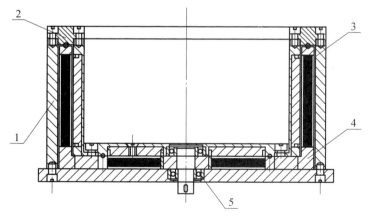

图 9.23　无焰加热器(二)装配图示意图

1—机壳;2—上端盖;3—定子部件;4—转子部件;5—轴承

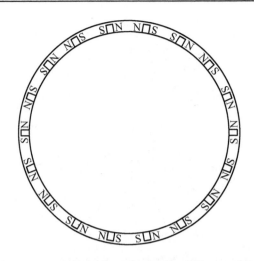

图 9.24　无焰加热器(二)侧转子磁钢充磁示意图

图 9.25　无焰加热器(二)式样实物照片

9.6　海水淡化器

同时具有电磁场、热场、旋转离心力场,满足海水淡化技术所必须具备的物理条件要求的机电热换能器系统,称为海水淡化器。

9.6.1　应用背景

水是基础性自然资源和战略性经济资源,水资源的可持续利用是关系到我国经济社会发展的重大战略问题。海水淡化又被称为海水脱盐,也就是从海水中获取淡水的技术和过程。海水淡化已经成为大规模开辟新水源,解决日益严重的世界性缺水问题的主要方法。目前工业上大规模使用的淡化方法主要是蒸馏法和膜法两种。近年来,又发展了冷冻法淡化技术、迅速喷雾蒸发技术、纳米结晶技术、超声波技术、分子筛膜蒸馏技术等。在传统的膜法海水淡化技术中,温度、压力及膜是必须具备的物理条件。为了获得低的能耗和淡化生产成本,研究者千方百计地试图将上述各种物理条件有机地综合利用起来。

机电热换能器将电、磁、热系统和以水为媒质的热交换系统有机地组合在一起,利用磁滞、涡流和二次感应电流综合加热。此外,机电热换能器旋转时产生的离心力可形成压力,控制原动机的转速拖动永磁体及二次电流形成不同的交变合成电磁场,集电磁能、热能、动能和电子膜等物理空间于一体,从而满足传统海水淡化技术中要求温度、压力、电磁场及膜等必须具备的物理条件,进而形成高效节能的海水淡化理论和技术。

9.6.2 基本结构和工作原理

海水淡化器的结构形式如图 9.26 所示。整个装置由中空轴 1、上轴承盖 2、上端轴承 3-1、下端轴承 3-2、上端盖 4、定子部件 6、转子部件、下端盖 15、下轴承盖 16、接水盘 17 和两个密封套组件 18 组成,中空轴 1 为上端与内腔连通且下端封闭的轴体。

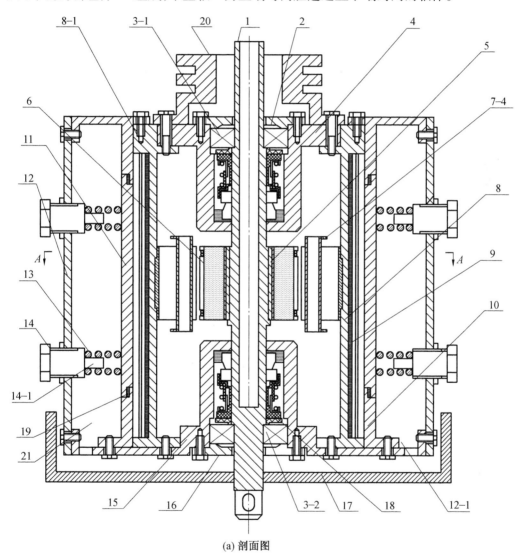

(a) 剖面图

图 9.26　永磁离心式海水淡化器基本结构

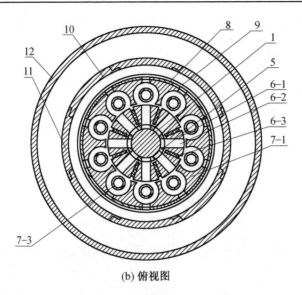

(b) 俯视图

续图 9.26

1—中空轴;2—上轴承盖;3-1—上端轴承;3-2—下端轴承;4—上端盖;5—隔磁套;6—定子部件;
6-1—定子铁芯;6-2—径向孔;6-3—永磁体;7-1—转子铁芯;7-3—中空导电铜管;7-4—短路环;
8—转子壳体;8-1—外沿;9—膜;10—膜密封外套;11—密封压块;12—外被筒体;12-1—出水孔;
13—弹簧;14—调节螺丝;14-1—引导销;15—下端盖;16—下轴承盖;17—接水盘;18—密封套组件;
19—缺口;20—皮带轮;21—环形空腔

定子部件由定子铁芯 6-1、若干永磁体 6-3、隔磁套 5 组成,定子铁芯 6-1 上沿圆周方向分布若干沿定子铁芯 6-1 和切向充磁的永磁体 6-3,从而在定子铁芯 6-1 表面形成 N,S 交替分布的磁极;定子部件固定在中空轴 1 长度上的中间位置,定子铁芯 6-1 固定在隔磁套 5 的外圆表面上,隔磁套 5 固定在中空轴 1 的外圆表面上,在中空轴 1、隔磁套 5 和定子铁芯 6-1 上径向开有若干小孔从而形成水路通道。

转子部件由转子铁芯 7-1、多个中空导电铜管 7-3、两个短路环 7-4、转子壳体 8、膜 9、膜密封外套 10、多个活门组件和外被筒体 12 组成;圆环状的转子铁芯 7-1 固定在圆筒状的转子壳体 8 的内圆周表面上,中空导电铜管 7-3 贯通于转子铁芯 7-1 的两端面,多个中空导电铜管 7-3 沿转子铁芯 7-1 的圆周方向均匀分布,中空导电铜管 7-3 的两端分别焊接在一个短路环 7-4 上形成笼型导电回路;转子壳体 8 外圆表面外设置有膜密封外套 10,且膜密封外套 10 与转子壳体 8 的外圆表面形成封闭的环形空腔,转子壳体 8 的两个端面向外探出形成环形的外沿 8-1,外沿 8-1 与膜密封外套 10 形成环形空腔,外被筒体 12 环绕在膜密封外套 10 圆周外且与膜密封外套 10 的外缘相固定形成环形空腔 21,每个活门组件包括密封压块 11、弹簧 13 和调节螺丝 14,密封压块 11 扣合在膜密封外套 10 的外表面所开的缺口 19 上,从而把该缺口 19 关闭,调节螺丝 14 旋合在外被筒体 12 的筒体表面上,弹簧 13 支撑在调节螺丝 14 的端面与密封压块 11 之间,每个活门组件上也可以设置多个弹簧 13 和调节螺丝 14,多个弹簧 13 和调节螺丝 14 均匀分布在密封压块 11 的表面上,从而保证压紧力均匀。多个活门组件沿膜密封外套 10 的圆周方向均匀设置,转子壳体 8 的表面上开有多个过水孔,膜 9 在转子壳体 8 和膜密封外套 10 构成的环空内且包绕在转子壳体 8 的外圆表面上从而挡住过水孔;定子铁芯 6-1 与转子铁芯 7-1 间有径向气隙。

上端盖 4 的上端内边缘固定有上轴承盖 2 从而把上端盖 4 的空腔密封住,中空轴 1 上端穿出上端盖 4 和上轴承盖 2,下端盖 15 的下端内边缘上固定有下轴承盖 16 从而把下端盖 15 的空腔密封住,中空轴 1 下端穿出下轴承盖 16 和下端盖 15,在中空轴 1 和上端盖 4 之间设置有上端轴承 3-1,上端轴承 3-1 的下方设置一个密封套组件 18,上端盖 4 上端外缘固定在转子壳体 8 上端端部上并且将转子壳体 8 上端封闭,在中空轴 1 和下端盖 15 之间设置有下端轴承 3-2,下端轴承 3-2 的上方设置一个密封套组件 18,下端盖 15 下端外缘固定在转子壳体 8 下端端部上并且将转子壳体 8 下端封闭。

膜密封外套 10 的下端开有多个出水孔 12-1,在下轴承盖 16 外侧的中空轴 1 上固定有接水盘 17。中空轴 1 顶端上固定有皮带轮 20。

海水淡化器的实物照片如图 9.27 所示。在海水淡化器的设计中尤为注重的是防腐、密封及膜安装等。

图 9.27　永磁离心式海水淡化器的实物照片

(1)材料的选择

海水环境运行易对装置产生腐蚀,因此对定转子铁芯及永磁体采用表面喷特氟龙,如图 9.28 所示,轴、隔磁套及膜压板采用不锈钢,其他的零件采用硬铝合金。

(a) 定子部件

(b) 转子部件

图 9.28　定转子铁芯

（2）密封

轴密封采用机械密封件 OM109，如图 9.29 所示。端盖处采用 O 形密封圈，如图 9.30 所示，将其安置在端盖的开槽处，如图 9.31 所示。密封外套及膜安装处采用橡胶垫密封，如图 9.32 所示。

图 9.29　机械密封件

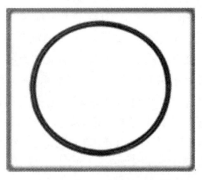

图 9.30　O 形密封圈

图 9.31　端盖图

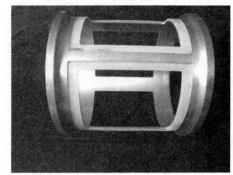

图 9.32　密封外套

（3）膜的安装

将反渗透膜放置在膜筒的槽内，如图 9.33 所示；然后装上不锈钢压板，如图 9.34 所示，并用螺丝固定。组装后的部件如图 9.35 所示。

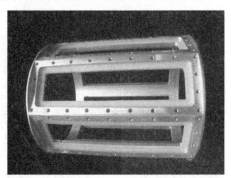

图 9.33　膜筒

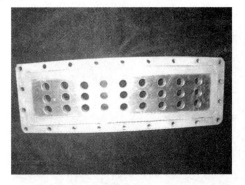

图 9.34　压板

海水淡化器工作原理如下：当外部动力（电能、风能或其他机械能等）带动转子部件旋转时，多极永磁体形成旋转磁场，该旋转永磁磁场通过气隙与定转子部件交链，除在块状定子铁芯产生磁滞涡流损耗外，在笼型导电回路中产生感应电势生成的二次短路电流

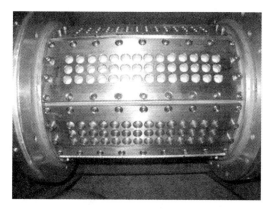

图 9.35　膜组装部件

的电阻损耗,定子和转子开槽引起的气隙磁导谐波磁场在对方铁芯表面产生的表面损耗和脉动损耗及定、转子电流产生的漏磁场(包括谐波磁场)在定、转子绕组和铁芯中引起的损耗,以及包括通风损耗、轴承摩擦损耗等机械损耗等,所有损耗皆变为热能。可用于加热海水媒质,控制原动机的转速,还可以控制水媒质的温度。除永磁体产生的磁场外,二次短路电流在中空导电铜管 7-3 周边形成磁场。海水媒质处于其合成磁场中。

通过匹配原动机带动转子形成的离心力和弹簧的弹力,可以控制密封压块打开的时间,即海水媒质在热场和电磁场中的时间。在经过确定的有效时间后,突然提高原动机的转速,使得转子形成的离心力克服弹簧的弹力,将密封压块打开,此时经磁和热作用的海水媒质经过膜由离心力形成的压力差渗透甩出,经下端盖的孔和出水盘收集。膜可以集成采用各类现有的物理膜,也可使用电子膜。

海水媒质用外部循环泵从中空轴 1 和定子铁芯 6-1 的径向孔 6-2 进入,海水媒质通过传导及辐射等方式被发热体产生的热量加热,同时处于永磁磁场和二次短路电流磁场的场域中。

9.7　本章小结

本章介绍了四种不同的机电热换能器系统。

电磁自热器是以电能为输入能源的机电热换能器系统,具有结构紧凑、无污染和高效节能等优点。电磁自热器利用内部的旋转电磁效应对水介质产生磁化和软化作用,具有除垢和防垢功能。

风热转换器实现了风能向热能的直接转换,提出的锥形结构机电热换能器用于风热转换器,可扩展温度调节范围,有利于低转速下充分利用风能。

无焰加热器用人工手摇的方式实现加热,可用于单兵野战口粮热食化,具有无污染、使用方便,结构简单、紧凑,可靠性高等优点。

海水淡化器集成了机电热换能器内的电磁场、热场、旋转离心力场,提供了海水淡化必备的物理条件,是一种新型的海水淡化技术。

参 考 文 献

［1］GOODENOUGH J B. Summary of losses in magnetic materials［J］. IEEE Transactions on Magnetics, 2002, 38(5): 3398-3408.

［2］KRISHNAN R. 永磁无刷电机及其驱动技术［M］. 柴凤, 裴宇龙, 于艳君, 等译. 北京: 机械工业出版社, 2013.

［3］陈希有. 电路理论基础［M］. 3 版. 北京: 高等教育出版社, 2010.

［4］陈世坤. 电机设计［M］. 北京: 机械工业出版社, 2000.

［5］STRANGES N. An investigation of iron losses due to rotating flux in three phase induction motor Cores［D］. Hamilton: McMaster University, 2000.

［6］BANDELIER B, RIOUX-DAMIDAU F. Modeling of eddy currents in magnetic materials and laminated materials［J］. IEEE Transactions on Magnetics, 2004, 40(2): 904-907.

［7］CHEN Yicheng, PILLAY P. An improved formula for lamination core loss calculations in machines operating with high frequency and high flux density excitation［C］. Pittsburgh, PA: Conference Record of the 2002 IEEE Industry Applications Conference, 2002(2): 759-766.

［8］SEBESTYEN I, GYIMOTHY S, PAVO J, et al. Calculation of losses in laminated ferromagnetic materials［J］. IEEE Transactions on Magnetics, 2004, 40(2): 924-927.

［9］LIN D, ZHOU P, FU W N, et al. A dynamic core loss model for soft ferromagnetic and power ferrite materials in transient finite element analysis［J］. IEEE Transactions on Magnetics, 2004, 40(2): 1318-1321.

［10］汤蕴璆. 电机内的电磁场［M］. 北京: 科学出版社, 1984.

［11］STOLL R L. The analysis of eddy currents［M］. Oxford: Oxford University Press, 1974.

［12］LABRIDIS D, DOKOPOULOS P. Calculation of eddy current losses in nonlinear ferromagnetic materials［J］. IEEE Transactions on Magnetics, 1989, 25(3): 2665-2669.

［13］DANILA A, SISAK F, MORARU S, et al. Computer aided design by FEM method for eddy-current brakes［C］. Antalya, Turkey: Proceedings of IEEE International Electric Machines and Drives Conference, IEMDC2007, 2007(1): 347-352.

［14］PYRHONEN J. The high-speed induction motor: calculating the effects of solid-rotor material on machine characteristics［D］. Lappeenranta: Lappeenranta University of Technology, 1991.

［15］唐孝镐, 宁玉泉, 傅丰礼. 实心转子异步电机及其应用［M］. 北京: 机械工业出版社, 1991.

［16］ HUPPUNEN J. High-speed solid-rotor induction machine electromagnetic calculation and design ［D］. Lappeenranta: Lappeenranta University of Technology, 2004.

［17］ ZHU Ziqiang, NG K, SCHOFIELD N, et al. Improved analytical modelling of rotor eddy current loss in brushless machines equipped with surface-mounted permanent magnets ［J］. IEE Electric Power Applications, 2004, 151(6): 641-650.

［18］ EDWARDS J D, JAYAWANT B V, DAWSON W R C, et al. Permanent-magnet linear eddy-current brake with a non-magnetic reaction plate ［J］. IEE Electric Power Applications, 1999, 46(6): 627-631.

［19］ ISHAK D, ZHU Ziqiang, HOWE D. Eddy-current loss in the rotor magnets of permanent-magnet brushless machines having a fractional number of slots per pole ［J］. IEEE Transactions on Magnetics, 2005, 41(9): 2462-2469.

［20］ MARKOVIC M, PERRIARD Y. An analytical determination of eddy-current losses in a configuration with a rotating permanent magnet ［J］. IEEE Transactions on Magnetics, 2007, 43(8): 3380-3386.

［21］ LUBIN T, NETTER D, LEVEQUE J, et al. Induction heating of aluminum billets subjected to a strong rotating magnetic field produced by superconducting windings ［J］. IEEE Transactions on Magnetics, 2009, 45(5): 2118-2127.

［22］ BERNOT F, KAUFFMANN J M, GUICHET M T. Computation of magnetic flux density and iron losses by Fourier-Bessel and Fourier-Laurent series in an electromagnetic vibration damper ［J］. Electric Power Applications, IEE Proceedings B, 1993, 140(1): 18-26.

［23］ NG K, ZHU Ziqiang, HOWE D. Open-circuit field distribution in a brushless motor with diametrically magnetised PM rotor, accounting for slotting and eddy current effects ［J］. IEEE Transactions on Magnetics, 1996, 32(5): 5070-5072.

［24］ BUNNI L J, ALTAII K. The layer theory approach applied to induction heating systems with rotational symmetry ［C］. Richmond, VA: IEEE Southeast Conference 2007, 2007: 413-420.

［25］ ABRAMOWITZ M, STEGUN I A. Handbook of mathematical functions with formulas, graphs, and mathematical tables ［M］. Reprint of the 1972 edition. New York: Dover Publications, 1992.

［26］ FINDLAY R D, STRANGES N, MACKAY D K. Losses due to rotational flux in three phase induction motors ［J］. IEEE Transactions on Energy Conversion, 1994, 9(3): 543-549.

［27］ MA Lei, SANADA M, MORIMOTO S, et al. Prediction of iron loss in rotating machines with rotational loss included ［J］. IEEE Transactions on Magnetics, 2003, 39(4): 2036-2041.

［28］ STRANGES N, FINDLAY R D. Importance of rotational iron loss data for accurate prediction of rotating machine core losses ［C］. Denver, CO: Conference Record of the

1994 IEEE Industry Applications/29th IAS Annual Meeting, 1994(1): 123-127.

[29] GUO Youguang, ZHU Jianguo, LIN Zhiwei, et al. Measurement and modeling of core losses of soft magnetic composites under 3-D magnetic excitations in rotating motors [J]. IEEE Transactions on Magnetics, 2005, 41(10): 3925-3927.

[30] WANG Xiaoyuan, LI Juan, SONG Peng. The calculation of eddy current losses density distribution in the permanent magnet of PMSM [C]. Suzhou: 2005 Asia-Pacific Microwave Conference Proceedings (APMC 2005), 2005(3): 1858-1861.

[31] NAKANO M, KOMETANI H, KAWAMURA M. A study on eddy-current losses in rotors of surface permanent magnet synchronous machines [J]. IEEE Transactions on Industry Applications, 2006, 42(2): 429-435.

[32] NAM H, HA K H, LEE J J, et al. A study on iron loss analysis method considering the harmonics of the flux density waveform using iron loss curves tested on Epstein samples [J]. IEEE Transactions on Magnetics, 2003, 39(3): 1472-1475.

[33] STUMBERGER B, HAMLER A, GORICAN V, et al. Accuracy of iron loss estimation in induction motors by using different iron loss models [J]. Journal of Magnetism and Magnetic Materials, 2004, 272(S1): E1723-E1725.

[34] 张洪亮, 邹继斌. 考虑旋转磁通 PMSM 铁芯损耗数值计算 [J]. 电机与控制学报, 2007, 11(4): 340-344.

[35] IONEL D M, POPESCU M, DELLINGER S J. On the variation with flux and frequency of the core loss coefficients in electrical machines [J]. IEEE Transactions on Magnetics, 2006, 42(3): 658-667.

[36] 李和明, 李俊卿. 电机中温度计算方法及其应用综述 [J]. 华北电力大学学报, 2005, 32(1): 1-5.

[37] 康芹, 李世武, 郭建利. 热网络法概论 [J]. 工业加热, 2006, 35(5): 15-17.

[38] GUO Youguang, ZHU Jianguo, WU Wei. Thermal analysis of soft magnetic composite motors using a hybrid model with distributed heat sources [J]. IEEE Transactions on Magnetics, 2005, 41(6): 2124-2128.

[39] MOMEN M F. Thermal analysis and design of switched reluctance and brushless permanent magnet machines [D]. Akron: The University of Akron, 2004.

[40] SHENKMAN A L, CHERTKOV M. Experimental method for synthesis of generalized thermal circuit of polyphase induction motors [J]. IEEE Transactions on Energy Conversion, 2000, 15(3): 264-268.

[41] MEZANI S, TAKORABET N, LAPORTE B. A combined electromagnetic and thermal analysis of induction motors [J]. IEEE Transactions on Magnetics, 2005, 41(5): 1572-1575.

[42] EL-REFAIE A M, HHRRIS N C, JAHNS T M, et al. Thermal analysis of multibarrier interior PM synchronous Machine using lumped parameter model [J]. IEEE Transactions on Energy Conversion, 2004, 19(2): 303-309.

[43] OKORO O I. Steady and transient states thermal analysis of a 7.5−kW squirrel-cage in-duction machine at rated-load operation [J]. IEEE Transactions on Energy Conversion, 2005, 20(4): 730−736.

[44] KYLANDER G. Thermal modelling of small cage induction motors [D]. Goteborg: Chalmers University of Technology, 1995.

[45] STATON D, BOGLIETTI A, CAVAGNINO A. Solving the more difficult aspects of elec-tric motor thermal analysis in small and medium size industrial induction motors [J]. IEEE Transactions on Energy Conversion, 2005, 20(3): 620−628.

[46] HAYASE T, HUMPHREY J A C, GREIF R. Numerical calculation of convective heat transfer between rotating coaxial cylinders with periodically embedded cavities [J]. Jour-nal of Heat Transfer−Transaction of the ASME, 1992, 114(3): 589−597.

[47] MILLS A F. Heat transfer [M]. 2nd Edition. New Jersey: Prentice Hall, 1999.

[48] LIENHARD IV J H, LIENHARD V J H. A heat transfer textbook [M]. 3rd Edition. Cambridge Massachusetts: Phlogiston Press, 2002.

[49] 魏永田, 孟大伟, 温嘉斌. 电机内热交换 [M]. 北京: 机械工业出版社, 1998.

[50] 殷开良. 分子动力学模拟的若干基础应用和理论 [D]. 上海: 浙江大学, 2006.

[51] 樊康旗, 贾建援. 经典分子动力学模拟的主要技术 [J]. MEMS 器件与技术, 2005 (3): 135−137.

[52] 杨小震. 分子模拟与高分子材料 [M]. 北京: 科学出版社, 2004.

[53] MURAD S. The role of magnetic fields on the membrane-based separation of aqueous e-lectrolyte solutions [J]. Chemical Physics Letters, 2006, 417(4−6): 465−470.

[54] CHANG K T, WENG C I. An investigation into the structure of aqueous NaCl electrolyte solutions under magnetic fields [J]. Computational Materials Science, 2008, 43(4): 1048−1055.

[55] 黄子卿. 电解质溶液理论导论 [M]. 北京: 科学出版社, 1983.

[56] BENARD E, CHEN J J J, DOHERTY A P. Drag enhancement of aqueous electrolyte so-lutions in turbulent pipe flow [J]. Asia-Pacific Journal of Chemical Engineering, 2007, 2(3): 225−229.

[57] 李以圭, 陆九芳. 电解质溶液理论 [M]. 北京: 清华大学出版社, 2005.

[58] 邹继斌, 刘宝廷, 崔淑梅, 等. 磁路与磁场 [M]. 哈尔滨: 哈尔滨工业大学出版社, 1998.

[59] ELHAMILI A, WETTWEHALL M, PUERTA A. The effect of sample salt additives on capillary electrophoresis analysis of intact proteins using surface modified capillaries [J]. Journal of Chromatography A, 2009, 1216(17): 3613−3620.

[60] ZHANG X, XIA Qiang, GU Ning. Preparation of all-trans retinoic acid nanosuspensions using a modified precipitation method [J]. Drug Development and Industrial Pharmacy, 2006, 32(7): 857−863.

[61] 何涌, 雷新荣. 结晶化学 [M]. 北京: 化学工业出版社, 2008.

［62］仲维卓，华素坤. 晶体生长形态学［M］. 北京：科学出版社，1999.

［63］王晓琳，丁宁. 反渗透和纳滤技术与应用［M］. 北京：化学工业出版社，2005.

［64］甄世祺，陈晓东，吴东梅，等. 复合电磁场降低浑浊度及除氟功能研究［J］. 中国公共卫生，2006，22(6)：707-708.

［65］刘卫国，刘建东，李国富. 磁处理的防垢除垢机理研究［J］. 节能技术，2005，23(4)：312-314，357.

［66］李俊. 物质的溶解度与温度［J］. 信息技术教育，2004(7)：86-88.

［67］ZHANG Q C, WU J S, WANG J J, et al. Corrosion behavior of weathering steel in marine atmosphere［J］. Materials Chemistry and Physics, 2003, 77(2)：603-608.

［68］CHEN Y Y, TZENG H J, WEI L I, et al. Corrosion resistance and mechanical properties of low-alloy steels under atmospheric conditions［J］. Corrosion Science, 2005, 47(4)：1001-1021.

［69］MISAWA T, ASAMI K, HASHIMOTO K, et al. The Mechanism of atmospheric rusting and the protective amorphous rust on low alloy steel［J］. Corrosion Science, 1974, 14(4)：279-289.

［70］TUTHILL H. Guidelines for the use of copper alloys in sea water［J］. Mater Performance, 1987, 26(9)：12.

［71］PINI G, WWBER J. Materials for pumping sea water and media with high chloride content［J］. Pumps, 1979, 158(11)：530.

［72］周志辉，李正奉. 低电导率体系中铜的腐蚀规律及缓蚀剂的应用［J］. 华东电力，2004，32(6)：59-62.

［73］BERTOCCI U, HUET F. Noise analysis applied to electrochemical systems［J］. Corrosion, 1995, 51：131-144.

［74］ARMSTRONG R D, EDMONSON K. The impedance of metal in the passive and transpassive regions electrochim［J］. Acta, 1973, 18(5)：937-943.

［75］曹楚南，张鉴清. 电化学阻抗谱导论［M］. 北京：科学出版社，2002.

［76］孙跃，胡津. 金属腐蚀与控制［M］. 哈尔滨：哈尔滨工业大学出版社，2003.

［77］曹楚南，王佳，林海潮. 氯离子对钝态金属电极阻抗频谱的影响［J］. 中国腐蚀与防护学报，1989，9：261.

［78］WANG J H, WEI F I, CHANG Y S, et al. The corrosion mechanisms of carbon steel and weathering steel in SO_2 polluted atmospheres［J］. Materials Chemistry and Physics, 1997, 47(1)：1-8.

［79］ZHANG Q C, WU J S, WANG J J, et al. Corrosion behavior of weathering steel in marine atmosphere［J］. Materials Chemistry and Physics, 2003, 77(2)：603-608.

［80］刘丽宏，齐惠滨，卢燕平，等. 耐大气腐蚀钢的研究概况［J］. 腐蚀科学与防护技术，2003，15(2)：86.

［81］BARCIA O E, MATTOS O R, PEBERE N. Mass-transport study for the electrodissolution of copper in IM hydrochloric acid solution by impedance［J］. Journal of the Electrochemical Society, 1993, 140(10): 2825-2833.

[82] CRUNDWELL F K. Anodic dissolution of copper in hydrochloric acid solutions [J]. Electrocim Acta, 1992, 37(15): 2707-2710.

[83] GASSA L M, VILCHE J R, EBERT M. Electrochemical impedance spectroscopy on porous electrode [J]. Journal of Applied Electrochemistry, 1990, 20(4): 667-685.

[84] WANG T, NOVAK R F, SOLTIS R E. A study of factors that influence zirconia/platinum interfacial impedance using equivalent circuit analysis [J]. Sensors and Actuators B: Chemical, 2001, 77(1-2): 132-138.

[85] RAVICHANDRAN R, RAJENDRAN N. Electrochemical behaviour of brass in artificial seawater: effect of organic inhibitors [J]. Applied Surface Science, 2005, 241(3-4): 449-458.

[86] AL-KHARAFI F M, ATEYA B G, ABD ALLAH R M. Selective dissolution of brass in salt water [J]. Journal of Applied Electrochemistry, 2004, 34(1): 47-53.

[87] PROYER M J, FISTER J C. The mechanism of dealloying of copper solid solutions and intermetallic phases [J]. Journal of the Electrochemical Society, 1984, 131(6): 1230-1235.

[88] 程树康, 崔淑梅, 李芙. 动态电磁感应加热方式初探——电机与电器温升反问题的研究 [J]. 微电机, 2005, 38(1): 33, 68.

[89] KONONOV D Y. Study of interrelaitons between electric power systems and large consumers in Russia [J]. Electric Utility Deregulation and Restructuring and Power Technologies, 2000, 1(1): 403-406.

[90] VAN LOOCK W M. Electromagnetic heating applications faced with EMC regulations in Europe [C]. Tokyo, Japan: 1999 International Symposium on Electromagnetic Compatibility, 1999: 353-356.

[91] BASSILY A M, COLVER G M. Cost optimization of a conical electric heater [J]. International Journal of Energy Research, 2005, 29(4): 359-376.

[92] HSIAO S Y, WEI P S, WANG Z P. Three-dimensional temperature field in a line-heater embedded by a spiral electric resistor [J]. Applied Thermal Engineering, 2006, 26(8-9): 916-926.

[93] SEZAI I, ALDABBAQH L B Y, ATIKOL U, et al. Performance improvement by using dual heaters in a storage-type domestic electric water-heater [J]. Applied Energy, 2005, 81(3): 291-305.

[94] 刘福海. 发展电热锅炉的可行性探讨 [J]. 电站系统工程, 2002, 18(3): 23.

[95] 王富勇. 浅谈电热锅炉技术及其应用和发展 [J]. 电站辅机, 2003(3): 38-42.

[96] 李祥元. 再谈电热锅炉用管状电热元件 [J]. 工业锅炉, 2005(5): 45-47.

[97] 李勇, 解凯. 蓄热电锅炉技术应用分析 [J]. 河北电力技术, 2009, 28(2): 41-42.

[98] HAIMBAUGH R E. Practical induction heat treating [M]. Russell: ASM International Publication, 2001.

[99] KUROSE Y, HIRAKI E, HIROTA I, et al. Load resonant and quasi resonant hybrid mode ZVS-PWM high frequency inverter for induction heated foam metal fluid heater [C]. Singapore: The 5th International Conference on Power Electronics and Drive Systems (PEDS 2003), 2003: 899-903.

[100] TERAI H, SADAKATA H, OMORI H, et al. High frequency soft switching inverter for fluid-heating appliance using induction eddy current-based involuted type heat exchanger [C]. Carins, Australia: 33rd IEEE Annual Power Electronics Specialists Conference (PESC02), 2002: 1874-1878.

[101] ARANEO R, DUGHIERO F, FABBRI M, et al. Electromagnetic and thermal analysis of the induction heating of aluminium billets rotating in DC magnetic field [C]. Padua, Italy: International Symposium on Heating by Electromagnetic Sources, 2007: 487-496.

[102] MAGUSSON N. Prospects for rotating billet superconducting induction heating [C]. Padua, Italy: International Symposium on Heating by Electromagnetic Sources, 2007: 479-486.

[103] FABBRI M, MORANDI A, RIBANI P L. DC induction heating of aluminum billets using superconducting magnets [J]. The International Journal for Computation and Mathematics in Electrical and Electronic Engineering, 2008, 27(2): 480-490.

[104] FABBRI M, FORZAN M, LUPI S, et al. Experimental and numerical analysis of DC induction heating of aluminum billets [J]. IEEE Transactions on Magnetics, 2009, 45 (1): 192-200.

[105] WATANABE T, TODAKA T, ENOKIZONO M. Analysis of a new induction heating device by using permanent magnets [J]. IEEE Transactions on Magnetics, 2005, 41 (5): 1884-1887.

[106] 程树康, 裴宇龙, 张鹏. 旋转电机第三功能初探[J]. 电工技术学报, 2007, 22 (7): 12-16.

[107] 程树康, 崔淑梅, 张千帆, 等. 电磁致热器: 中国, ZL01122280.8[P]. 2003-02-05.

[108] 裴宇龙, 柴凤, 程树康. 旋转电磁致热器热网络模型及其温升计算[J]. 微电机, 2010, 43(3): 1-4

[109] 程树康, 李立毅, 寇宝泉, 等. 电磁自热器: 中国, ZL02132793.9[P]. 2003-04-30.

[110] 程树康, 李志源, 宋立伟, 等. 无焰电磁加热装置: 中国, 200410044061.4[P]. 2005-11-16.

[111] 程树康, 吴红星, 王铁成, 等. 食品加热器: 中国, 200510010136.1[P]. 2005-12-21.

名 词 索 引

注:后面数字标号为名词出现的节号